心理咨询师札记

姚一敏 著

民主与建设出版社

·北京·

©民主与建设出版社，2024

图书在版编目（CIP）数据

心理咨询师札记 / 姚一敏著. -- 北京：民主与建
设出版社，2022.12
ISBN 978-7-5139-4045-0

Ⅰ.①心… Ⅱ.①姚… Ⅲ.①青少年-心理咨询-案
例 Ⅳ.①B844.2

中国版本图书馆CIP数据核字（2022）第 228368 号

心理咨询师札记
XINLI ZIXUNSHI ZHAJI

著　　者	姚一敏
责任编辑	彭　现
封面设计	大道文化
出版发行	民主与建设出版社有限责任公司
电　　话	（010）59417747　59419778
社　　址	北京市海淀区西三环中路 10 号望海楼 E 座 7 层
邮　　编	100142
印　　刷	廊坊市新景彩印制版有限公司
版　　次	2025 年 2 月第 1 版
印　　次	2025 年 2 月第 1 次印刷
开　　本	710 毫米 × 1000 毫米　1/16
印　　张	16
字　　数	360 千字
书　　号	ISBN 978-7-5139-4045-0
定　　价	68.00元

注：如有印、装质量问题，请与出版社联系。

序言

在《心理咨询师札记》出版前，我想对读者们说几句话。

一是这系列文章都是我教学过程中的经验总结，每一节都是一篇文章。虽然我尽量理性、客观，但文中的观点还是难免受到我个人经验、视野的局限，所以不足之处在所难免，请读者在阅读时注意分辨。

二是我的教学成果分为"个人成长篇"和"家庭教育篇"两个部分。之所以如此，是因为我个人工作重点的转移，也就是在"成人化"系列之前，我的工作重点在个人成长上，思路依然是传统的心理咨询，只专注于来到眼前的个案，会花大量的时间去理解和陪伴个案，促使其发生改变。因为"个人成长篇"跟我现在的教学在理念上偶有出入，这是我在教学过程中不断修正和完善的结果，所以未来修订后再正式出版。

而"家庭教育篇"就完全不一样了，是以整个家庭为一个系统来进行教育改变，所以往往是父母来学习，但真正要解决的却是孩子的问题。而父母学习成长的显性指标，就是孩子的问题是否解决了。这显然是两种完全不同的思路，所以，文章风格也会不一样。本篇采用"问答"的方式，对"家庭教育"进行了系统性总结。

因为家庭教育做久了，以前做心理咨询的思路也会发生很多颠覆性的改变，比如在家庭教育的过程中，我们根本不会给父母那么多的理解和陪伴，而是以最快速的方式收集这些父母的潜意识资料，比如父母的习性、行为模式、思维逻辑，以及他们平常是如何和孩子互动的，孩子的体验怎样，从而快速地呈现出他们家庭问题的症结之所在。所以课程中往往都是直接挑战父母的盲区，直接要求父母改变并快速成长起来，成为有能力解决家庭问题的父母。

前来求助的家庭，孩子的问题往往比较严重。基本上，孩子已经出现休学、失学、厌学、逃学（或者网瘾、叛逆、抑郁、自杀以及各种心理问题）的情况。所以，没有时间让父母慢慢成长，常规的心理咨询方式在这里根本不适用。我们会直接要求父母参加高强度、密集的集训，比如用一到三个月的时间建立起自我觉察、内省的能力，同时还要进行大量的输入性学习，比如学习内化"家庭教育篇"里的内容等。

我们力求在最短的时间内，实现家长的有效改变，使其成为合格的父母。最终使得父母能有效地和孩子沟通交流，并且引导孩子积极向上，成为对国家、对社会有贡献的大好青年。

　　当然，关于最新的教学思路，也在陆续写作中，希望将来也可以结集成册。

姚一敏

2022年11月

目录

第一部分　婚姻篇

完美的婚姻，当然是三观一致，彼此信任，彼此依赖，相互支持。这是一个超级理想的状态，堪称神仙伴侣，可谓可遇不可求。

那些并不完美但幸福的婚姻，总是自带一种独特的"相处之道"。对于双方好的方面，他们乐于并且善于分享、吸纳。在遇到问题时，他们并非立马进入"战斗状态"，而是态度和缓地沟通解决。

婚姻关系，不容回避

婚姻是两个人的事情！

两个人之外的事物，都要居于第二位！

任何否认对方存在的重要性的观念、理论、行为，都不能解决婚姻中的实际问题！

【有问】老师，请您谈谈婚姻这个主题吧！

【有答】好的，确实该聊聊婚姻这个主题了！其实这个话题不好谈，千百年来大家都在谈，是一个难以穷尽的话题！

但现实中，真正对婚姻满意的人少之又少。我刚刚看了一组数据，说目前北上广深这些一线城市的离婚率已经达到了40%。若不是到了无法挽回的地步，中国人是不会轻易离婚的。那么剩下的60%里面又有多少是因为无法分开而凑合在一起的呢？那真正婚姻幸福的，让自己满意的，可能更剩不了多少了。

所以，人要在婚姻中获得幸福，绝对不是随随便便、轻而易举就可以做到的！但婚姻的幸福肯定是值得我们追求的。

这里我所谈论的是自己的一些经历，比如我通过学习、成长，最终获得幸福婚姻的经历；还有我运用经验以及所学来协助当事人，辅导学生的经历。

所以，在开始这个话题之前，我得给我们所谈论的婚姻界定一个范畴，也就是这次话题的立足点：我们的目标是追求一段幸福美满的婚姻，追求的是我们都能在婚姻中得到滋养。我们不立足于宗教的观点谈论婚姻，也不立足于哲学的意义讨论婚姻，更不立足于灵性修行、人类繁衍、宇宙进化的高度来谈论婚姻。

若是如此，一段务实、幸福的婚姻需要的元素还真不多。一段幸福的、稳定的婚姻，最终要锻炼出这两种能力，否则它总会在某个地方产生问题！

一是持续解决婚姻中的冲突的能力。

二是持续成就婚姻中的期待的能力。

当然，我们都希望自己的婚姻能从不吵架，一直美满，永远幸福。这样就不需要"解决冲突"和"成就期待"了呀！

实际上，那些真正幸福、美满的婚姻，夫妻双方恰恰是具备了高超的解决冲突的能力与深入的成就期待的能力。

对于很多人而言，幸福的婚姻，可能如童话故事一般，"……从此，王子和公主过上了幸福的生活"。作为一个要进入或者已经进入婚姻关系的人，若他的潜意识里还抱持着"只要……我就可以幸福、美满了"的信念，那基本就可以判断出，他的心智在某些方面还停留在儿童期的幻象里面。

比如我们熟悉的这些话："只要我有钱了、漂亮了、自信了、有爱了、有力量了、有能量了、有能力了、觉醒了、开悟了、提升了；或者他有钱了、漂亮了、自信了……我就幸福、美满了。"这些话我们经常听到。有些人希望自己的婚姻没有问题、不起冲突、不吵架、永远幸福，但又不具备解决冲突的能力，没有面对问题的勇气，甚至不努力去满足对方的期待。只需要漂亮、有钱、有爱、善良、天真、可爱、聪明、有才华、有学历、有知识、有地位，甚至有车有房，婚姻就可以一直幸福下去了？我只能说这真的是童话故事。

或许这些东西也很重要，但如果不真正地直面问题，也就不能真正地解决问题，因为持这种观念的人回避了一个很简单的事实：婚姻是和对方有关的，是两个人的事！也即我和你是有关系的，而且是夫妻关系！我的婚姻幸不幸福一定是和你有关的，你的婚姻幸不幸福也一定是和我有关的！简单说，婚姻是两个人的事情，各自要负上责任。两个人之外的事物，都要居于第二位。

任何否认对方存在的重要性的观念、理论、行为，都不能解决婚姻中的实际问题！

当然，不可否认，在婚姻之外还有很多美好的事物都很重要，甚至更有价值，并且也值得我们去追求，甚至为之奉献一生。往往也是因为这样，婚姻的幸福就被牺牲了，但其实幸福的婚姻和更高的追求恰恰又可以是一致的。

我们今天谈论婚姻主题必须先界定一点，就是对你来说，婚姻的幸福真的很重要吗？两个人的关系真的很重要吗？

也就是说，你是否真的意识到，你和他是有关系的，而且是非常重要的关系，甚至你的幸福必须仰赖于你们彼此的深度合作；或者说幸福是两个人的事情，同你的信念、信仰一样重要，而不是随随便便就可以牺牲或置之不理的！

如此，谈论婚姻这个主题才有意义。

这些道理可能大家都认同且知道。但事实往往相反，如果大家有机会去检视人们潜意识深处的信念就会发现，前来咨询婚姻问题的那些人，他们的心灵根本没有进入婚姻关系。

当然，我指的不是结婚证书上的婚姻关系，而是潜意识深处的基础信念。

实际上，幸福的婚姻，本身就是一种信仰！

如果上述观念没能深入你的潜意识，那你如何去克服婚姻中的种种问题？你如何在婚姻中巧妙且努力地让自己妥协又不委屈呢？你如何在婚姻中去关注并且满足对方的期待呢？若非如此，你又怎么会幸福呢？

如果婚姻关系对你来说永远只能往后排，那么我如何指导你获得一段幸福的婚姻呢？

多少人只是结婚证书上的夫妻，在彼此潜意识里面，他们是没有关系的两个陌生人——最熟悉的陌生人。这在我的咨询中很常见！

关于这个问题，大家可以简要地自我回顾一下，你梦见过对方吗？如果梦见过，在梦里TA是谁？是现实中的丈夫或妻子的身份吗？很多人的答案其实都是否定的。

至于是什么导致我们无法把幸福的婚姻作为我们的信念、信仰，这里面有太多的东西值得我们探讨，在下面的章节里会慢慢地展开。

【有问】好的，谢谢老师。

无法理解，所以相信

正是因为你在"生活中没有见过一段婚姻是和信仰沾边的"，更是因为你"根本不知道一段称得上好的婚姻关系到底是怎么样的"，所以，你才要相信，相信幸福的婚姻是存在的！相信你是可以幸福的！

这就是信仰！

【有问】老师，您上一节提到的"实际上，幸福的婚姻，本身就是一种信仰"，这让我完全无法理解，我无法体会到将琢磨不透的人和关系上升为一种信仰是什么概念，甚至，我连信仰是什么都不再清晰了。

【有答】那你说说看，你认为的信仰是什么？

【有问】我认为的信仰是神圣的、坚固的、强大的、宏观的，一说到信仰就会让人感到瞬间被阳光照耀而周身发热，充满力量。这是我理解的信仰。而婚姻，是这样的吗，有这么坚定而有力吗，有这么宏大和宽容吗？

【有答】为什么不可以呢？

【有问】好吧，我承认我在生活中没有见过一段婚姻是和信仰沾边的，所以我根本不知道一段称得上好的婚姻关系到底是怎样的，更何况是和信仰挂钩的婚姻！糟糕的婚姻状态我倒是知道不少，各种难以忍受的、悲惨的我都见过。可能我就是井底之蛙吧，我永远无法知道深井之外的世界到底是什么样子的。

我接受了自己经营不好婚姻的事实，所以即使婚姻出现很大的问题，我也避而不谈，同时也束手无策，有时甚至觉得理应如此。我这样的人能处理好才怪。

我其实是能察觉自己的起心动念的，可偏偏就会耍脾气。明明知道自己失去了理性，还要任性作怪：悲观、绝望、气愤、怨恨、忍气吞声、口不择言、态度冷漠、暴跳如雷。在一次次的自导自演中，我渐渐承认，我是真的不懂如何经营婚姻，或者说经营一段关系。

【有答】这个承认是好的！

【有问】我经常失眠。想现在的状态，想现在的心情，有时候实在想不通或者控制不住自己情绪的时候，就让内心的狮子张狂地嘶吼，让白天压制下去的情绪尽情地释放。比如，我就是不想带孩子，我就是糊不上墙的稀泥，我就是很差劲，我就是对我老公充满怨言，我就是想要离婚，我就是想抛下所有的一切、远远地离开，等等。

后来就会浑身颤抖，很累，但是也很爽。可总是这样也不行啊，白天还是那样！所以还得想，还得琢磨自己的感觉。

我埋怨自己的老公，埋怨他忽视我、疏远我。所以，我完全无法理解您说的"幸福的婚姻就是一种信仰"这个观点。

我能理解的观点是，我和这个最熟悉的陌生人是奔着分离去的。无论生离抑或死别，终究是要分开的。既然要分开，那么就不必纠葛和执着。把人生的目光从对方那里收回到自己身上，对方怎么样，对方对我怎么样，就没有那么重要了，这样心里会轻松很多。我们终生追求的也不过是个人的经历，婚姻只是这经历中的一种关系。既然只是众多关系中的一种，那又何必如此在意、如此失态？

我不想知道，也不需要知道老公的态度。而我，终因这点小小的改变而得到救赎，得到阳光。我想，这就是我理解的信仰。好似溺水的人终于抓到一段浮木，呼吸到渴求的空气一般，我活下来了，这就是我的幸福。

【有答】好吧，对于一个溺水的人来说，这确实是一种幸福！或许幸福对你而言，就是赶快逃离这种溺水的感觉，只要自己不被溺死，那就已经是幸福了。

当然，这就是问题所在！

其实你那段讲得非常好，"我和这个最熟悉的陌生人是奔着分离去的。无论生离抑或死别，终究是要分开的。既然要分开，那么就不必纠葛和执着。把人生的目光从对方那里收回到自己身上，对方怎么样，对方对我怎么样，就没有那么重要了，这样心里会轻松很多"。

那就是你的心声，最真实的心声！

看起来你轻松多了，但这也是你无法把"幸福的婚姻"或者说"幸福是两个人的事情"当成信仰的根本原因。

这些心声既是你过往的生命体验，同时又成为你的生活信念，以及对关系的认知，"在一次次的自导自演中，我渐渐承认，我是真的不懂如何经营婚姻，或者说经营一段关系"。

这个承认是好的，虽然它未必对，但至少接近深一层的真相了！更多的人是无法看到这里的，更不敢去承认自己其实不懂得经营婚姻、经营好一段关系！

人最可悲的不是自己做不到，而是根本不知道自己做不到！如此才是真正的"人在关系中却完全感受不到关系"，并在关系中缺爱缺到枯萎！

承认自己做不到，承认自己不懂，承认自己没有能力，这是难能可贵的！唯有如此，你才有进行下一步的可能。

所以，先让自己待在里面，待在这个绝望里面，待在这个苦里面。这对你是好的，是有帮助的，因为你目前能觉知到这个苦了。唯有如此，才能真正软化你自我保护的盔甲，软化你对苦的感受，感受多了，沉浸在里面久了，你就无法让自己麻木，也无法再允许自己麻木了。

如此，你的婚姻才有解决的动能！

只有这个动能积攒够了，你才会有力气、有勇气去面对曾经的那些不幸福、不快乐、糟糕的生命经历，直到这些负荷从你身上卸下！

这是你目前一直在经历的，要继续！但仅有这些是不够的，因为这些毕竟是不愉快的体验，所以人还是要有希望的！

但希望从何而来？从相信中来！

正是因为你在"生活中没有见过一段婚姻是和信仰沾边的"，更是因为你"根本不知道一段称得上好的婚姻关系到底是怎么样的"，所以，你才要相信，相信幸福的婚姻是存在的！相信你是可以幸福的！

这就是信仰！

人如果只活在自己已有的知识、经历、经验当中，才是真可怜！如果是这样，那就无所谓改变、无所谓进步，那才真的是太可怕了！

所以，要相信，你是可以改变的！要相信，幸福是可能的！

"糟糕的婚姻状态我倒是知道不少，各种难以忍受的、悲惨的我都见过。"而答案也恰恰在这里，你过去的经历有多糟糕，就证明你有能力让自己过得多好！

这不是一句空谈，它是事实，更是心灵定律！

当然，你现在可能无法理解，因为你还没有经历过，但你要相信并且追随它！直到有一天，你实现它的时候，再回过头来看这一句话。

这才叫信仰！信仰从来不是因为它已经存在，我们才相信！

实际上这些并不难理解，很简单的一个道理，就是你是怎么知道那些婚姻如此糟糕的？是怎么知道其中的各种难以忍受的经历与悲惨的？如果你的心中没有美好、没有自在、没有幸福，你又如何知道这一切是不美好的呢？

这也是我一直和大家讲的良知，人人皆有良知！而你不仅仅有良知，你还有老师，还有同学！老师走过了，做到了，然后再告诉你们，带着你走，同时还有同学一起结伴往前走。如此，就不是盲目地相信，而是脚踏实地地前行。

【有问】好的，谢谢老师，有点难以理解，我再好好消化消化！

心怀希望，坚定前行

你受了这么多的苦，受了这么多的难，生存下来了，不仅没有被打倒，而且还没有麻木，还在追寻改变、寻找希望。这就是你的生命能量！

而你现在需要做的就是把这股能量引导到解决问题上，引导到建设关系上，如此足矣！

【有问】老师，关于上一节，想请您再多谈谈，比如"你过去的经历有多糟糕，就证明你有能力让自己过得多好"，我知道这个很重要，但还是有些不清晰。

【有答】好的。上文谈了一个很重要的观点，就是要心存希望，把对婚姻幸福的追求，当作信仰一般去相信，只有如此，我们才能收获幸福！

很难想象，一个心中没有希望的人，或者说一个对婚姻不抱希望的人，最终会在婚姻中收获希望。这是显而易见的道理。

但很多人往往都忽视了它。宁可把自己的希望，或者说把自己的信仰，寄托于死后的世界，寄托于"神"的庇佑，也不愿关注自己目前的不幸以及糟糕的现状。

这实际上都是对生命的厌弃，对关系的逃离！

既然我们要谈论婚姻，追求的是婚姻内在的幸福，我们就得在意识上、在心灵深处，把自己的意识焦点带回婚姻中，带回"我就是要凭自己的双手，让现在的婚姻幸福起来"这个信念上。

此处的意思并不是说不能离婚，这里谈论的是你得有这个信念，有这个"追求现在这段婚姻的幸福"的信念，虽然实现它需要一段很长的实践。

比如你上面那段话，"我们终生追求的也不过是个人的经历，婚姻只是这经历中的一种关系。既然只是众多关系中的一种，那又何必如此在意、如此失态"，听起来好有道理，但实际上依然是在辩解而已！

可以这么说，对生命任何形式的厌弃，对亲密关系任何形式的逃离，背后可能都有问题。

生而为人，对生命的憧憬、对亲密关系的向往，几乎是我们的本能。本能受到了损害，不管它是以哪一种理论为依据，都需要我们警惕。

修复这个损害的过程，就是心理咨询师的主要工作。

所以，在修复之前，我们的思想得先回到正确的轨道上来，回到正确的、通过有效努力可获得现世幸福的轨道上来。这样，再去谈我所说的婚姻二要素才是可行的。

不然，你所相信的或者说你心里的焦点，都是死后的世界或开悟、觉醒、蜕变后的世界，那你怎么可能有心思去解决现实中的冲突呢？你又如何去成就彼此的期待呢？

幸福婚姻二要素是有前提的，我们得把心里的焦点带回这个轨道上，才是可行的。

当然，人之所以不相信"婚姻是可能幸福的"，就如你所说的，可能是因为小时候太苦了，因为过去的经历太糟糕了，糟糕到让你无法再相信了，糟糕到让你无法再有希望了。就算是这样，我还是要告诉你，你其实还是相信的。不仅因为我已经看到你有能力让自己幸福，还因为"相信""希望"本来就是你的选择。

若非如此，你为何找到我这个老师？若非如此，你为何跟随我学习这么久？（包括现在看到这篇文章的各位，若非你的潜意识在寻找，又如何会看到这里？）

这就是你潜意识里的选择，这个部分你要好好地内省、发掘并固化，因为这里面潜藏着你的希望！

如果你的生活真的只剩下一片黑暗，只剩下绝望，你是不会到这里来的！如果是那样，你的目光就会是呆滞的、麻木的。

而你一直是有希望的，只是不敢相信自己有希望，因为过去经历了太多的失败、太多的挫折，所以不敢有希望罢了，只敢把"希望"藏起，不让自己看到。

这就是真相！

好了，这个部分的工作你得一直去做，这也是内省的功课之一。

另外一个心灵定律，"你过去的经历有多糟糕，就证明你有能力让自己过得多好"，这有点难以理解，我先在意识形态上，或者说从思维上解释一下这个观念。

如果用一句通俗易懂的话来概括，那就是"不经历风雨怎么见彩虹"或"浴火方能重生"。你的生命在淬炼过程中，扛住了打击与困难，这就是你生命的韧性。你受了这么多的苦，受了这么多的难，生存下来了，不仅没有被打倒，而且还没有麻木，还在追寻改变、寻找希望。这就是你的生命能量！

而你现在需要做的就是把这股能量引导到解决问题上，引导到建设关系上！关键是怎么引导，怎么建设。

很多人以为要学习什么新的理论、新的方法，其实大可不必，从你过去那些糟糕的生命经历中去学习就足够了。这也即我们一直说的重塑原生家庭。

原生家庭成为我们的心灵背景，是因为我们没有能力去选择、去面对、去分辨、去解决那些事件带给我们的印记！

现在我们重新审视这些过往的时候，是有机会唤醒并转换它的。通过无数次的面对，把那些糟糕的记忆，逐一转换成我们的经验（而不是负面的影响）；把那些痛苦的经历，逐一转换成我们解决问题的能力（而不是退缩和逃避）。

这就是大家学习心理学的意义，也即潜意识需要被疗愈的原因。

如果你的原生家庭带给你的心灵印象都是冰冷的、灰暗的、无望的，那你怎么可能仅凭借信仰一路前行，然后得到幸福？

你现在已经踏上这条路了，你最近在回溯原生家庭的经历时，已经呈现出不一样的改变了，你潜意识里的意象已经进化了，冰冷的基调也发生了改变，温暖的光芒也照耀进来了。

所以，你需要继续努力！

就像你们的学姐H，她这段时间就在经历这个转换的进程，她潜意识中的意象在逐渐改变，而力量也开始慢慢回到她的身上，她印象中的原生家庭，开始有了温暖的色彩。

她甚至能看到父亲身上的优点，开始欣赏自己的父亲了。"几十年了，第一次看到我爸爸的优点。"她这么说。这些都是她在生活中切切实实体验到的。

这实在是非常棒的转换！

这里分享一小段她前几天的心得吧：

——我感恩有机会看见"自己"！

——我感恩自己有那么厉害的生命创造力！

——我感恩老天对我的眷顾，指引我跟随恩师学习！

——我感恩生命中的一切痛苦，让我得到最好的"礼物"！

——我感恩我的父母、我的兄弟姐妹，谢谢你们，用那么特别的方式成就我！

——感恩我的前夫，背负了"小人"的角色，成就我！

——感恩所有的父老乡亲、亲朋好友、一山一水、一草一木，造就了特别的我！

——感恩浩瀚的宇宙，虽然我只是宇宙中的一粒尘埃，但依然心怀感恩，无比满足！

——从今往后我愿意付出我拥有的能力，去帮助一切需要帮助的人……

——我为我的生命喝彩！我为我的生命高歌！我爱你！

虽然看起来很有诗情画意，甚至很文艺，但这种开心确实是值得喝彩，也值得鼓励的。

当然，后面的路还很长，但至少已经有了可喜的改变。

【有问】嗯，确实看到学姐的改变了。她真的很不容易，也非常勇敢，我会继续努力的！谢谢老师！

知行合一，幸福之本

少了"致良知"，心理治疗也好，婚姻中的共同创造也罢，甚至解决彼此的冲突、成就彼此的期待，都将无从做起，也将无的放矢。

【有问】老师，您说的婚姻中"你和他是有关系的，而且是非常重要的关系，甚至你的幸福必须仰赖于你们彼此的深度合作"这句话听起来好像大家都懂，但我发现自己只是表面上懂了，并不知道该怎么落实，请老师再多讲讲。

【有答】嗯，确实会这样。这里面还有些很重要的东西得向大家强调一下，这个其实就是内家心理学的灵魂，也是幸福之根本。

很多人都知道，夫妻间的幸福，就是一起去创造物质和精神财富。但在实际做的过程中，却往往侧重于物质基础。"没有财富，何来安居？没有基本的物质条件，谈什么安全感，谈什么幸福？"当然我也不否认物质财富的重要性。

那精神财富又是什么？看看电影、读读书、种种花草、养养宠物、健身、进修，或者出去旅游、度假，或者坐在一起聊天，这就是彼此情感的交流吗？

也对，但也不完全对，因为这些活动还是形式上的。形式不能保证你们的情感交流会产生共鸣。或者说，这些并不能保证你们必然幸福，婚姻必然稳定！

事实上我真的见过不少夫妻，在财务自由的情况下，沟通交流也无障碍，甚至是无话不谈，但依然走着走着就散了。

说起原因，对方某天突然告诉他（她）："我对你没有感觉了，我找到了我的真爱。所以，我们分手吧！"或者说："我控制不住自己，喜欢上了别人，我也不想，但我就是出轨了。"

另外一方完全搞不懂自己到底哪里做得不够好，彼此之间明明那么好，以前一直那么幸福，怎么突然间就不爱了呢？到底要怎么做，他（她）才会回来？

这个时候往往什么都来不及了！最让人痛惜的就是，一起走过了那么多的艰苦岁月，一起创业、一起打拼，好不容易熬到现在什么都有了，生活安定了，可以享受一下，怎么突然间就变了呢？难道夫妻只能共患难，而不可以共享福吗？难道真的就是人心善变吗？

　　说到底是夫妻关系早就松动了，心与心之间已经不紧密了，只是看外面的诱惑够不够大，自己能否承受得起代价而已。

　　换句话说，在婚姻关系中，两人之间的空隙早已存在，但没有引起足够的注意与警觉。随着时间的推移，这个裂缝越来越大，直到有一天无法支撑婚姻的外壳时，婚姻就坍塌了。这就是婚姻关系的空心化。

　　这种夫妻关系的空心现象，简单说就是夫妻间对彼此、对这段关系不满足了，情感上、精神上无法依托，彼此无法再获得慰藉，更无法得到深度的放松与恢复，同时不能或不愿意，更不知道该如何去改善。

　　时间久了，就必然会有恐慌、不安、焦虑、压抑产生，或者说是不踏实、没有确定感、没有安全感。

　　而婚姻危机就是这样出现的！

　　很多心理学家都对这些现象进行过解释，比如说"这是婚姻的七年之痒""这是你小时候的精神创伤""这是你的性动力'力比多'受到损害了""这是你童年的需求没有被满足""这是你的内在小孩在呼求""这是你对爱的渴求""这是你过去的伤痕""这是你的家族能量出了问题"，或者"这是你的潜意识里的信念出了问题"……有多少种心理学说，就可以有多少种解释。

　　其实这些解释都对，我曾经也这么做咨询，也这样帮当事人寻找问题背后的心理成因，并且还会有部分效果。

　　只是如此肯定是不够的，但很长一段时间里，我也不知道欠缺在哪里。直到我自己积累了足够多的案例样本之后，特别是通过自己的婚姻体验，才发觉西方心理学在这部分是有缺陷的。

　　因为心理治疗可以这么做，但是婚姻的幸福可不能这么经营。特别是婚姻的安全与稳定感，是无法通过心理治疗、分析而得来的。

　　毕竟心理学家或者说心理咨询（治疗）师，平时接触的来访者大部分是有病态心理的，当然不是指当事人本身就是病态的，而是指心理学家、心理咨询师咨询研究的对象与做功的对象一般来说是当事人病态心理这个部分。

　　所以，据此心理学规律，我们做的事情几乎是在治疗或纠偏，纠偏后的人格只是趋向于健康，但幸福这件事绝对无法被治疗，更无法通过纠偏而达成。

　　幸福的婚姻需要我们做对的事，做契合婚姻幸福规律的事。做对了，获得幸福的概率就会大大增加，反之亦然。

　　那这个对的事情是什么呢？这个幸福婚姻的规律又是什么呢？

　　——你和他是有关系的，而且是非常重要的关系，甚至你的幸福必须仰赖于你们彼此的深度合作。

　　——婚姻中的彼此必须在对方身上找到幸福感，也就是在对方身上获得确定感与安全感。

　　所以，我总结的幸福婚姻二要素，一是持续解决婚姻中的冲突的能力，二是持续成就婚姻中的期待的能力。

但这毕竟还是方式、方法，也就是能力，而要拥有这个能力，还得有个心法，少了这个心法，就又不对了。

也就是说，你如果是为了解决冲突而解决冲突，为了成就期待而成就期待，我可以肯定你的婚姻依然不会幸福，你的心会更累，会更无助！

所以，得有心法！这个心法，其实就是"致良知"！

少了"致良知"，心理治疗也好，婚姻中的共同创造也罢，甚至解决彼此的冲突、成就彼此的期待，都将无从做起，也将无的放矢。

这也是为什么同样参加心理治疗，有些人的效果会很好，有些人的效果就非常不稳定，会无效或者倒退。那是因为他没有"致良知"这个灵魂！

"致良知"可以让人的心灵真正获得救赎！给那些原生家庭极其糟糕，遭受过各种偏差错乱的心理创伤，甚至无法再心怀希望，无法相信温暖、善良的心灵提供帮助。

少了"致良知"，所有的心理治疗、所有的心理学知识都有可能成为他进入更深的沉沦或者更多逃避的借口。

同样的道理，在追寻幸福的过程中，如果不以"致良知"为准绳，其婚姻早晚会失去依托，空心化也几乎是难以避免的。

【有问】哦，我有些明白了，这也就是为什么H学姐能改变得这么快，以前我一直以为H学姐花了特别多的时间来内省自己，或者她的行动力特别强。

我忘记了，老师曾经讲过，她最重要的就是把"致良知"落实到自己的生活之中。自从跟老师学习了心理学之后，她不仅对自己过往的非良知行为进行了深刻的反省，还真诚面对那些她伤害过的人，与他们进行了深入的沟通与和解；同时，她也以"致良知"为行为指导，一直在生活、事业中去琢磨，再也不做非良知的行为。

原来就是这个，保证了H学姐的学习效果是正向的，是向上的，不至于再向下坠落。

有些同学，对老师讲的"致良知"并没有当回事。所以，他们一边学习疗愈，一边继续产生非良知行为，然后给自己找更多的借口，在非良知的泥潭中越陷越深，如此学习哪里会有效果？

而且老师一直在说，咱们整个学习训练的精髓就是"致良知"。如果少了这些，那我们所学的就与内家心理学没有什么关系了。

【有答】是的，就是这样。因为这次谈到婚姻，所以还是得把"致良知"再拿出来讲一下，因为这是根本。

【有问】好的，谢谢老师！

婚姻关系，自我重塑

夫妻因为心灵契合而在一起，因为对婚姻、对对方的期待而在一起，并且因此深刻地认识自己、界定自己，乃至升华自己。

不管这个期待开始的时候是怎样的，是合理的还是不合理的，是理性的还是不理性的，都没有关系。关键是，对这样的一份期待、一份心灵的契约，彼此间能否由最初进入婚姻时达成的浅层共识，进而通过婚姻关系的打磨，逐渐去认识它、成就它，并且使之更为深刻！

【有问】老师，请您为大家讲解一下，"致良知"在婚姻中是如何应用的。

【有答】好的，上次提到的婚姻幸福的最终心法，其实就是"致良知"，可能大家听了还是感觉摸不着头脑：婚姻的幸福为何同"致良知"有关呢？

其实也不难理解，大家去复习一下什么是"致良知"，或者复习一下什么是非良知行为。如果婚姻中有太多的非良知行为，就会造成夫妻间的隐瞒、隔阂，甚至冷漠、争吵与分手。

每一个非良知行为，不管多无关紧要，只要你无法对伴侣说出口，就会在夫妻关系中形成一个空心（隔阂）。这个空心（隔阂）会让夫妻双方都不敢去碰触。当这种空心多了，或者有些空心影响巨大，夫妻间就会看不见彼此了。这个部分在前面已经讲得很充分，这里就不予赘述了。

之前和大家着重讲的是非良知行为，面对的也是非良知行为。

当我们逐步光复了良知之后，就不能停留在这里了。若停留在这里，很多自律的人可以让自己尽量不产生非良知行为。但若仅仅如此，他的生命中就会少一份参与感，就会和这个世界逐渐地疏离。他看起来是清白的，但实际上是退缩了。为了清白，他无所作为了；为了清白，他置身事外了；为了清白，他离群索居了。这就不是动人的人性了。

心理学向来都是积极的，它要求你在良知的指引下知行合一，去事上练，而不是空想自己的清白与良知。若是如此，那真的是枯木禅了。这样的修行，是隔绝了生命活力的修行，终究是无源之水。

人之所以为人，就是因为人处在关系中。人因为关系确定了自己存在的意义！若不在关系中，人如何知道自己是人呢？关系，是人对自我身份界定的依据，是自我存在的标志。关系滋养并推动着人的生存，当然它也可以压制、毁灭人的生存。

夫妻关系是需要双方高度参与、不断维护的特殊关系。它不像血缘关系，无论如何都无法否定并且天然存在；也不像朋友或者同事关系，这些关系是松散的，因为特定的目的和原因聚集在一起，目的、原因消失了（完成或者中断），这种关系会相应地消散或者远去。

夫妻关系则不然，它因为期待而缔结，却又无法因期待消失而轻易结束。但只要你不再持续地参与和维护，那么它就会停滞或破裂。

这就是夫妻关系的本质，它是一场约定，一份心灵的契约，是需要不断升华的心灵契约。夫妻因为心灵契约而在一起，为这一份对婚姻、对对方的期待而走到一起，并且因此深刻地认识自己、界定自己，乃至升华自己。

不管这个期待开始的时候是怎样的，是合理的还是不合理的，是理性的还是不理性的，都没有关系。人有多少种，对夫妻关系的期待就有多少种。关键是，对这样的一份期待、一份心灵的契约，彼此间能否由最初进入婚姻时达成的浅层共识，进而通过婚姻关系的打磨，逐渐去认识它、成就它，并且使之更为深刻！

心灵契约存在之地，即良知之所在！

这个深度参与的过程，就是事上练的过程，也即"致良知"是必须通过事上练的。不经由事上练的良知，都不是真的良知，那都是空谈！

在夫妻关系中，要深度参与彼此的生命活动。夫妻一起创造物质财富也好，精神财富也罢，在这个创造的过程中，有没有良知的深度参与呢？

没有良知深度参与的创造活动，很难磨合出精神和情感上的高度契合。婚姻的品质就取决于此。

在此我举一些具体的例子，方便大家理解。

一是"我可以取悦我自己"型。

C夫妻早年一直在为学业、事业、生活而打拼，甚至分居两地。后来夫妻俩小有所成，在各自的领域里都足够优秀。但这个时候，夫妻关系却出现了问题。

他们在各自的领域里奋斗，生活与事业都没有交集，他们对对方的生活、事业的参与度太低，所以时间久了，情感上就彼此疏离了！

他们的物质财富已极为可观，同时对情感、精神的需求也随之提升。但由于双方多年来都没有从对方身上获得情感和精神上的慰藉，而在事业上又都能获得满足，如此，婚姻出现问题几乎就是必然的。

二是"抓住青春的尾巴"型。

十几年的夫妻，经历过两地分居的艰辛，也经历过一起创业打拼的不易，好不容易生活安定下来，孩子也长大了，看起来都好了，就在这个时候，丈夫突然移情别恋了。

Z怎么都想不通，这么好的感情，怎么说变就变了呢？十几年的感情，怎么会敌不过那所谓的一见钟情呢？难道真的只是因为婚姻倦怠，想趁着最后的机会追求真爱吗？难道这十几年就不是真爱吗？可是感觉彼此间一直是有真爱的呀！到底是哪里出了问题呢？当事人一直想不通，也不知道自己错在哪里。

直到一次又一次地梳理和丈夫的婚姻经历时，她才发现，那么多年看起来毫无保留的交流底下，有那么多违背良知的行为，有那么多次放弃良知的警讯。

原来她的良知早就提醒过她，但她没有坚持。自己的诉求明明不是这样的，却一次又一次地因为丈夫的要求、意见而逐步放弃。

她曾经觉察到丈夫有很多不对劲的地方，有很多可疑的行为，感觉到丈夫的口是心非，但因查无实据，只能认为是自己多疑了，是自己瞎想，是自己心理有问题，甚至因此吃过一段时间的抗抑郁药。

最终证明她一直以来的感觉都是对的，只是她从来不敢去看，不敢去相信自己的良知，不敢去听从它，最终导致事情失控。

三是"同伙"型。

当事人M，夫妻间的参与度已经相当高了。夫妻俩只要在家，就会抽出时间坐在一起，就最近发生的事情，进行深度交流。

但对于过往那些横隔在夫妻间的伤害，他们却始终不敢碰触。她老公的口头禅是"过去的已经过去了，就不要再提了"。M也不敢再次面对自己过去的种种行为。

M一直在跟着我学习，所以她知道夫妻间交流的重要性，知道同理丈夫的重要性。但我却警告她："你这样做是不够的。你对丈夫事业的参与是'我和你是一伙的，因为你是我丈夫，所以你说什么、做什么都是对的。凡是对你不友好的，我和你一起鄙视他；凡是和你作对的，我和你一起敌对他'。"

丈夫也因为这样的认可和同理，获得了极大的心理满足，甚至一直认为这样的夫妻关系已经是极好的，他没有更多的要求了。

我却告诉她，她这是在喂食彼此心灵的坑洞。她的这种爱，讨好的成分太多了。爱他是没错的，但要"致良知"，而不是不论是非，不分好歹地支持，这无助于她丈夫的真正成长！

当用良知去爱他的时候，她获得的不仅仅是他的疼爱，更是他的尊重；而用讨好、同理去爱他，这份爱是不会给她安全感的。因为唯情感至上的夫妻关系，终究会受制于情感的多变性与不稳定性。而夫妻关系建立在讨好上面，始终是不稳定的，是无法建立起真正的安全感的。

古人有云"以情相交者，情逝则人伤"，而"妻子"这个身份更有"贤内助"一说，那何谓贤内助？就是有德行的内助。

四是"高知空想"型。

X和丈夫的关系也不错，有关丈夫的事情也能与他一起讨论、分析，并且时有相当精辟的见解，甚至对丈夫的事业也能给出一些非常不错的建议。

她自己学了很多东西，学历高，学习能力相当强，总能快速地领悟其中的精神。但问题是，她的所学永远停留在理论上，不会应用于创造，更不会结合自己的生活，是典型的"晚上想路有千条，早上醒来走原路"。

因为没有安全感，所以，她什么都不敢做，只是试图通过心理学或者各种学习来让自己更有安全感。我告诉她，这是妄想！

如果不去落地、不去践行，你的安全感永远不会有！

安全感是在践行自己良知的过程中，与现实世界不停地交互而产生的，是自己的心（意识）与世界交互过程中得到的确认和稳定感。

比如一个初生的孩子，他是不可能有安全感的，他对自我的身份也不可能有确认感。如果他从小在狼群中长大，那他就失去了成为人的可能。因为在他最初被界定身份的时候，是狼群让他获得了对自我的认知，所以他的身份就是狼，而不可能是人。这在科学上已被证实。从出生开始就在狼群中长大的孩子，是无法具有人格的，即使人类对他做再多的努力，他也只能是"狼孩"。

所以人最初的自我界定，对自我身份的确认，对这个世界与自己的关系的初步感知，就是在父母和自己的互动中摸索出来的，并在以后的生命中固化下来。这是我们的心灵底板，也是原生家庭对人有巨大影响的一个根本原因。

但人在成年之后，就主动和这个世界进行再次交互。这一次是自己有意识的行为，不像孩童时期是被社会界定的，自己是无法主动创造的。

婚姻的最大意义，其实就在这里，是人对自我身份、价值感、安全感的重塑与升华，而且是自己主动进行的。

回避自己的主动创造，回避自己在婚姻中的责任，却试图通过心理学（或者宗教的修行、哲学的思辨）让自己有安全感、价值感，然后企图获得幸福，这基本上是一种妄念！

特别是当她没有安全感的时候，试图把所有希望、经济负担，都转嫁给自己的丈夫，希望他能给自己一个遮风避雨的港湾，这怎么可能实现？

所以我告诉她，若继续这样，她会亲手毁掉自己的幸福。

五是"高处不胜寒"型。

A的婚姻问题，很难说他们之间到底是因为什么。丈夫说妻子有精神洁癖，对他进行精神控制。妻子说丈夫为老不尊、暧昧不清。实际上，他们都没有犯下什么大错，但就是这些无法达成共识的行为，成了彼此之间尖锐且不可调和的矛盾。

按理说他们早已衣食无忧、财务自由，可以尽享生活的舒适与愉悦了，而且他们有足够的勇气对彼此进行深刻分析与自我解剖，更不缺感情基础，但夫妻间的深度交流与沟通，就是在这里停滞了，无法再向前推进。

谁也不知道往前会去向哪里，似乎已经触及彼此的底线，涉及生存的信念了。再往前突破，似乎自己的人格就会丧失。所以，谁都没有办法放弃自己的世界观、人生观、价值观，去迁就对方，虽然彼此都不缺乏交流的诚意。

其根源是双方都存在一些非常坚定的信念与认知，并且坚决地捍卫它！这些信念与认知，是他们这么多年来各自在社会生活、工作事业上被验证过的，是行之有效的，而且他们也因此获得了相当不错的地位与名声。也可以说，他们是因此而认识自己并创造了自己，也只有如此，他们的人格才是健全的。

所以，若是在这里让步了、妥协了，那自己将是谁呢？自己的价值将如何体现呢？甚至自己这一生追求的意义又何在呢？

所以，这夫妻俩都在捍卫着自己的底线，也即三观。

因此，每次讨论到这里，他们就止步不前，无法再取得共识了。

好了，以上举了这么多的实际案例，从各个方面讲述了"致良知"在婚姻生活中是如何起作用的。下一节继续细化相关的内容。

【有问】好的，谢谢老师，我会好好消化今天讲的内容的。

要致良知，须事上练

事上练，就是在关系中"致良知"，就是对自己、对自我身份的重新界定。这是你有意识地把"致良知"导入关系中，成为你关系的灵魂。这样的"事上练"会重塑自己的关系，而你一直都处在关系中，自然也就被重塑了。

【有问】老师，这样说来，要在夫妻关系中更加深刻地认识自己、发现自己，乃至升华自己，还真的不容易做到！也就是说，要在夫妻关系中践行"致良知"是挺不容易的！

【有答】确实是这样，更准确地说应该是看起来不容易而已！

如果一下子就要求自己做到完全"致良知"，那肯定是不可能的。若要寻求真正的安全感，或者说要获得真正的婚姻幸福、内心宁静，还是得走这条路。这条路看起来虽不容易，但它至少是对的路，是可以到达目的地的路。比起那些非良知的生活，"致良知"是最容易的、最安心的，甚至是最安全的路。

"致良知"看起来难，主要表现在两个方面。

第一个是难以相信。很多人都容易认同"致良知"是自己内心的需求，但又很难相信通过"致良知"可以在这个现实世界中获得安全感和幸福感。

因为我们在社会中的体验似乎并不是这样，同时，好像也没见过人通过"致良知"而实现家庭和事业的双丰收。所以，我们就很难相信。

就像喜欢国学之人，总津津乐道于道家的无为、不争、居下，可一旦自己遇到事情，却还是下意识地对抗、竞争、抢夺。"致良知"亦然，因为它和我们的习性是逆着的。

第二个是难以面对。难在要把"致良知"落实在行动上，落实在"知行合一"上。真正地面对自己，是非常不容易的。因为要剥落身上一层又一层的非良知行为，同时要穿透自己（潜）意识中的种种偏差错乱与负面情绪。

这个过程不仅需要勇气与坚持，还需要理性与策略对自我的约束、规范，以及对自己种种心念、情绪的警觉。所以，这个过程确实不容易！

总结起来是因为不得其门而入，没有接受过相关的训练，所以就没有"致良知"的经验，自然也就没有"圣人之道，吾性自足"的体会。

这个入门与训练的过程，本身就是一个建立安全感的过程。就像我们学习一门手艺，要把它练熟并达到炉火纯青的程度是一样的道理。

就像我们学习开车，初次坐上汽车的时候，对着这么个庞然大物，心中是没有任何确定感可言的。因为自己不懂它，更不会驾驭它，一不小心就可能剐蹭到。所以，我们小心翼翼地摸索着驾驶汽车的方法，了解油门、刹车、方向盘、后视镜与周围的车况，并思考这一切要如何配合，才能驾驶好这辆小汽车。当我们经过一段时间的场地训练，再经过上路实习，能熟练驾驶这辆汽车时，我们对驾驶汽车这件事就有了初步的确定感，也即对驾驶这件事有了某种程度的安全感。未来就算出事故，我们也会知道自己哪些地方做得不好，或是因为什么突发情况而导致事故。这本身就是一种可控的感觉，如此我们就可以把握安全感了。

所以"致良知"与"知行合一"，其实也没有那么难，就是一种人心和这个世界的交互之道，或者说就是心与世界发生关系的道理。

我们整个内家心理学的学习训练过程，就是"致良知"的具体应用过程。

不管大家来这里是出于什么目的，是学习一门技艺，疗愈自己，或者是改变自己，或者只是因为好奇、喜欢这里的氛围，或者只是想在这里交朋友，其实都没有关系——这就类似于你不管由于什么原因走进婚姻，进入婚姻的最初期待是什么，这都没有关系。

大家来到这里，进入这个关系，每天都做什么呢？是开开心心、嘻嘻哈哈、打打闹闹、吃喝玩乐、优哉游哉、无所事事吗？或者说是凭借着各自原先的生活经验、生活习性，就自动成了心理咨询师，自动获得疗愈自己、疗愈他人或高质量陪伴他人的能力吗？这显然是不可能的！

所以你进入婚姻之后，还寄希望于从此王子和公主过上了幸福的生活，或是大家想怎么做就怎么做，或者习惯怎么做就怎么做，然后还很包容彼此，很喜欢彼此、很开心、很舒心、很幸福吗？

大家跟随老师学习这一年多，肯定不是这样过来的。那我们到底在做什么呢？

不就是在"致良知"的方向上，不停地涵养自己的三观，提升自己的志向与情趣，同时不停地内省自己身上种种偏差错乱的行为，以及各种非理性的信念，然后不就是不停地彼此交互练习、彼此协助吗？

从一次又一次的练习中，回溯并面对自己的潜意识心灵，修正自己的三观，听懂并厘清他人非理性的生存逻辑、全自动的思维方式，同时面对自己的隐瞒事件，揭露非良知行为。

而且大家天天生活在一起，课后也有大量的时间进行讨论交流，把课堂上的所学所思践行到生活中去，进而在和别人互动的过程中把自己的行为与良知相匹配，从而在小组中形成"致良知"的同学关系、师生关系。

而这个"致良知"的关系模式，下一步就是在夫妻关系、团队关系中去落实、去实践。

仅在课堂上、在工作室里学习肯定是不够的。因为课堂、工作室毕竟是老师为大家营造出来的适合大家学习成长的一个特殊生态环境。

在这里学习、成长，当然也是"致良知"，也是"知行合一"，但我们要记住，能否把"致良知"这个功课真正地掌握，始终要看我们能否将其应用于自己的生活。

事上练，就是在关系中"致良知"，就是对自己、对自我身份的重新界定。这是你有意识地把"致良知"导入关系中，成为你关系的灵魂。这样的"事上练"会重塑自己的关系，而你一直都处在关系中，自然也就被重塑了。

简单说，就是以前选择朋友可能是无意识的，随自己的喜好去选择，现在就要有意识地以"致良知"为标准来选择自己的朋友了，朋友圈提升净化了，自己自然也就提升净化了。

正如我之前讲的，督导小组可以重塑大家的原生家庭，就是这个意思！

比如，你能在课程上一次又一次勇敢地面对自己、袒露自己，那你有没有勇气在伴侣面前逐渐地袒露自己、面对自己呢？

你在课程上学会陪伴的艺术，获得倾听的能力，能逐渐听出当事人非理性的地方，那么你有没有能力倾听你的家人、你的伴侣、你的孩子，如心理师一样耐心、细心与不动心呢？

你能在老师、同学面前一次又一次地检视自己的恐惧、悲伤、失落、无助乃至贪婪、愤怒、愚蠢、怀疑，那你有没有勇气在你的伴侣面前也如此呢？

这些面向，大家要落实在生活中、落实到夫妻关系上，都需要一定的勇气与智慧，更需要时间。当然，我们所学的这些能力最终都是为了应用于生活。

以上这些例子只是粗略地说明了一下。可以说，整个《心理咨询师札记》其实都在讲"致良知"。

总之一句话，心理学一定是在事上练的，脱离了"事上练"的"致良知"，一定是空谈。

【有问】好的，我明白了，我也会谨记老师所说的，"人之所以为人，就是因为人处在关系中。人因为关系确定了自己存在的意义！若不在关系中，人如何知道自己是人呢？关系，是人对自我身份界定的依据，是自我存在的标志。关系滋养并推动着人的生存，当然它也可以压制、毁灭人的生存"。

知行合一，幸福之道

你每天忙忙碌碌为了这个家而努力，为了夫妻间的幸福而努力，是真的吗，是有效的吗，是满足的吗？

假如在这方面都如此含糊不清，我很难相信你会是个知行合一的人，很难相信你会真正地做到在事上练，或者说很难相信你的致良知是具有落地性的！

【有问】老师，请您再谈谈关系中的"致良知"吧！

【有答】好的！

生而为人，无不在追寻安全感，但若是放弃了对"致良知"的追寻，少了"知行合一"的人生，是很难拥有真正的安全感的。

原因说起来也简单，但凡没有"致良知"的行为，都是非良知的行为，不管它看起来有多好，多能满足自己的欲望，满足自己对爱的期待，从你产生这种行为的那一刻开始，就和你内心的良知（潜意识中的道德感）产生隔离了，也就是良知蒙昧了，即潜意识中能为你区分善恶对错的那个直觉被隔离了。所以，你的客观、中正以及纠错的直觉能力就被屏蔽了。

因为唯有屏蔽了直觉的警讯，非良知的行为才能继续存在。若是没有及时发现并纠正这个现象，那心灵中的隔离必然越来越多，这样人自然就身心分裂、心脑不一。如此下去，人要么会变得麻木不仁，要么被良知的反作用力给吞没。

也就是说，非良知的行为最终会损害你的生存，因为人的潜意识体验出问题了，所以才会以为这样的行为是符合自己生存诉求的。

而"致良知"从一开始就契合了个人或集体潜意识中默认的生存法则，你从潜意识心灵深处发出的念想以及在其指挥下的行为，实际上最有利于你的生存。如此，你的各种需求（生物本能或精神需求的）也在这个过程中得到了合理满足，也即一种身心合一的状态。

而"致良知"的过程就是事上练的过程，那在事上练什么呢？从我们内家心理学的训练进程来说，大部分人需要从面对自己的非良知行为开始。因为大部分人在生活中难免发生很多偏差错乱的非良知行为，被这些行为深深影响却不自知。

同时，我们通过深刻地揭露自己的非良知行为，好好内省，进入自己的潜意识深处寻找导致自己偏差错乱的信念，并在面对的过程中，感受良知恢复时的种种身心体验，体会到身心由分裂而逐步愈合，以及让安全感得以重建的过程。而这整个过程就是"致良知"的过程。

很多人在学习心理学的过程中，缺失了基本的直面非良知行为这个过程，甚至连基础的内省能力都没有，这样的"致良知"是有问题的。而这恰恰是心学在明代之后逐渐衰落的一个很重要的原因。

所以，这里也给大家纠正一下，面对非良知行为的目的并不是把自己所有的罪恶感、内疚、自责清理到完全不见为止，这是不可能的！面对之后，我们需要把潜意识中能区分善恶对错的功能重建起来，恢复我们客观、中正的判断能力，以及纠错的直觉能力，即恢复良知！所以重点是恢复良知，而不是保持良知清白，这是两码事！

事上练，在心理学意义上是让潜意识里的种种冲动、偏差错乱的信念都归于有序、理性、正念，最终有利于个人与团体的生存。

那什么又是生存呢？

简单说，只要你活着就有生命的动力，不管你生活在什么样的环境中，接受什么样的教育，你总有这些需求。不管这些需求怎么被定义，都必须被满足。比如基本的物质需求（衣食住行），对传宗接代的需求，对亲密关系的渴求，还有对实现自我价值的追求，等等，这些都必须在你的夫妻关系、事业或社会活动中被满足。

对于心理学技能是否被学以致用，最简单的判断标准，就是你的婚姻和两性关系是否和谐，它有没有变得让你更满意。甚至粗暴点说，就是你们的夫妻性生活是否让你满意。

如果只是说："还好，还行，还可以吧！""我们不需要！""除了这个其他都还好啊！""我们就是不亲密，天生的，没有办法！""我这人天生不敏感，我对这个需求不多！""我伴侣他不需要！""我没有办法在他身上找到感觉！""我不是他喜欢的类型，他要的不是我这样的！""我们都老夫老妻了，哪里可能老有感觉呢！""我们从小受的教育是不好意思谈这个的！""这个很重要吗？这个真不重要！这个不需要也行啊！"

你有多少种说法都行，看起来也都说得通。但要知道，人首先是动物，而后才是人。凡动物都有交配繁殖的本能需求。如果这个第一生存动力，你都没有被满足过，都没有好好地去满足，我很难相信你们的夫妻关系是真正亲密的！你们或者只是搭伙过日子，只是找个伴来彼此取暖，或者只是因为没有勇气离开所以才凑合着过。

所以，你每天忙忙碌碌为了这个家而努力，为了夫妻间的幸福而努力，是真的吗，是有效的吗，是满足的吗？

用一句话来说明今天的主题，那就是"男人是通过取悦女人来满足自己的，而女人是通过被取悦来满足自己的"。你们彼此都无法得到满足，那你们能有多相爱？

假如在这上面都如此含糊不清，我很难相信你会是个知行合一的人，很难相信你会真正地做到在事上练，或者说很难相信你的致良知是具有落地性的！

很多人在这里脱节却不自知，他的生活和他的生存动力、生存需求是脱钩的。这依然是违背自己良知的行为。所以，人就会活得很拧巴、不舒坦，就开始不相信自己良知的感觉了。

也就是说，你心中的那个渴求、那个精神需求，跟人的活动、跟社会创造中这些必然的连接是什么？其实就是满足感，深深的满足感！这个部分当然不只是欲望，不仅是生存，但它得满足欲望，也得满足生存！

这是一个主动的过程，是我要，是我内心的需求。但大部分人是属于被要求、被驱动、被改变、被施压的。这样一个过程就是完全的知行不合一，会让你对生活产生一种极大的无力感。所以能主动去创造并且有能力满足自己的人，他的需求反而会是简单的，因为能力是最深的满足与自信。而被要求、被驱动，却会是一个欲壑难填的黑洞！

【有问】原来这就是安全感的真相，"致良知"是这么理解和应用的。谢谢老师，今天的内容我得好好消化一下！

文明之病，性与理也

人类的问题其实就在这里，我们性本能的部分，依然是原始的、动物性的，但我们的关系模式、社会行为却已经极其精细、复杂和敏感。若人的心理（或者说心智）无法及时与之匹配，协调好这两者的关系，就会产生各种问题。

【有问】老师，您最近开始谈论性这个话题，特别是在关于征服这个主题中一再强调，人是动物，所以一定有动物的欲望与本能。这让我有点难以接受。还有讲夫妻关系，性一定这么重要吗？

【有答】好吧，既然已经谈到性的话题了，有些问题就不能回避了，还是得说得再透一些！那么多的案例一再地告诉我，当事人都苦于没有被正确引导，苦于对性知识的一知半解，导致夫妻关系的偏差错乱，甚至得了心理疾病，让自己一生受苦！

比如，有一个前来求助的女性当事人，患有强迫症，导致她工作、恋爱、生活都受到了极大的影响，而且已经到了不敢出门见人，不敢进行正常社会交际的程度。她明显就是因为对性的恐惧与排斥引起的偏差错乱。

她已年过三十，但小时候受过一些心理创伤，所以成年后无法步入正常的两性关系，非常抗拒男性对她的靠近。加上多年信佛，她对任何有关性的想法都非常抗拒。但她又是一个完全成熟的女性，而且现在的社会这么开放，试图过清教徒式的生活，简直就是天方夜谭。

正是这种动物本能与现实道德之间的撕裂造成了她的幻听、幻视与强迫行为。

关于动物本能，英国著名的动物学和人类行为学家德斯蒙德·莫里斯观察到：在野外生存的野生动物，绝对不会有胃溃疡、内分泌失调，也不会有种种神经症（比如强迫症），甚至也不会有自慰的现象。但是关在动物园内的动物，却很容易出现这些症状和现象。

这揭示了一个很简单的事实，野外的动物是自然的，完全被本能驱动着。春天一来，动物们性欲萌动，就会求欢、求偶，找到配偶就会交配。这个性能量能驱使着它们做很多的事情，做完之后这个能量就释放了，动物们也就归于平静了。

但是，人类呢？

人类现在所居住的环境几乎是钢筋混凝土筑成的世界，随着社会的进步，道德制约、社会规范、法律法规，也相应地越来越完善了，人类就像生活在一个巨大的、充满束缚的动物园里。在这个动物园里，你的交配是不自由的，你的种种天性都被规则束缚了。而人的生物机能、动物本能，却和几万年前在野外生存的猿人几乎没有差别。

人类的问题其实就在这里，我们性本能的部分，依然是原始的、动物性的，但我们的关系模式、社会行为却已经极其精细、复杂和敏感。若人的心理（或者说心智）无法及时与之匹配，协调好这两者的关系，就会产生各种问题。

特别是我们现代人，十一二岁或十三四岁，性发育就开始了，性欲望也开始产生了，但社会道德和法律是不允许这个时候就交配的，所以性本能从发育之初就处于不自然的状态。

我相信很多男孩子都经历过这样的阶段：十二岁的时候对异性就开始有感觉，有想法了。十五六岁时性欲望就已经很旺盛了，这个时候就开始偷看色情小说、图片、电影等，会不自觉地寻找渠道来释放自己的性能量。

但社会道德与规范是不允许的，这些道德规范，无不在谴责你的这些行为与念头。父母和老师也在告诉你，你这个行为是错的，是不道德的，是不应该的。但你又不断地摄入各种性信息，同时内在的性能量、荷尔蒙，也不断地往上涨。所以，年轻的心灵要承受双重的煎熬。

临床医学（心理学）早就发现，这个阶段的年轻人是各种神经症（特别是强迫症）和幻觉、幻视、幻听的高危人群。在我的一位当事人身上就发生过这样的冲突，最终他患上了强迫症。当我顺着他的思维追踪源头时，发现他潜意识里奋力躲避的就是他妈妈的身体！

那为什么要躲避妈妈身体的画面呢？因为这个画面让他有深切的恐惧，就是他对妈妈的身体会有生理反应，会有性幻想，这些都是他无法容忍的，他无法容忍自己有如此肮脏不堪的想法。

在发育的过程中，他竭尽全力避免自己出现这些不洁、邪恶的念头。一旦妈妈的身体出现在他的视线范围内，他就会坐立不安。而这些疯狂的念头又如野草一般长在他的脑袋里，无论如何都无法驱除出去。

他能做的就是出现任何和性有关的画面，就立刻转换注意力，或者想象其他意象来代替妈妈身体的画面。

当他发现自己努力学习、专注学习，就不会浮现出这些画面时，他就开始拼命地学习，以期自己的心灵能回归小学阶段的那种纯洁无瑕！

但很显然，这样做是徒劳的。妈妈身体的画面他可以屏蔽，但社会中其他的性信号却无孔不入，随时有可能潜入他的意识中并且挥之不去。

比如，他脑子里经常浮现出毒品的画面，这令他非常恐惧。他从小就知道，毒品是绝对不能沾染的，一旦沾上这辈子就毁了。但令他沮丧的是，他眼前会不自控地浮现出毒品的画面，一颗小药丸总是顽固地出现在他的脑海里，戏弄着这个筋疲力尽的男孩！

原来这颗小药丸是他在电影中看到的一个场景。那个场景中，一个女性被歹徒五花大绑，被逼服下了用毒品制成的药丸。

这颗药丸之所以一直盘踞在他的脑海里，是因为那个被五花大绑的女孩的身体呈现出玲珑的曲线。这个玲珑的曲线让他久久不能忘怀，甚至让他的身体有了反应。这个反应让他恐惧，因为他又情不自禁地联想到了那个梦境，梦境中有妈妈的身体。

　　后面这些画面他自动回避了，看起来被抹得干干净净，但最终那颗有毒的药丸却作为一种意象残留在他的心灵深处。但是，他的意识完全忘记了背后的那个性动力，进而呈现出一种奇怪的、完全无法解释的强迫性思维。

　　那天我协助他追溯到这里，但他再也不愿意继续追踪了，因为他死也不愿意和他妈妈有任何关系，就算是想象中的关系也不愿意。他宁可让自己一直强迫下去，也不要想他的妈妈了！

　　因为机缘的关系，这个案例只能推进到这里，但不难看出他强迫行为背后的真正动力，就是性能量的偏差错乱。

　　而我开头提到的那个女性当事人，通过不到10小时的心理干预，强迫症行为就几乎消除了。

　　我只是让她看到了所有的真相，给她足够的安全感，完全地接纳她、支持她，顺着她表层每一个强迫的行为、分裂的意象，直抵她内在的真实。当她看见真实的自己之后，她内在的良知和自己的行为之间就自动地搭上了一条看得见的通道，她的知和行就合一了。这样，她的强迫症就不见了，那些幻觉、幻听也就不足以引发她的恐惧与不安了。如此，症状自然就解除了。

　　现代都市的文明病、心理上的偏差错乱，有一部分原因可以追踪到这里，也就是性能量与社会道德之间的冲突，给人们带来的影响。所有这些冲突，最终都会穿插在婚姻内外。

　　【有问】好的，明白了，谢谢老师，期待老师下一节继续分享！

无处安放，本来如是

> 性是一种动物本能，是一件非常自然的事，就和潮涨潮落一样，时间到了它自然会来，时间去了它也自然会走。年轻的时候，你想挡也挡不住；可是当你年老的时候，你想留也留不下。将性罪恶化、妖魔化或者神秘化、神圣化，其实都违背了自然之道。

【有问】老师，请您再谈谈性心理与人的动物性本能吧！

【有答】好的，昨天说了关于性能量与社会道德之间的种种冲突，以及这种冲突对心理与行为的影响。我们今天就继续这个话题。

人到了青春期之后，性的动能如何引起人的心理冲突？

如果他的原生家庭相对完整，父母又没有太严重的偏差错乱，那他一般是可以安稳地度过青春期的。但如果他的原生家庭与生活环境是偏差错乱的，那么这个性能量就很可能引发他的非理性行为，甚至可能令他后悔一生！

比如，有一个男人，在他记忆里，他父亲一直是个好吃懒做、不顾家庭并且时常家暴母亲的恶劣男人形象。在他稍大一些的时候，父亲再也没有回过家。直到父亲车祸去世时，他才在殡仪馆里最后一次见到他。

这个当事人自小就是在这样的家庭环境中长大的，可想而知，他对父亲有多么恶劣的印象。父亲在家的时候，又常年对他和母亲实施家暴，所以让他从骨子里厌恶暴力行为，但同时也使他形成胆怯、懦弱的性格。

这些原生家庭的负面影响，渗入了当事人的青春期，在性能量的驱动之下，足以让他产生偏差错乱的行为。

父母婚姻的失败以及父亲对母亲的伤害，都令他不想靠近婚姻。任何和异性有关的活动，他都敬而远之。他宁可在脑袋里幻想，也绝不愿意和一个女孩子形成恋爱关系。一旦形成关系，就意味着要结婚，这是他完全不想要的。但如果不结婚，那不就意味着玩弄女性吗？这个更是他所鄙视的！

所以他不愿因为自己的欲望去追求女孩，就算有女孩子向他抛出橄榄枝，他也不会接受。

但他又是个健康的男孩，一天天成熟起来，性欲望也与日俱增。但他的欲望因原生家庭的伤害而被严重压制的，所以不可能正常释放。但他始终没有像同龄的男孩那样，去谈女朋友。

他从来没有产生这些行为。从他发育的那刻开始，就试图让自己成为一个无害的男孩，绝对不去伤害任何一个女性。

然而，性的欲望和需求如江水涨潮一样势不可当，所以，他得寻找出口。而这个出口，就只能看他当时所处的环境了，在一个男孩十一二岁到十五六岁的时候，他能有什么分辨能力？

那时候最容易获取信息的就是各种聊天室、QQ群、微信群，以及色情游戏、图片、小说与视频。一个尚没有理性和克制力的青春期男孩，对于这些内容，自然是照单全收了。

以这个男孩的原生家庭背景而言，他很难拥有正常的两性关系。

若身边有男性与他关系亲密，并诱使他发生性关系，他可能也不会拒绝，事实上有不少同性恋就是这么形成的。若身边有成熟女性给他足够的耐心并加以诱惑，他也会没有抵抗力，虽然他一心鄙视像父亲那样的人。更多难以想象的性行为，在他身上都有可能发生，但唯独很难有正常的两性关系。

这个男孩是非常可怜的，他的性能量不断地积蓄，如果原生家庭没有给他建立好防御和疏导机制，失足几乎是必然的。

曾经有一个男性当事人因为偷窥的问题过来求助。回溯到小时候，在他发育的年纪，无处释放过多的性能量，只能借助色情小说、游戏与影碟来发泄，但这些只是饮鸩止渴，看得越多只会让他越渴望接触真实的女性身体。

那个时候，他家附近有一个工人文化宫的温泉澡堂，那个澡堂的窗户刚好对着他们家。如果用裸眼当然看不见什么，但他手上正好有一个单筒望远镜，可以用来偷看。某天，他就用望远镜去窥视那个澡堂。巧的是，在女浴室那边有一扇窗户的玻璃坏了，透过望远镜刚好可以隐隐约约地窥见女人的身体，虽然可能什么都看不清楚，但这些模糊的女性身体，每次都能让他得到满足。每次看完之后，他总要捶胸顿足一番，懊悔自己如此无法自控。

虽然他赌咒发誓，再也不去窥视了，但那些影影绰绰的女性身体是他那点可怜的意志力完全无法抵御的。这种想看却不敢看又明知道不该看的心理斗争，每次都以失败告终。实际上，这是一种心理摧残，最终会演变为一种不受控的"心理毒瘾"——偷窥癖，成为他巨大的心理负担。

这么多年过去了，他这个癖好始终没有改掉。对于可大大方方观看的那些女性身体，他始终没有兴趣；对于看不着、需要偷着看的场景却无比热衷。

进行心灵现场还原，在他青春期发育的那个阶段，无处安放的性欲望只能通过这样的方式得到满足与释放，并从此被固化下来，影响了他的整个人生。

从社会伦理的角度，偷窥肯定是有违社会公序良知的行为；但从微观的潜意识心理的角度，又真的可以被理解。任何一个青春期的孩子，都会有火山爆发般的强烈动能——性本能，也即动物本能，在这个日益精致和复杂的文明世界里常常无处安放，所以难免会出现偏差性释放。

【有问】老师，那作为父母的我们可以做些什么呢？

【有答】父母最应该做的就是把夫妻关系经营好。唯有给孩子创建一个健康和谐的家庭环境，他才有足够的动力与理性对待这些冲动与诱惑。但凡在性上偏差错乱的孩子，总是有缺位的父母。

这里想强调的是，父母在性这方面得穿越一些东西。如果夫妻间对于性都无法坦诚交流，我很难相信未来你会和孩子坦诚交流；如果自己对性都严防死守、负面印象一堆，我也很难相信你会给孩子健康、正确的性知识；如果你们夫妻间在性上面都欲求不满、心存怨恨，我也很难相信你的孩子对自己的性冲动和欲望会是坦然自在的。

就像给当事人做这个主题咨询的时候，如果咨询师自己都有一堆障碍，请问要如何引导当事人？

所有的这一切得允许它在合适的范围内释放（也即出于治疗目的的允许），如若不然，才是真的不人道。你看到那些人被性能量（性压抑或性扭曲）冲击得无法正常地学习、生活、工作，他们缺的只是一些宽容的、不带任何评判的理解和恰当的治疗！

同样，作为父母的你，要怎样就这个主题对孩子进行正确的引导？

最后我想再次强调一下，性，它就是一种动物本能，是一件非常自然的事，就和潮涨潮落一样，时间到了它自然会来，时间去了它也自然会走。年轻的时候，你想挡也挡不住；可是当你年老的时候，你想留也留不下。所以，还是道法自然吧！只要好好疏通、引导，它自然就能灌溉万物、滋养大地，也即可以把这股能量引导到健康的活动或至善的精神追求之中，这样才不浪费这股年轻的能量。将性罪恶化、妖魔化或者神秘化、神圣化，其实都违背了自然之道。

当你进入婚姻家庭的时候，如果每个星期都有正常的性生活，你能从中得到满足，自然就不需要任何的性幻想了，更不需要多余的色情作品、额外辅助来填补你的渴求。但如果你数月都得不到正常的性生活，那"潮水"自然会再次积蓄起来。

人往往有对纯洁行为的偏执，总幻想回到童贞式的纯洁之中，试图在这方面让自己完全纯洁，内心没有任何遐思，这反而是不太可能的。

【有问】好的，明白了，谢谢老师，我会好好消化这一节的内容。

破除幻觉，身心归一

对很多人而言，他们至死都不愿意打破对完美世界的幻想。因为那个世界太美好了，美好到让他们根本不愿意接近人间、接近现实。只要他们一想这个完美世界，就能在这个艰难的现实里喘口气，继续前行。

【有问】老师，这几期谈了很多性能量的话题，那我们已经有了夫妻关系的人该怎么办呢？

【有答】自己放下的同时要和伴侣好好交流，把过往没有满足的、缺失的都弥补回来。不然那个填不满的欲壑，终将让人失去理性。

这也是我讲婚姻时要讲动物性的原因，谈婚姻关系是避免不了性这块的。既然愿意面对自己的"性"事，就得遵循动物本能的规律。

我们的潜意识和这个动物性本能的匹配程度，决定了我们夫妻间的亲密程度。

你之前说过你的梦境，那我们现在就来探讨一下吧！梦是最不会骗人的，可以说就是你潜意识的真实反映。

【有问】老师，您是指我那些不现实的梦吗？其实每次醒来我都觉得好笑，怎么会做这样的梦呢，太不现实了吧！

不过，这类梦我做过好几次，所以印象特别深。在梦里我居然和戴安娜王妃一起喝下午茶，还悠然自得地在肯辛顿皇宫里面和她一起散步呢！甚至还梦见自己去参加戴安娜王妃和查尔斯王子的婚礼庆典。

呵呵，醒来之后，我哑然失笑，怎么会做这样的梦呢？老师，您说这样的梦也能反映我的真实情况吗？

【有答】当然了！虽然你醒来时觉得很荒唐，可是你在梦里并没有觉得很荒唐。你要知道，你在梦里没有一点点的不安、局促或者其他负面的情感体验。在梦境中你是自在的、舒服的、怡然自得的。

所以就可以知道，这是你潜意识里认可的生活状态，你认为自己应该和戴安娜王妃拥有一样的身份，或者至少可以像朋友一般自在交往。

【有问】那太可笑了，那不是说明我太不现实了吗？这不是太荒唐了吗？我怎么可能和戴安娜王妃一起喝下午茶呢？

【有答】你别不承认这个观点哦！只是因为这个梦境和现实反差太大了，所以才总让你一笑了之。

其实不少人都出现过这样的梦境，比如有些男性会和比尔·盖茨、巴菲特或者李嘉诚等共进晚餐，或者和国家领导人一起指点江山。

如果这个梦境里没有什么特别的作用力存在，梦境中的自己是自在、舒适、惬意的，那就可以知道这个人的潜意识里认为"自己就应该是这样的"。

更准确地说，那就是他的潜意识身份。我说过"人之所以为人，就是因为人处在关系中"，这句话在梦境中同样适用，只是要以相反的方式来解读。也即你潜意识里认为自己是某种身份的人，然后在梦里就会以此为核心，建构起你的关系以及相应的事件内容。

可想而知，你的内心认为自己是多么的优秀、高贵，简直是高不可攀。

但这又和自负无关，因为它就是你内在真实的想法。就是说，你的内心真的是这么认为的，你就应该是这样子的！

而令你痛苦的是，社会现实和你的潜意识是不匹配的！

【有问】哦，难怪我的朋友这么少，因为我都看不上啊！我真的没有那种深层次交流的朋友。

【有答】肯定没有，你已经在精神上俯视众生了。由于你的修养，你可以很有礼貌，很友好，很客气，可是你内在、骨子里的那种高不可攀是骗不了人的。而你的老公和孩子最为辛苦。对于你的老公而言，你就是一座永远也攀登不上的高峰；对于你的孩子而言，你就是一个近乎不真实的妈妈。

【有问】不过我也很辛苦啊！我总是尽自己的能力把事情做到最好，做到最后一分钟。至少我可以告诉自己，我努力过，就算结果不好我也接受。我做任何事情都想要最好的状态，认为这些都可以通过努力达到；可是我内心想要的状态，再努力，也做不到！

其实自己根本不是那个样子的，可我就是要求自己，认为我应该是那个样子。我觉得我就像活在一个自己幻想出来的虚拟世界里。我给自己定的标准根本就达不到，没有一个人可以达到那样的状态。我拼命地要成为那个样子，可是我拼死都做不到啊！

然后我就特别懊恼，特别烦。

【有答】是的，这就是你烦躁的来源，你做不到心中那个完美的自己！你这几十年来一直活在这个关于"完美的自己"的幻觉里！

在现实之中，这是你根本做不到的。所以对很多人而言，他们至死都不愿意打破对完美世界的幻想，因为那个世界太美好了，美好到让他们根本不愿意接近人间、接近现实。只要他们一想这个完美世界，就能在这个艰难的现实里喘口气，继续前行。

就算这一生都没有办法达到目标，那还可以寄托于死后的世界，实在不行来世也成。反正总幻想着，终有一天可以修到彼岸！

【有问】老师，这样不是太可怕了吗？我可不要这样子，我得赶快醒醒！

完美世界，终是虚幻

> 过于完美的潜意识心灵，会让家人触摸不到他那个真实的、活生生的、会犯错的人性。

【有问】老师，我发现，其实好多人身上都有完美世界的情结，请您再多谈谈这个话题吧！

【有答】"完美世界"也算是我信手拈来的一个名词，以前我用的名词是"童话世界"，很多时候描述的是同一个现象。就是人在自己心理空间创造一个虚拟的世界或者意象，以此来平衡、协调或适应外在的客观真实世界。

如果这个内在虚拟（意象）世界过于强大、美好并且顽固，就会导致潜意识心灵与外在世界之间出现矛盾与冲突。

大部分有完美世界情结的人，其婚姻家庭生活都会出现问题，根本原因就是过于完美的潜意识心灵，会让家人触及不到他那个真实的、活生生的、会犯错的人性。

若是妻子，那就是无法被征服的高峰，最终会让丈夫无力攀登转而寻觅他处风光；若是孩子母亲，那就是不真实的圣母，最终会让孩子因为失去边界感而筋疲力尽；若是丈夫，那就会成为不可触摸的神明，令妻子敬仰的同时更自卑；若是孩子的父亲，那将是若有若无的幻影，看得见摸不着，可崇拜但无法撒娇，最终缺失了真实的父爱。

曾经有一位女性当事人Y，在她的身上就有这样一种完美世界的情结。具体体现在她的教养上，永远恰当周到与安静和气。在她的世界里，不争吵、有修养、有话好好说是第一要务。她给人的印象永远是那么干净整洁、安静贤淑，说起话来也是慢条斯理，很有分寸。

她来到我这里是因为她的婚姻生活过不下去了，想要离婚。当然她也想知道自己哪里做得不对，以致婚姻走到了今天，这可以说是相当理性的诉求了。

随着她对婚姻的回顾，细节也一一地展开。

这么多年和丈夫在一起，她几乎极尽隐忍。一开始面对丈夫的各种挑剔与不满，她试着体谅丈夫的不容易；面对婆婆与她之间的冲突，她也试着理解婆婆的传统局限。虽然她从小生活在"自由自在、宽容宁静"的小家庭里，却也不得不学着适应夫家繁多的规矩。夫家这边是一个传统的大家族，讲究各种规矩。她丈夫从小在这样的环境下长大，又因原生家庭的一些缺失，所以特别谨小慎微，甚至到了唯唯诺诺的程度。

就算这样，Y在二十多年的婚姻生活中，也尽量做到让自己的丈夫满意，让夫家整个家族的人满意，尽量做他们心目中的贤妻良母。

即使这样，依然没有换来她心中的宁静生活。世事艰辛她可以忍受，家长作风、古板规矩她也可以忍受，唯有她丈夫性格的缺陷让她无法忍受。

她的父母从来没有红过脸，她的父亲总是不温不火、有条不紊、细致耐心，从小到大都尊重她的选择，永远只给一个客观理性的参考意见，从来不会去左右她什么。她父亲常挂在嘴边的一句话是"人生就是一场选择，选了就不要后悔"，这早已成为她的人生信条。

恰恰是她父亲这个态度——看起来任何事情都尊重女儿的选择，却造成了她每每在人生最重要的关头，都没有做出最优的选择，她在每个关键时刻都没有真正地参考父亲的意见。

上大学是这样，选择丈夫也是这样，甚至离婚，对她而言都选错了，至少不是最优的选择。这时候都是她一个人孤单地前行，父母并没有在最关键的时候托举她一把。

但既然父亲说了"人生就是一场选择，选了就不要后悔"，所以，她从来没有后悔，也不知道这些事情是可以后悔的，甚至从来没有怀疑过父母这样的态度是有缺失的！父母从来没有后悔过，他们永远都接受命运的选择，无怨无悔。

要不是这个婚姻一再冲击她内心的宁静，让她无法不温不火、有条不紊地生活，她可能从来没有机会审视自己，没想过这居然是有问题的。

当时她很疑惑地看着我说："人不都应该有教养吗？家庭难道不应该是安安静静、和和气气的吗？做人难道不应该是有条不紊、不温不火的吗？做人不就应该选了就不要后悔吗？"

我只能告诉她，确实，这样的人生状态是值得我们追寻的。真要说起来，你已经做得相当好了，有着极大的耐心与教养，甚至守护着患有抑郁症的丈夫这么多年，这真的是你的美德。

可是，这是真实的你吗？或者说，每次在人生最关键的时候，你真的仅仅需要父母客观理性的参考意见吗？人做决定真的只需要客观理性吗，那你的情感需求呢？你父母对你的情感倾向呢？父女之情可以如此平静如水吗？父亲不应该为自己孩子的人生负责吗，不应该在意识到你要犯错的时候，强力地拉你回头吗？同样的道理，你在婚姻中每次遇到挫折，遇到纷争，遇到夫妻间不快的时候，怎么可以总用客观理性的态度处理呢？夫妻间的生活，哪可能总是平静如水呢？

当然，因为你从来没有怀疑过这些，而你父亲在你心中的形象又是过于完美和理想的，所以在你的世界中，原生家庭的模式从来都是对的，你没有过一丝一毫的怀疑。

所以某种程度上，这么多年你也在无意识地演绎着这种不真实，也即复制完美父母的模板。

刚好你遇见的丈夫是一个被家族规矩禁锢的套中人，生活对他来讲本来就只有一堆规则，而你作为他这么多年的亲密伴侣，他在潜意识深处看不见你，只看见了一个"完美世界"，所以他也无从征服。一个本来就自卑到谷底的男人，遇见一个有完美情结的圣母，这可真的是灾难。所以，他不抑郁那才叫奇怪呢！

事实上，就算是再懦弱的男人，他也是雄性动物，他也有征服的欲望存在。只是在成长的过程中，这种征服的欲望被扭曲为种种苛责、攻击行为，甚至是强迫症或其他病症。这样的人不容易有理性自觉的内省精神，而缺了内省，这种扭曲的征服欲望，在事实上就会令人难以接受。

所以表现在夫妻关系中，他看起来就会吹毛求疵、苛责过度，对外就会唯唯诺诺、胆小怕事。但他依然渴望被女性的温柔托举起来，依然渴望能在亲密关系中主导着什么，因为只有这样他才能获得深层次的力量，才能不再质疑自己，才能落地生根。

Y的完美世界是如此顽固，先生那种本就不太强烈的征服欲望，遇到Y这种坚韧的完美城堡，就不得不败下阵来。在先生的心中，再也没有什么可以令他获得成就感了，那个征服欲最终开始向内攻击，攻击自己的潜意识心灵，成为更深层的自我谴责的力量，并且进入他的梦境，他只能在梦中一再地攻击那些看不见的东西，在梦中释放着自己的征服本能。

所以，Y的先生这么多年来一直有梦中惊厥的病症存在，也就不是偶然了。

而事实上，先生的抑郁症、性格上的缺陷，真的不难被干预。先生已经受苦受够了，所以，有着较为强烈的改变动力。而妻子呢，因为这个完美世界是她终生的追求，如此的坚韧，她宁可离婚也无法继续忍受婚姻中这么多的苛责、吹毛求疵，当然，事实上是她无法忍受那个完美世界一再被破坏的痛苦。

我真的希望他们夫妻俩可以继续走下去，没有别的原因，只是希望他们两个人的心灵能从原生家庭的桎梏中走出来，真正地在潜意识心灵中成长。他们需要这段婚姻，需要彼此，毕竟在一起二十多年了，就算对彼此再失望，他们的潜意识心灵也已经交织在一起，只要双方一起努力，那么彼此的潜意识心灵就会很快进化。单独前行，或者换一个人，事实上更难！

这或许就是"生死契阔，与子成说。执子之手，与子偕老"的心理学意义了！

【有问】好的，谢谢老师！辛苦老师讲解！

第二部分　成人篇

成人化有一个关口，这个关口有风险，有时候甚至是危险的。如果可以退缩，谁愿意真正去成长？如果可以依赖，谁愿意离开父母？

在一个永远被允许退缩，随时可以索取，总是被爱的环境中，人真的会自动去承担责任、自动去成长，或者说自动去爱别人、去给予、去付出、去服务众生吗？

原生家庭，不是借口

> 我们固然期望自己的父母是完美的，但这是永远实现不了的。
>
> 孩子长大成人的过程，其实就是一次次地打破完美父母这个幻觉（童话故事）的过程。我们逐渐接受，自己拥有的就是普通的父母，并心甘情愿地爱他们、回报他们、赡养他们。

【有问】老师，请您再谈谈家文化的心理学意义。

【有答】嗯，回归家文化的一个根本的原因是，当我们回归到中国人的家文化、家的次序里面，就不容易掉入"原生家庭"这个陷阱。

但凡心理咨询就要提到"原生家庭"。我们并不是说原生家庭对人生没有影响，或者对人没有伤害，而是认为它影响巨大和深远。这也是心理学对人的自我成长的一大贡献。中国人虽然具有浓厚的家庭观念，但更会相爱相杀；更容易对人性造成压抑与伤害，也更容易压制自我的意识和声音。这个部分确实应该被释放、被疗愈、被调整。

比如，影响特别深远的就是对女性的否定，特别是一些陈旧的"重男轻女"的观念，杀伤力是巨大的。

在这个观念影响之下的男性也难逃一劫，他们被束缚在虚假的尊严与虚幻的期待中，不能真实地认识自己、做回自己。

与对女性的否定相对应的一面，就是对父亲权威的崇拜与盲从。这个传统是中国家庭人性束缚与压抑的一个重要成因，也是目前很多心理学研究者极力抨击传统文化中的糟粕的一个重要原因。

正如我上文所说的，家文化是中华文明的底色，是中国人刻在基因里的东西，它需要被批判，但同时也应该被继承。如果专业研究心理问题的心理咨询师不能肩负起这个责任，那就真的可悲了。

西方社会，其宗教神权对人性的压抑与对生产力的束缚，最终通过文艺复兴（也即资本主义的兴起）得以释放。但他们没有否定自己的基督教文化，反而更理性地对待它并使之升华，最终这个部分成为现代西方文明的核心力量。

中国的家文化，其实也在走这个过程。

但如果心理学家们过多地强调、放大家文化的妨碍与伤害，就会在无意识中否定自我的力量（也就是否定人的后天主观能动性）。我受伤了，既然是原生家庭的错，是父母的错，那我还能客观理性地看待原生家庭吗？

人一旦受到伤害，必然会对加害者进行惩罚或者要求补偿、道歉。这是人的本能反应，也是道德、法律存在的人伦基础。但这个受到伤害的感觉，有时却可能是演化出来的。

若子女认为父母是在伤害自己（而本来不过就是合理的管束或惩戒），从而要求父母为自己的"伤害"负责，甚至试图要求父母为曾经的行为道歉与赔偿，这就颠倒了根本的人伦次序。

因为父母权威若真的被攻击、被打倒，那才是身为子女的最大灾难。因为根被打倒了，主心骨被否定了，那子女还能依靠谁，还能信任谁？该怎么对这个世界声明自己的身份呢？人在独立之前，自我身份的界定往往就是某人的孩子。所以打倒父母权威的人，还怎么堂堂正正地做人呢？他凭什么与他人打交道呢？

在我们的潜意识里，父母形象始终代表着权威与力量、情感与爱。一旦这个部分被否定了，人的心灵就会动荡不安。

我们固然期望自己的父母是完美的，但这永远实现不了。孩子长大成人的过程，其实就是一次次打破"完美父母"这个幻觉的过程，我们逐渐接受，自己拥有的就是普通的父母，并心甘情愿地爱他们、回报他们、赡养他们，这也是中国家文化的次序与深层诉求。

而人一旦陷入受害的意识陷阱，从此就会把心理的焦点放在外面，放在别人身上——虽然这个别人叫作"父母"。这也意味着放弃了自己的主观能动性，即认为"我对我的现状是没有责任的""我这样是父母造成的"，那潜意识里的逻辑就是"父母要对我好一些，我才会改变""父母若对我不好，我就好不了"。因此，一个个巨婴就这么形成了。

一旦在原生家庭的伤害上花费太多时间和精力，忘记了自己是可以行动的，是可以为自己负责的，也是可以走过所有"伤害"的，那这个人就失去了走过孩童心理（也即巨婴）的机会。

不少人就是这样，终其一生都陷在这个模式中，最典型者就是啃老一族。他们的思维通常是"我弱我有理"，对他人怀有各种或明或暗的仇视心理。

真正有力量的人，真正内心成熟的人，哪有空去依赖别人、去仇视别人？他们早去行动了，早去创造了，早去实现了！

不得不说，有时候所谓的"原生家庭""内在小孩""心理创伤事件"等，不小心就会成为一些人不愿意承担责任、自我退缩的借口。

很有意思的是，现在还出现了一些新型的亲子问题，如父母过于重视孩子的心理感受，给了孩子太多的"爱与自由"！

而这些父母一开始并不是这样的，恰恰是接受了西方心理学的观念之后，特别是听了某些家庭教育或育儿类的心理学课程之后，开始变得小心翼翼，就怕给孩子造成心理伤害。而越是这样，就越是恐慌。

因为他们发现自己曾经对孩子造成的巨大"心理伤害"，才是孩子成长过程中的最大障碍，所以他们产生巨大的内疚自责之情。

特别是父母们接受了诸如"家会伤人"的观念，以及"千万不要管孩子""孩子都是来成就父母的""孩子是全然的、开悟的""要悦纳你的孩子""要接纳""不接纳的都是你自己"等观念后，就真的什么都不敢管了，因为管就会犯错。于是从一个极端走到另一个极端，那就是放纵。家长的这种内疚、自责与放纵，孩子马上就能捕捉到。

父母的内疚与不知所措以及这些"原生家庭伤害"的理论，让孩子们更加有借口了，相比于成长的焦虑与压力，待在受伤害的感觉里不用负责、不用长大，当然更舒服了。而且，利用父母对自己的爱，利用父母的内疚与不知所措来控制与索取，当然是更舒适、更方便的。于是，一个又一个巨大的婴儿就这么拒绝长大！

而过于注重原生家庭伤害性理论的心理专家们，在某种程度上是助纣为虐。

这是大家在应用原生家庭理论的时候，务必注意的事项。这个话题，我下次会继续讨论。

【有问】好的，谢谢老师，我也会好好反思自己是否常犯这个错误。

改变父母，仍是巨婴

> 所有人去探索原生家庭，回顾心理伤害，只有一个前提，那就是"我要为我的人生负责，而且我不再把改变的希望寄托于别人，不管这个别人是不是父母！"

【有问】老师，那我们在应用原生家庭理论的时候，还需要注意些什么？

【有答】这里我给大家举一个例子，你们可以更直观地感受一下。我最近看了央视的心理访谈节目《啃老十年的背后》，是关于"啃老"的。

其中有一幕特别有意思，这个33岁的啃老的女儿（化名"成金"）自学心理学，还考得了三级心理咨询师证书，所以，她不出去工作就更有理了。说起自己的心理问题，她更是头头是道，所学的心理学知识成了她啃老、攻击父母、发泄愤怒的理论依据。无奈的是，心理访谈节目请来的专家助长了这个33岁成年女儿的这种认知，试图让70多岁、一辈子务农的老母亲，去理解女儿的心理诉求，甚至改变对待女儿的方式（这个老母亲还有一个40多岁，乖巧、懂事并且成熟的大女儿）。

我不否认这个女儿啃老和不肯出去工作，父母确实要负相当大的责任。父母若能意识到自己的问题，改善对待孩子的态度，那当然是皆大欢喜。但现实的情况是，母亲已经一大把年纪，而且没什么文化，让这样一个母亲去改变，去再度承担养育33岁成年女儿的责任，这不公平，也不合适吧？正如母亲一直说的，她哪懂怎么教养女儿？能把女儿养大并培养成大学生，已经是他们能力的极限了！而女儿要啃老，不肯工作，据说是有心理问题，她哪有能力去理解这些？

所以，仅以这个现实情况来说，这个咨询专家，就犯了教条主义错误，他只会照搬所谓的心理治疗原则，却罔顾实际情况。

最关键的环节是成金确实啃老十年了，咄咄逼人，是一个不曾长大的小孩，更是一个对母亲出言不逊的女儿。

不管我们怎么形容这个女儿，有一点很重要，她毕竟愿意来找专家求助，毕竟愿意和心理专家进行深入的访谈——也就是说，这个啃老的女儿，她是有求助意愿的！

但她的部分求助意愿是非常不合理的，甚至可以说是错误的，其对父母的控诉实际上是退行的行为表现（即所谓的内在小孩，或者"巨婴"）。由于她懂心理学，也懂得原生家庭的伤害，所以她求助的目的，是要父母承认伤害了她，父母得改变自己的行为，父母要以她想要的方式来爱她，如此她才能获得外出工作的动力。

简而言之，就是："我是巨婴我有理，我受伤害我有理，所以，你们的治疗也得按照我的方式来，就算我的方式是巨婴的方式，也得按照这个方式来！"

专家事实上也深受这套心理学理论的荼毒，所以在后面最重要的心理治疗环节（前半部分的对话还差强人意），又迎合了成金的那套逻辑。

专家用各种手法，认同、迎合成金的心理困扰，也试图用游戏、模拟剧的方式来让母亲意识到自己对成金的伤害。他们以为，仅靠这样的疗愈环节（不到10分钟的时间，当然这可能是剪辑后的时间），就可以让成金走出来，离开伤害，不再啃老，而且能出去工作！我只能说，这些人把心理咨询当成满足自己幻想的舞台了。

不过专家这么做，结果确实是皆大欢喜。啃老的女儿很满意，专家看起来也把问题分析得头头是道，电视节目组更把一个大团圆的结局呈现给观众。可是以后呢？这是没有人关注的！

正如我之前对《镜子》（央视亲子问题纪录片）的点评，现在的心理机构，都在追求这种表面的、看得见的皆大欢喜的局面，都拼命地呈现出和解、和谐、圆满的结局；却从来没有人关心，离开了这个心灵机构、这些心灵导师之后，求助者的生活会怎样。

场上的心理专家、观察员，甚至是见多识广的主持人，都没有意识到把70多岁的老母亲的过错呈现出来，是否会助长女儿心中的受害观念。

成金本来就有一种在原生家庭中受害的观念，她振振有词地分析自己，攻击父母，觉得自己所有的问题，包括无法出去工作，都是父母造成的，自己是不必负责的。对此，专家在电视上、在全国观众面前，都给予了肯定与支持！

这一对无助的父母，过去已经纵容了成金的无理索取、恶语相向，而专家又肯定了成金的心理需求，这无疑是对她的又一种纵容。我不认为这对成金会有真正意义上的帮助！

从访谈节目中，我们也可以看到成金对在场的专家、主持人、观察员，毫无尊重之意。但凡不认同她受害观念的，她都愤怒相向。

心理伤害，心理上的巨婴，就成了成金对任何人愤怒以对、恶语相加的理由！这不对吧？

我一再强调，心理伤害确实是存在的，原生家庭对人也有非常大的影响。但我们所有人去探索原生家庭，回顾心理伤害，只有一个前提，那就是："我要为我的人生负责，而且我不再把改变的希望寄托于别人，不管这个别人是不是父母！"

探索原生家庭的伤害，疗愈过去的创伤，从来不等于要对现实中已经年迈的父母进行控诉与鞭挞！

心理治疗的原理、原则，只适用于咨询室之内，甚至严格来说只适合咨询师和当事人之间。任何有外人在的场合，就是社会了。在社会上就得遵守社会的规则与规矩，这是任何一个成年人都要有的认知。

在咨询室里面，在咨询师和当事人一对一咨询的时候，我自然会同理你所有的"伤痛"，会陪伴你走过所有的"不容易"，更会释放你的"愤怒"，接纳你所有的情绪，同时引领你去寻回曾经被压制的生命力。

但是，作为咨询师的我也一定会告诉你，现实的规则你得遵守，成长不是肆无忌惮，不是无限包容，更不是自我膨胀、自以为是，乃至狂妄自大！

作为当事人的你，得先学会尊重眼前的咨询师。如果你对咨询师都不尊重，那很抱歉，你要先学会这个功课。

实事求是地说，谁在成长的过程中没有受过伤害？谁家的父母是心理专家？或者说谁在成长过程中充满爱和自由？

我们都希望，能有人永远爱我们，永远肯定我们、支持我们；在我们摔倒的时候及时扶起我们，慰藉我们，拥抱我们！这是我们童年的梦想，但现实不都是这样的。

这个世界是不完美的，有着如此多的问题，因为我们曾经缺失了这些，所以今天才知道拥有的可贵，才更加珍惜生命中能给我们这些品质的人。也是因为我们曾经缺失过，所以今天才更要给予别人这些；而不是以成长的名义，依旧在索取，依旧在受害！

《孟子》中的"故天将降大任于斯人也，必先苦其心志，劳其筋骨，饿其体肤，空乏其身，行拂乱其所为，所以动心忍性，曾益其所不能"，今天读来依旧是成长的真理。

【有问】好的，谢谢老师！我有些明白了。

成人给予，巨婴索取

> 在身体上我们最终都会成熟，但心理上的成熟却必须到社会化的实践活动中完成。从来没有不经过社会化活动就能自行成熟的人！
>
> 所有的心理咨询（治疗）都无法代替真正意义上的社会化实践。也可以说，所有的心理咨询（治疗）都只为社会化实践做心理上、思想上的准备与指导。

【有问】老师，您能再说说家文化吗？家文化到底是什么？

【有答】好的，但再次讲家文化之前，我得先为这段时间的话题做个总结，也就是前几节所写的，原生家庭、内在小孩、巨婴之类的话题。

一个显而易见的现象就是，这个话题在心理学圈子里大行其道！

这个圈子里很多的治疗师、专家、导师，或者所谓的大师、上师，其实他们自身还处在原生家庭的桎梏里，并没有真正地超越它！或者说得更直白一点，很多时候他们自己也是一个巨婴。

这才是心理学圈子的问题所在。因为他们自己是巨婴（当然这里的"巨婴"是相对于心理上的成人而言，非贬义），所以，就把所有人都想象成巨婴，或者会不自觉地把人性当中可能有的问题，都归因于童年期的匮乏、爱的缺失、小时候的伤害；进而把解决问题的途径，归结为爱要流动，没有完成的都要完成，缺失的就要给予，匮乏的都要被满足，等等！

也正因为如此，他们实际上不知道心理上的成人与巨婴的区别到底是什么，而且必须经历什么，才能从巨婴成长为成人。

他们只知道孩子需要什么，婴儿需要什么。于是，一堆成年的巨婴就在各种"爱与感恩""轻而易举""富足""奇迹""幸福""喜悦"的虚假氛围中不断地狂欢！

成年之后还去玩"过家家"（心理游戏），希望通过"过家家"的方式来成为成年人，这怎么可能呢？

所以心智上未成年的人，无法理解已经成年的人的真实状态。因为他们没有超越原生家庭的桎梏，所以他们也无法理解中国的家文化背后的深沉用意。他们无法有意识地、主动地去参与种群的生存、家族的延续。他们更无法理解对于一个心理成人来说，为了子孙后代付出乃至牺牲，是多么大的自豪与荣耀！

这一切只有主动意识到自己是成人，并深刻参与成人、为人父母责任的人，才有机会体会到。而一个（心智上的）孩子，一个婴儿，他怎么可能意识到，为了下一代、为了他人去努力付出，是多么荣耀与自豪呢？对于一个孩子、一个婴儿来说，他怎么会知道，承担责任可以是一种完全自发的行为呢？他怎么会理解，我养育他成长，严厉要求他，为家族付出，参与家族的贡献，并且所做的这一切最终都要交付给他的含义是什么？他更不会理解我对他的期待，以及要求他回报这个家庭，要求他弘扬家风、不辱门风，这一切的背后含义是什么。

这不是压力，无关恐惧，也不是束缚，说成要挟与勒索就更是荒诞了！这是成人的荣耀与担当，因为"世界是你们的，也是我们的，但是归根结底是你们的"。而不愿意长大的巨婴们，哪里能理解得了这一份荣耀与重托呢？

哪一个父母（心理意义上的成人），养育后代，不像愚公一样？没得省力，没得取巧，没得快速，更是从来没有想过可不可以不要做、可不可以不要承担。

成人的责任从来都与逃避无关！一个真正意义上的成人，看到的就是担当，无怨无悔，不舍昼夜！

巨婴们才会只看到接纳、爱、感恩、满足、光、奇迹、轻而易举、觉醒、开悟等！他们以为，这就是真相，有了这些，自然一切都好了，都完美了。可事实是，成人的世界哪有那么多的"岁月静好"？

当然，在身体上我们最终都会成熟，但心理上的成熟却必须到社会化的实践活动中完成。从来没有不经过社会化活动就能自行成熟的人！

所以从这个意义上说，所有的心理咨询（治疗）都无法代替真正意义上的社会化实践。也可以说，所有的心理咨询（治疗）都只为社会化实践做心理上、思想上的准备与指导。

而心理上的"成人化"，其中一个非常重要的社会化活动，即是男婚女嫁，也就是婚姻。在婚姻中，两个不成熟的人若能持续与深入地参与各种冲突与整合，其内在自然会走向成熟。

因为婚姻在人类的集体潜意识中就是成人才有的行为。婚姻中的所有行为，都在提醒着人们的潜意识心灵，这是成年人的行为。而人类的潜意识心灵归根结底，会受到外部环境的改造，所以人若持续地待在婚姻中，面对自己的婚姻，解决婚姻中存在的各种问题，进而让自己拥有幸福，那这个人的心智就很难不成熟了。所以，持续存在的婚姻本身就在不断地改造着我们的心灵，使之成熟！

但是，现代社会有太多的方式，让人逃开成人化的过程，更不用说婚姻了，实际上"男大当婚，女大当嫁"本该如此。

【有问】老师，看来"逼婚"在某种意义上是逼人成熟呢！或者说，有时候没得选反而是最好的选择！谢谢老师！

无所退缩，方为成人

如果可以退缩，谁愿意去成长？如果可以依赖，谁愿意离开父母？

【有问】老师，您上文说"他们实际上不知道心理上的成人与巨婴的区别到底是什么，而且必须经历什么"，能请您再说说这个话题吗？

【有答】这个问题不难回答，通过两个简单的词就可以明显地看出这两者的区别。

巨婴的下意识是"我要"，而成人的下意识是"我给"，这就是这两者心态的主要区别。一个人能不能真正成人，其实就是看他能不能由不受控的"我要"走向自愿的"我给"。

所以，我们若是看到一个人的语言模式里面有大量的"我要"之类的口头禅，或者动不动就表达自己的情绪、自己的观感、自己的想法，却没有耐心听别人在说什么；特别是在一些情绪激动的场合里（比如说冲突），事后他能记得的全部是自己的感受，而对于别人到底说了什么，或者别人为什么这样想，他不知道，也没有能力知道；且对于整个事情的起因、经过、结果，特别是矛盾怎么演化的，他一点都不知道，这样的人就是心理上没有成人的。而这样的人经常挂在嘴边的话就是，"我不知道""我不记得了""我当时是蒙的""我只顾着紧张了""我当时是崩溃的""我只顾着难过了（害怕了、愤怒了）"。

不是说人不能有情绪，而是这类人只陷入情绪中，对于事情的全貌完全失去了判断能力。除了感受，整个事情的是非曲直是不重要的。也就是说，他的情绪不会因为整个事情的是非曲直、轻重缓急而得到有效的控制与纾解。理性的人，只要把事情说开了，他的情绪也就会不见了；而情绪化的人，是怎么说都不行的，必须得先安抚他的情绪，让他的情绪平复下来，而后他们才听得进一些道理。而且事过境迁之后，他们能记得的不是事情的全貌，而是自己的感受，同时在内心叠加了一堆的同质性情绪，而无法有效地化解开来。

所以这类人无法通过有效的交流达成共识，他们的世界里只有"我受伤了""我不好了""我被嫌弃了""我又丢脸了""我又失败了"。只剩下负面感受，然后就会羁绊在这些负面情绪之中，无法前行（若是孩子就会休学、逃学）。而要让他们继续推动整个事情，就必须在情绪上先给予同理、安慰、纾解，而后他们才能再次鼓起劲来行动。他们无法在有情绪波动的情况下把事情处理好，把事情做对。更不用说因为心中的追求，自主地跋山涉水、披荆斩棘、排除万难而达成目标。

以上这些其实都属于"未成人"的心智模式。反之就是"成人"的处理模式。"成人"也会有情绪，也会有冲突，也会做错事，但他有能力客观地审视整个事情，并根据事情的是非曲直、轻重缓急，相应地理顺或消解自己的情绪，是属于"事情说清了，情绪就明了"的那类人。他们不会因为自己的负面情绪而趴下，他们关注的是问题有没有解决，是不是在逐步推进关系，促进目标。而较少会把焦点放在"我受伤了""我不好了""我被嫌弃了""我又丢脸了""我又失败了"这些负面感受和情绪上，不是说他没有负面情绪，而是说即使有，也不妨碍他客观理性地看待整个事情。

而"我给"就更好理解了，也即事情发生的时候，他关注的是对方需要什么，对方怎么了，他能下意识地站在对方的角度思考问题，而不是用自己的情绪、感受来代替客观的审视。

当然，这些并不是严格意义上的判断标准，还要加上很多其他的资料，如此我们才能更完整地判断对方是属于"未成人"还是"成人"的心态。而实际上所谓的"未成人"或"成人"心态，也是动态的，切记不可教条地应用。

而人要由"未成人"走向"成人"，其实要经历的也很简单，那就是被社会反复按在地上摩擦，社会的暴击给多了，人自然就成长起来了。道理很简单，还是那句话："故天将降大任于斯人也，必先苦其心志，劳其筋骨，饿其体肤，空乏其身，行拂乱其所为，所以动心忍性，曾益其所不能。"但身为父母，却非常难以做到。

在中国"一切都是为了孩子"的社会氛围下，父母拼死拼活都要给孩子创造最优越的物质条件，而主动让孩子去接受社会的暴击，这实在是难以做到的事情。

而实际上，舍得让孩子去受苦，甚至驱赶孩子离开自己，本来也应该是动物的天性。就像我们小时候观察到的，如果老燕子永远叼虫子给小燕子吃，小燕子只要张开嘴巴就有虫子吃，那么有哪一只小燕子会心甘情愿地学习飞翔，学习捕食？哪一只小燕子不是时候到了，就被老燕子硬拱出燕子窝的？在小燕子扑腾着稚嫩的翅膀，试图再次飞回鸟巢时，老燕子还是会一再地驱离它们。如果没有老燕子这个狠心的动作，有哪一只小燕子的翅膀会自动变硬，自动学会飞翔，乃至学会觅食与远程迁徙呢？

燕子是这样，老鹰也是，老虎、狮子、豹子无一例外，但凡最终需要离开父母，自行独立捕食的动物，都是在关键时刻被父母驱离母巢（穴），丢进天空、原野或者海洋湖泊，让它们自己扑腾。很简单的道理，离开父母，离开母巢（穴），进入天空、原野或者海洋湖泊，这都意味着危险。

如果可以退缩，谁愿意去成长？如果可以依赖，谁愿意离开父母？动物成长的时候到了，若没有被及时驱离，就会失去相应的能力，也即失去独自捕食、迁徙、求偶的能力，而人亦然。

在一个被允许退缩，随时可以索取，总是被爱的环境中，人怎么会自动承担责任，或者说自动去爱别人、去给予、去付出、去服务他人，然后一辈子快快乐乐、美丽、天真、善良、一直幸福？

相信这鬼话的人，再被社会毒打几次估计就清醒了。

所以，总结起来，人要从"未成人"特别是"巨婴"心态跨入"成人"的阶段，需要的就是被社会毒打。为了这个毒打，需要父母在平时就做很多功课，包括那个"推"的动作、那个"驱离"的决心，都是要提前做好准备的。

【有问】好的，明白了，谢谢老师。

心中有爱，手下要推

当然，这里我所说的"推"，不是生硬地推，不是心狠地推，不是行为层面的拒绝与冷漠，而是指我们必须深刻地明白，我们的孩子终究会成为一个独立的人，他终究要进入社会，进入家庭，抚养后代。而我们终究会死去，留下他自己去面对生活。所以，家庭教育，其实就是为这一天做准备，而且准备的时间也不会很多。

【有问】老师，请您再谈谈关于"成人化"之前的关键一"推"。

【有答】好的。很多父母，无法下这个"推"的决心。

他们总有理由告诉自己，自己的孩子不需要被残忍对待，现在的物质条件较好，又因为自己曾经吃了太多的苦，所以总是希望孩子少吃点苦。总觉得，既然自己可以给孩子创造好的条件，干吗还让他去外面吃那么多的苦呢？甚至认为，反正自己的财产将来也是留给孩子的，那为什么还要他去吃苦？

更重要的是，这些父母总是发现"自己的孩子是真的吃不了苦"，或者"我的孩子能力真的不够"，或者"我的孩子是真的有心理问题"，就算没有这些，他们也会觉得自己的孩子"自小体弱多病"。

所以，他们会找出很多理由来说服自己，"我的孩子绝对不能被'推'，更不用说推出去被社会暴打了"。

于是，脆弱、敏感、抑郁、焦虑、情绪不稳定的孩子就比比皆是了，表现在学习上就是逃学、退学、休学，当然严重的就是啃老。

在家庭教育这个领域，一开始每对父母都很自信于自己的教育方式，从不认为自己对孩子的言传身教是有问题的。而求助到我这里的，都是情况非常严重的。

所以，今天就举一个极端的案例吧，也就是被诊断为精神分裂的当事人。

其实在我接待的个案当中，有不少的当事人，都是被明确诊断为精神分裂症的孩子。而且他们身上也确实存在着明显的"退行"现象，这在精神科医生那里，是最实在的精神分裂的证据。

但在我看来，很多时候他们只是缺少教养而已。在当事人的父母看来，因为孩子有病，特别是精神病，是无法被教养的。所以，他们理所当然地不再对当事人进行管教，特别是必要的生活训练，只是任他们自行发展。而随着岁月的增长，实际上当事人的行为从来没有被父母要求达到与他年纪相匹配的程度。

比如，言谈举止像个幼稚的孩童，在交流的过程中一直自说自话，完全不理会你在回应什么，见到谁都要重复他自己的那一套行为流程。所谓的"被迫害妄想症"患者，会一再查问咨询师的履历背景，怀疑咨询师是不是暗探、密探、杀手什么的。他们还会查看咨询室里面的设备，检查是不是有暗藏的机关。

这些"精神病人"，看起来真的是行为反常（同时也可以说是幼稚）。我也留意到个案最亲密的监护人（父母或者伴侣）的反应，他们对于当事人的种种怪异行为，要么非常麻木，也就是不管他怎么做，监护人都毫无反应，也不干预，麻木地由着他们；要么把他当小孩哄，甚至对年近四十的当事人，用的都是像对待婴儿一样的语气。

我特意做了好多次试验，也即当我和所谓的"病人"对话的时候，我不由着他胡来。当他做出各种怪异行为、胡说八道时，我会严肃地制止他。那些比较胆小的"病人"会害怕，并且慢慢地适应我的说话风格。而一些很顽固的"病人"，我尝试着用激烈的方式来冲击他，在这种冲击之后，他也不敢在我面前继续乖张任性了，就算不满，他也会用我能听得明白的方式控诉我。

经过这么多年对这些所谓"病人"的一线试验，我最终发现，我所接触的这些"精神病人"，其实很大程度上，是由于父母被孩子的精神病（精神分裂、重度抑郁、强迫、焦虑或者双相）吓到了，从此放弃了所有的管教和约束，由"病人"肆意生长，"病态"才越来越严重了。

这里举一个例子，某当事人，第一次"疾病发作"，也即说胡话，出现"幻觉"，是在她生产前，她莫名地焦躁、恐慌，开始胡言乱语。接着生产后在恢复期间，开始出现种种幻觉，认为有人要潜入医院来害她。之后，这种妄想被迫害的状态越来越严重。家人害怕她出事，为了安全起见，就把她接回家了。从那以后，先生就带着自己的妻子四处求医问药。

只听先生的陈述，这绝对是一个"十佳先生"——不仅要工作赚钱，还要做家务、带孩子，同时还要三天两头地带这个"精神分裂"的老婆四处求医问药。但根据我的询问，以及现场观察到他们夫妻间的互动，却发现了另外一种可能。

首先，这个当事人其实是一个从小到大被父母严重包办的孩子，从衣食住行到学校里的各种学习、课外培训都由父母一手包办。当事人从来都无法自己做主，到后面的考试、升学、就业，也是父母一手包办的。当然，在父母眼里她也不会，她读大学的时候，衣服还要拿回家让妈妈洗，床褥都是妈妈定时去学校给她装上或者拆下（在大学里面不谙世事、孤僻、高分低能，很多时候还是看不出问题的）。父母是国有企业的双职工，早为她考虑好了，她一毕业就进入了父母所在的国有单位。到了适婚的年龄，在父母的安排下，她选择了从农村来的老实本分的老公。在所有的这些过程中，当事人从来没有自己选择过，即使她曾经不满过。

当事人的老公说，她一直很嫌弃他，但实际上又很依赖他，因为她根本没有生活能力，连煤气灶都不会用。

一个被严重包办的孩子成年后，突然间被抛进成人的世界，她如何应付得了复杂的人际关系，如何应对那些不再像父母般惯着她的同事？她哪里会知道，是她的行为让周围的人避而远之、敬而远之？她哪里可能知道，自己完全不懂得怎么和人适当地相处？如此，她自然会感到身边都是"恶意"，他人都是不善的。所以，她所谓的感到被迫害，对于她的理解能力来说，是真的（并不是幻觉）。她完全无法理解这么复杂的人际关系。更不用说分娩这么危险的事情，她哪里有勇气去承受那么剧烈的痛苦？这必然的生产关口，足以吓坏她。

她的习惯向来是逃避，让父母来。但无奈的是，生产是谁都代替不了的，只能由她自己去完成。虽然她的身体层面已经成熟了，甚至头脑理性层面也懂得这件事必须自己做，但一个从来没有经历过风雨的心灵，是无法承受这么大的冲击的。所以，在生产前夜，她惊恐到极致，各种关于死亡的幻觉自然会挥之不去。最终她不得不独自面对那个陌生且冰冷的产房，这对于她来说完全是一次恐怖的经历，虽然可以做剖宫产，可以做无痛生产，但惊吓却是实实在在的。

当她再次回到病房时，自然会呈现出意识恍惚的状态。那种在"鬼门关"走一趟的后怕，实际上还没有恢复过来。于是她陷入对"死亡"的恐惧，自然是不可避免的。而家人又无法理解她到底发生了什么，只能担心地看着她。他们觉得她一向胆小，所以也只是习惯性地为她包办好所有事情。刚出生的小孩，自然是不需要她费任何心思的，甚至都不需要她多看两眼。因此，初为人母的喜悦是没有的，而婴儿不在她身边，不需要她照顾、接触，自然她也没有办法投入到对孩子的关注上。对她来说，除了"恐怖"的经历，这场生产什么都没有留下。

做过父母的人可能都有这样的体会。在诞下婴儿的头一个月里，实际上产妇的心理还没有完全进入母亲的角色。很多时候只是头脑层面知道了，这是我的孩子，但要在潜意识层面、在情感上获得为人母亲的那种亲近感、连接感，还是需要时间的。而为人父亲需要的时间其实更长。

为人父母，其实也是一个实践的过程，需要在长时间陪伴孩子并和他互动的过程中不断学习。这些行为本身就在塑造我们的潜意识心灵，使之进入父母的角色。少了这个过程，人不会天生就知道自己是父母——这也是成人化。

所以，当事人既进入不了母亲的角色，又被严重惊吓，而且从小是被溺爱、被包办长大的，从来没有学会什么叫坚强，什么叫独立，那她在生产之后会怎么样？肯定会退缩，而她脆弱的时候，父母必然又会精心照顾、呵护。所以，对于当事人而言，各种"幻觉""胡言乱语""怪异行为"自然就停不下来了。

而父母呢？

——"我的女儿刚刚生完孩子，身体遭受了这么大的创伤，她生病是正常的啊！我们作为父母肯定得好好照顾她！"

——"我的女儿从小什么都不会，我们自然要多做点。"

——"没有我们帮忙，她哪里会啊？"

——"女儿太辛苦了，她肯定是需要我们照顾的。"

而实际上，这就是他们家里的常态，任何重要的事情，都是由父母来操办的；在每个关口，她都是可以退缩的。所以，她怎么会成长为母亲呢？她哪里有可能成为成人？

虽然身体已经完全成熟了，她也知道自己已为人妻、为人母了，但问题是她不会，也从来没有学过承担，从来没有练习过迎难而上。"迎难而下"她倒是很熟练，而每到这个时候生病总是有效的，于是她就肯定会生病的。当然，她也是必须生病的。

好了，以上就是我根据接待个案的经验，以及对个案心理的了解，重建的这个当事人在生产前后的潜意识心理的变化过程。虽然不一定完全契合，但其中的心理轨迹都是取自真实案例。

透过这种极端的案例，我们可以知道，父母的允许，父母的包办，会带来什么样的结果。看明白了这个案例，我们就知道，在家庭教育中，为什么父母要时不时推一下孩子。

当然，这里我所说的"推"，不是生硬地推，不是心狠地推，不是行为层面的拒绝与冷漠，而是指我们必须深刻地明白，我们的孩子终究会成为一个独立的人，他终究要进入社会，进入家庭，抚养后代。而我们终究会死去，留下他自己去面对生活。所以，家庭教育，其实就是为这一天做准备，而且准备的时间也不会很多。

再说回那位女病人，当我不理会她的种种"耍赖"行为，坚持用正常人的思维与其沟通，她也不得不用正常人的思维和我打交道时，我就知道，我的判断是对的。

当然，先生带着妻子四处求诊，也是希望医生们（包括我）能把她给治好，这样她以后就不会再有幻觉，再有被迫害妄想了。但是，我的看法恰恰相反，妻子要治好，问题的关键在这个先生身上。

第一，他的妻子拒绝和人进行正常交流，而我又无法让她逃不开我。我和她是弱关系，如果她不理我，我一点办法都没有，因为我不是她的监护人，我没有权利让她躲不开我。

第二，他的妻子需要的是长久的干预和训练，需要的是把她在原生家庭里面缺失的生活能力重新建立起来。这个也是我做不到的。

这些只能由她的先生来落实，当然，他可以来和我学习怎么干预他的妻子。虽然工程会很大，但也无法假手于人。

【有问】好的，谢谢老师！

上有力量，下有榜样

父母的陪伴当然是重要的，但父母的陪伴是为了什么？只是为了让孩子感受到爱吗？只是为了让孩子感受到被重视、被温柔以待吗？

错了！父母的陪伴，是为了让孩子在面对问题时有榜样、有力量，能鼓起勇气去面对问题并解决问题。感受爱只是起点，绝不是目的！

【有问】老师，请您再谈谈成人化这个话题吧！

【有答】好的，昨天借由退行的精神分裂案例，谈了在人生关键时刻父母教育方式的问题，以及退行的当事人，其伴侣也在事实上纵容了她退行的问题。那么今天我们就再进一步谈谈退行当事人的照顾者吧，也就是对她无微不至地照顾的父母。

相信这个话题进行到今天，很多人应该会有所察觉，那就是目前流行的一些心理学观念好像真的有问题。

心灵导师们总是宣称，爱才是对的，接纳才是好的；控制总是不对的，压制肯定是需要被批判的，不平等更是岂有此理。

作为孩子，哪个不想要这样的爱，不想这样爱自己的父母？谁不希望父母在自己哭泣的时候给予安慰，在需要的时候及时出现，在遇到困难的时候帮助自己解决难题？但孩子想要的是否就是父母应该给予的？再者，小时候被这样照顾，长大后就真的能独自跨进成人的世界，披荆斩棘、跋山涉水，开拓出一片属于自己的天地吗？

我手头上有足够多的案例证明，这种无微不至的爱是有问题的。在这里我节选一位当事人的心声，也即她下意识的想法，大家先听听看，是什么感觉。

"我卡住了，我解决不了这些问题，谁能帮我解决呢？"

"我老公什么都靠不住，我找不到依靠了。"

"我爸爸对琴棋书画，样样精通，每次我学习上遇到问题，他总能替我解决。"

"我女儿的功课做不出来，就算隔了这么多年，他（个案的爸爸）还是会帮我女儿解出题来。"

"当年所有的竞赛，我都名列前茅。"

"我上学那会，成绩可好了。"

"爸爸说，只要你学习好，他们就不会欺负你！"

"我不知道该怎么办了，我想不到怎么做才是合适的。"

"我不知道该怎么做，从小我爸妈也没有教过我。"

"我爸特别能干，他什么都会，也什么都包揽了。"

"我不知道，他要我怎么做？"

"我总是在等别人告诉我，怎么做才是合适的。"

"（成年后）我待在壳里就很舒服，外界的一切都不存在了。"

"不想着去解决问题，（于是）就没有问题了。"

"我只要待着不动就没有问题，从小都不需要我去解决问题。"

"爸爸都是为我们好，我不需要去分辨、去反抗。"

"他（爸爸）说怎么样就怎么样。"

"我一想到我爸爸，都是他怎么对我好。"

"他们都说我妈妈很幸福，但我妈妈就是很抓狂，我也不知道为什么。"

"我总想有一个人像爸爸一样有能力，总能帮我解决问题。"

"本来我对这个人一点感觉都没有，但知道他的职位，还有事业之后，就觉得他很有能力，就想依靠他，什么事都和他说。"

如果你认为这些是小女孩的呓语，那你就错了！这是一位早已为人母的当事人在回溯与父亲的关系时，吐露的心声。而这些心声，早已成为她的心灵背景，她至今还活在一个全能父亲为之塑造的幻境里面。她回忆起小时候父亲总是陪伴着自己的身影，都能感受到满满的父爱。

"月光如水。在自家的院子前面，父亲坐在小矮凳上，一手挥动着蒲扇，一手挥动着跳绳。跳绳的那头系在门把手上，就这样，父亲可以每天晚上陪我跳绳。"

"那个时候的父亲，总是可以轻易地把我举起来，背在肩上。童年时的我，就在父亲的肩上度过了一个又一个的夏日。"

"我的爸爸就是传说中的别人家的爸爸，她们总是羡慕我爸爸有那么多的时间陪我，不管我去哪里疯，爸爸总是在不远的后面跟着。所以，我总是很放心地到处疯跑，有爸爸在，我就什么都不担心了。"

"爸爸从来都知道我要什么，每次出远门回来，总会笑眯眯地从背后变出一个小玩具。小时候爸爸总是会给我很多的惊喜。"

这样的爸爸，够好了吧？我只听她的描述，就能感受到满满的父爱了。按理说，成年后她应该也很幸福吧！

按照现在流行的心理学观念，她如此被爱，长大之后爱的能力应该是足够的；她小时候如此被重视，长大之后应该就信心满满；她小时候被温柔以待，长大之后就肯定会温柔待人。

想法是美好的，但现实却是残酷的！遗憾的是，女孩长大以后并不幸福。

父母的陪伴当然是重要的，但父母的陪伴是为了什么？只是为了让孩子感受到爱吗？只是为了让孩子感受到被重视、被温柔以待吗？

错了！父母的陪伴，是为了让孩子在面对问题时有榜样、有力量，能鼓起勇气去面对问题并解决问题。感受爱只是起点，绝不是目的！

当然，在另外一种市场潮流里，不强调陪伴，也不谈各种爱，只谈各种可见的技能培训，宣扬培养孩子精英意识、领袖能力、国际视野的各种训练与课堂。比如小小年纪，就可以在讲台上侃侃而谈、指点江山；小小年纪就能熟练运用各种外语，并且能直接阅读外文书籍，去国外旅游可以不用翻译，可以自如地和当地人交流；还有各种乐器，如钢琴、小提琴、古筝、萨克斯等都信手拈来！

看起来好像都成了精英、领袖，很不平凡。但如果他的精气神没有根，那这只是高雅的腐败、文艺的逃避、情怀的上瘾、浪漫的堕落、精致的自私、文雅的糜烂而已。

这不是危言耸听，这是早已被证明了的事实。古今中外的精英、雅士、文人、墨客，堕落、糜烂、自私、逃避、腐败的不胜枚举！

所以，人的精神内核是需要一个根的！这个根，如果用心理学的语言来说，我觉得应该就是——意象化后的父母形象！

比如，父亲意象化后可以是父亲、家长、祖父、族长、祖宗、血脉，或师长、师父、权威、学派、传承，或团体、社团、组织、政府、国家、荣誉。

大部分中国人，都在追寻着父母的步伐，这是国人立身之根本。如果父母的意象被打倒了，或者父母的意象无法成为"孩子"的榜样，那么这个"孩子"就失去了根本。那他要立足什么，根据什么，维护什么，拥护什么，传承什么，发扬什么？他后天再学什么、拥有什么，也都会如浮萍一般，不能顶天立地，更无法长久！

举一个很简单的例子，在我小时候的农村，经常有人搬弄是非，东家长西家短的，就算我们也可能参与其中，但至少我们懂得一个很朴素的道理，我们可以说别人的不好，你们也可以说别人的坏话，但一定不允许说我爸爸妈妈的坏话！如果谁在我们面前说父母的坏话，我们一定会全力维护自己的父母！

这种天然维护自己父母的本能，其实就是我们的根，甚至是文化基因里面的那个根！也是因为这个本能，我们就会想和父母一样，我们渴望模仿父母、向父母学习，并且最终会因为和父母一样，甚至超越父母，而感到自豪。

那么反过来说，身为父亲，你能担得起这个意象吗？如果担不起，就必然问题丛生（当然在传统文化中，如果父母缺位，还有其他人可以担当起这个意象，比如老师、师父、亲戚、父辈、族长等）。

前面那位女当事人口中的父亲，虽然充满爱与温柔，并且时刻陪伴孩子，但最重要的父亲的责任他并没有做好，那就是——做好后代的表率，成为孩子一生的榜样，成为孩子骄傲与自豪的来源！

所以，父母真正应该做的就是成为孩子的榜样，成为孩子想成为的那种人，成为孩子打心眼里佩服的人。如此，孩子在进入成人世界时才不会恐慌，在成人化的关口才能看到榜样，才有足够的勇气迎接那个未知，因为父母的身影，在前方引领着他。

这才是一个父亲真正应该做的事！

【有问】老师，你真的是一语惊醒梦中人，看来无微不至的背后，是父母把自己的位置摆错了，放到了仆人的位置上去了。如此，能把孩子培养好才怪呢！

谢谢老师！

父子有亲，长幼有序

现代西方文明的核心价值观"人人生而平等"其实是有前提的，就是在"神"面前。西式文明剥离了家庭关系或者说架空了家庭关系中第一位的父子关系。

与此相反，中国人始终处在关系中。

【有问】老师，关于"父母的陪伴，是为了让孩子在面对问题时有榜样、有力量，能鼓起勇气去面对问题并解决问题"，请您再多说说这个话题。

【有答】好的，正如我说的"感受爱只是起点，绝不是目的"。

人之所以被称为万物之灵，就是因为人有思想、有意识。但仅仅说人是有思想意识的就配得上万物之灵这个称号，好像也有点勉强。如果人的思想意识仅仅是用来伤害他人，用来满足私欲，用来吃喝玩乐，这样的思想意识显然连动物都不如，还何谈"万物之灵"？

我想，人之所以伟大，是因为人性中的光辉，也即人性中那种"无私""利他"或者说"服务他人"的精神。

今天我想探讨一下这种人性的光辉，可能会很有意思。

这种人性的光辉本来是人这个物种自带的（社会）属性，在西方人的集体意识进化过程中，它经历了一次次的神格化，也即伴随着基督文明的兴起，这种人性的光辉逐渐被神格化为基督之爱或者说神之爱。这个过程可称为人性光辉的神格化。

而后又经历了漫长的文艺复兴与各种宗教改革，特别是近现代资本主义的兴起，西方人一直在做淡化宗教色彩的努力，也即世俗化的工作。

但西方世界中人与人的关系，特别是在讨论爱这个层面的问题时，如果不去看其背后神的影子，对中国人而言就隔了一层东西。

所谓"神"，事实上就是意象化后的父母的形象，或者说是把父亲的形象进行神格化。上帝（耶和华）的形象一般都是男性，当然这是最初始版本的神的形象，显然无法满足大众日益增长的精神需求。于是，耶稣加入了，耶稣的母亲玛利亚也被神化，也成为人们精神信仰的对象。如果只从集体潜意识的角度去看这些神格的演化，就很有意思了。

而中国文化其实早在西周时期就完成了由有神崇拜转向无神信仰或者说圣人文化的转变。

所以周天子是最大的"家长"，而后诸侯、卿大夫、士分别是各自范围内的"家长"，于是中国从那个时候开始就是一个"家"。

所以中国人的集体潜意识中是"家文化"，是家的秩序。也即中国人的关系，在华夏文明的童年期就已经脱离了神的崇拜，迅速地进入了圣人的关怀。所以中国人的爱没有被架空，从那个时候开始就如此实在了。所以中国人讲"五伦"，五伦之外就是没有关系的陌生人了。

"父子有亲，君臣有义，夫妇有别，长幼有序，朋友有信"，就是对人生中最重要的五种关系进行了规范，所以中国人讲关系，其中最重要的就是"父子有亲，君臣有义"。事实上，君臣关系的核心依然是父子关系。

所以，在中国人的关系中，最重要的就是父子关系。当然父子关系实际上就是父母与子女的关系。在中国传统文化中，男属阳女属阴，阴意味着暗、不明、不直接，因此就少提或不提了，所以五伦关系虽然只是阳面上的"父子关系"，但事实上也包含了母子关系。这个细节是大家要去注意的。

中国人的关系从来都没有离开过家庭关系，社会关系不过是一个扩大版的家庭关系。中国人的精神核心立足于家之内的父母与子女的关系。

现代西方文明的核心价值观"人人生而平等"其实是有前提的，就是在"神"面前。西式文明剥离了家庭关系或者说架空了家庭关系中第一位的父子关系。所以西方人的家庭关系就相对疏离、冷淡，不纠缠。

与此相反，中国人始终处在关系中。所以，中国人的家庭关系确实容易压抑、过于亲密，也容易相爱相杀。因为我们的关系始终是近距离的、真实的，所以我们建立了各种秩序与规矩来处理我们的关系。

明白了这些，大家在运用各种心理学知识来指导中国家庭关系问题的时候就会有基本的遵循，也即是"家的问题必须立足于家来解决"。

中国人始终是要回家的，家是中国人的根。

【有问】明白了，谢谢老师费心讲解中西方文化上的差异。

家风相承，权威有度

如果我是一个她可以随便挑战、挑衅的老师，并且对她的行为没有任何威慑力，那么请问以后我该怎么办？以后我还怎么引领她、重塑她呢？

这才是对当事人最大的伤害，因为她失去了真正向好的可能。

【有问】老师，请再谈谈在中国文化背景下的父母该如何做。

【有答】好的，父母除了是孩子的榜样，还有另外一个角色，那就是权威！这里所说的权威，并非古代的"君君臣臣父父子子"，而是一个有威信的长辈。遗憾的是，当代父母要么过于严厉如"暴君"，要么过于宠爱如"昏君"！

我们既不能过于严厉，也不能溺爱纵容，在严厉与纵容之间需要有一种既斗争又团结的关系。

【有问】老师，这样说我有点摸不着头脑，还是无法理解这个关系到底是怎样的。

【有答】我给你分享个案例吧，这样方便你理解上述这些内容。

我曾经接待过这样一个案例，当事人在原生家庭受到严重的心理伤害。她父母有严重的重男轻女思想，特别是在妈妈眼里，她永远没有弟弟重要，怎么做都不如弟弟。妈妈对她的打骂、索取、压制，几乎是家常便饭，直至今天她早已为人妻为人母。

当事人的生存逻辑永远是要证明给母亲看"我不比男孩子差，我比弟弟优秀多了"。这个潜意识底色主导了她生活的方方面面。所以，她不停地奋斗，可是不管她怎么做，怎么优秀，妈妈永远认为，姐姐的这一切都是要给弟弟的。她对父母再好，父母都认为是应该的、必需的，而且是不够的。

当然，当事人这些年也学了不少的心理学课程，她慢慢地看到原生家庭的这些体验对自己的影响了，也开始试着去修复自己和母亲的关系。因为心理学老师告诉她："你要走向父母，要和父母和解，要接纳父母，爱父母，要让爱流动起来。"

她呢，在课堂上（或工作坊内）也无数次地处理了和父母的关系。但一回到生活中，只要和母亲一接触，她就立刻现出原形。她只能按照老师们的教导，竭尽全力地处理好自己的情绪，努力使自己相信"妈妈是爱我的，我也是爱妈妈的，只是我们彼此都不懂得怎么去表达爱。所以，我要先做出爱的行动。我是女儿，我得走向妈妈"。于是，她总会处理好自己的情绪，再去和母亲道歉，甚至忏悔。当然这个道歉、忏悔对她而言是真心的。道歉、忏悔完以后，母亲最终都会放她一马。

但她们之间的戏码其实从来没有真正改变过，只是换了一个版本而已。小时候妈妈对她的打骂羞辱，改为今天言语上的攻击。小时候她无力反抗，长大后也从来不敢反抗，只是美其名曰爱、接纳、忏悔罢了！

时间久了，次数多了，她也觉得不对劲，因为她的状态并没有真正改变。甚至近10年的时间里，她一直处于抑郁的状态，无法真正地走出来。

后来她就到了我这里，原因很简单，因为我是男性心理咨询师。她从我的文章里面感受到，我几乎不讲爱，也不讲什么道歉、忏悔、接纳、让爱流动之类的心理学的"正确"语言。

第一次咨询，她内在真实的情绪就被我引发出来。她的愤怒早已布满了每一寸肌肤，但母亲的打骂与压制，让她从来都无法真正地表达自己的情绪，甚至失去了表达的张力。尽管我不停地引导、鼓励她，可以尽情表达她的愤怒，但她的愤怒仅仅像毛毛雨一般，呜咽几声就没有了。

我眼见她的愤怒已经蔓延到脖子上，却又硬生生地被卡住了，释放不出来。因此，她一再向我表示："老师，我表达不出我的愤怒，我释放不出我的情绪！"她甚至会问我："老师，你接得住我的情绪吗？"

我说："没事，你尽管表达出来，我可以接得住！"

因为别的心灵导师永远有耐心，永远有爱，永远慈悲，永远包容、接纳，所以，她想当然地认为我也应该是这样的。她这么多年的所学也告诉她，她需要去表达，需要去释放，甚至她很清楚地知道自己的愤怒是指向父母、指向权威的，只是在原生家庭里面她从来没有机会去表达。

我作为咨询师，自然契合了那个权威的形象。所以，我就成了那个投射的对象，而我也同意她的愤怒是可以表达出来的。所以，她理所当然地认为，我应该打不还手、骂不还口。或者说，她怎么在我面前撒泼耍赖、无理取闹、肆意攻击，我都应该包容、接纳，甚至应该完全理解。因为我是心理咨询师。可是，这显然不是我的作风。这个其实就是她的认知偏差错乱的地方，或者说她以为我这样才能帮到她。

当她真的把愤怒指向我个人的时候，我就实实在在地回击了。虽然我的回击只是轻描淡写，但在她的认知里我怎么可以不允许她愤怒，怎么可以制止她发泄呢？于是，她就很受伤，认为我不是个合格的心理老师。

好了，说到这里，你能听懂这个故事吗？

【有问】好像有一些东西听明白了。也就是说，您在事实上成为她父母的投射。因为她在原生家庭里接触到的是过于严厉、苛责的父母，所以她以为有爱的父母，就应该是纵容、溺爱、什么都允许的，那才是她理想中的爱，也就是理想中的能接得住她情绪的咨询师。

【有答】对的，这依然是她的代偿心理作用！如果我真这样契合她所要的父母权威形象，那才是真的害了她。她会走到另外一个极端，也就是无节制的、失控的心理状态，或者是养成肆意妄为的行为模式。

如果我是一个她可以随便挑战、挑衅的老师，并且对她的行为没有任何威信，那么请问以后我该怎么办？以后我还怎么引领她、重塑她呢？

这才是对当事人最大的伤害，因为她失去了真正向好的可能。因为挑战、挑衅就意味着我是她的对手，是她的敌人，如此我已经失去了作为她老师的可能。而人若没有老师教，没有老师指导、纠正，如何才能改正自己身上的毛病呢？

人最终是要和父母和解的，是要爱父母的，老师事实上就是父母形象的外延（也即意象化）。那么身为一个男性心理师，扮演的也就是意象化的父亲的角色。

在当事人的家庭生活中，父亲的形象显然是偏差错乱的。如果父亲权威在家庭里是起主导作用的，哪里还会有一个严厉、苛责、对她不断压制和索取的母亲呢？

我去扮演一个溺爱的"父亲"或者扮演一个无限宽容、无限接纳的"神"，然后她的心理、行为模式就能在我这里得到干预与成长，这怎么可能？

其实这个现象，在自然界也很普遍。我们去观察自然界，去观察狮子。小狮子跟成年的母狮子、公狮子一起生活，它在成长过程中一定会不停地跟父母打闹、玩耍。小狮子在和父母玩耍的过程中，不会真的把利爪伸出来，也不会把父母咬伤。但它有没有没控制好爪子、牙齿的时候？肯定是有的，这个时候怎么办？显然，成年狮子也不会客气，它会一巴掌扇过去或者龇牙咧嘴地警告幼崽！

就算是动物，它们也本能地懂得，父母不是自己的敌人，更不是自己的猎物，不能把自己的爪子、牙齿对准自己的父母！同样的道理，父母意象的外延，其实都不是你的敌人！他们在事实上应该是你的教导者、成长的助力者，是要尊重、接纳、学习和模仿的！

所以，挑战权威、不尊重权威，其实是个伪概念。当一个人习惯性地挑战权威、不尊重权威，那么他如何能真正地向自己的老师学习呢？如何能以老师为榜样来淬炼、锻造、修正自己呢？同样的道理，当他步入社会的时候，如何能和上司合作？在一个团体、公司内部，他如何能把团体精神、企业文化内化为自己的精神，内化为自己努力工作的动力，真正地为这个团体、公司着想呢？更不要谈家国情怀、民族大义了！

也就是说，"挑战权威、不尊重权威"看起来很美、很酷、很率性，但挑战的同时，自己也失去了担当的勇气和负责任的自觉。

好，今天就先讲到这里，下一节我们再细谈！

【有问】好的，谢谢老师！

力求真实，无须完美

真实的父母会让孩子打消"应该"的念头。"应该"的心理，是孩子成人化路上最大的障碍。只要孩子认为，我的父母应该对自己更好、给自己更多的时候，这个孩子就不会愿意去承担，就不会真正地实现"成人化"。

【有问】老师，如果让您给整个成人化的主题做一个总结，您认为父母该怎么做才最有利于孩子的"成人化"，也有利于自己的"成人化"呢？

【有答】真实——毫无疑问是真实，而且要尽可能地真实！

但问题往往是，人为何会失去真实呢？

就比如Linda，为什么我一再要求Linda看《美姐》《光棍儿》？其实里面隐藏着很多东西。在某个层面上，Linda 的原生家庭，是她情感上不想接受的。

我们现在是成年人了，也足以驾驭现在的生活。父母已经老了，你过往的那段生活记忆、那些印象，是你不想提起，更不愿意面对、接受的。那么，它们是以什么样的方式呈现的？比如，我不喜欢粗俗的自己、丑陋的自己、面目狰狞的自己，或者简而言之不喜欢不完美的自己。所以，当Linda看了《美姐》和《光棍儿》以后，就受了冲击。在描述这两部电影的时候，她用的形容词是"粗俗""满嘴脏话"。其实底下还有些东西，那些关于农村、性的问题，她连提都不敢提。因为这两部电影里面的性也是很生猛的。

这些东西就是她一直抵触和排斥的。她不接受自己的出身，她不敢在女儿面前呈现真实的自己。

【有答】所以，尽可能真实，对很多父母来说是一个非常大的挑战。父母知道很多东西，懂得很多道理，总想着"我要成为更卓越的、更优秀的、更有包容性的、更接纳的父母"——这当然是我们努力的方向，但前提是你要真实。唯有真实才有真正卓越。孩子能轻易地看穿你的伪装，所以，千万别在孩子面前扮演好妈妈，那会让你彻底失去他！

这方面的例子太多了，这里就不予赘述了。

我的一个学生，她可能不是优秀的妈妈，但至少这个妈妈够真实。一个很好玩的现象就是，她的儿子非常懂事明理。

　　有一次，这个妈妈跟自己的客户吵架，吵得不可开交，回到家还跟老公怄气。她10岁的儿子见妈妈控制不了自己的情绪，就故意拉着妈妈的手出去散步。孩子利用散步的时间跟妈妈讲道理："妈妈，这件事你努力了就好，别太在意了！"然后还说："你能不能不做律师了？"我学生回答儿子说："我不做律师，爸爸会看不起妈妈的。"儿子就告诉她说："不会的，你只要尽心做一件事就好了。"

　　她儿子经常说她说话不经过大脑，她还不服气地反驳："我说话怎么不经过大脑了？"结果她儿子对她说："我感觉，别人都是把话在脑海里过几遍才说出来，而你是一想到就马上说出来。"

　　你们看，她的儿子才10岁就这么懂事明理，为什么呢？因为这个妈妈足够真实，孩子看到妈妈在一些方面很执拗，想不通，转不过弯来，但这就是他的妈妈呀！

　　他的妈妈非常真实地把自己的状态呈现给儿子，所以，她的孩子就不必再去试探妈妈，只需要学着怎么和这样的妈妈打交道就可以了。

　　当然，这里面还有个原因，真实并不代表我们可以肆无忌惮，也不代表我们可以为所欲为，更不代表我们可以放纵自己的情绪。

　　这个学生非常真实，做错了，她会承认，会道歉："刚才是我的问题，是妈妈错了！"

　　因为这一份真实，当她错了然后认错的时候，儿子对她的接纳度就立刻提升了。

　　其实孩子对父母的接纳，不是因为父母多伟大、多宽容、多有爱，而是因为父母够真实，真实到孩子没有办法产生多余的期待，知道父母已经够努力了。

　　父母现在有的那就是有，没有的那就是没有！真实的父母会让孩子打消"应该"的念头，"爸爸（妈妈）应该……"的心理，是孩子成人化路上最大的障碍。只要孩子认为，我的父母应该对自己更好、给自己更多的时候，这个孩子就不会愿意去承担、去挑战、去跨各种障碍，也就不会真正地实现"成人化"。

　　【有答】所以，今天想跟大家说的主题就是，不要扮演完美的父母！

　　很多人会把扮演完美的父母当作学习成长，因为真实的自己实在是太不好了，无法给予孩子那样一个妈妈或爸爸形象。而通过学习，他们知道了那么多卓越的父母是如何养育孩子的，所以他们会竭力模仿那些"卓越父母"的行为，各种家教的方法都能信手拈来。他们唯一不敢做的就是"真实父母"。

　　而最终孩子模仿的恰恰都是无意识中的你自己，所以，你有多嫌弃自己，就会有多嫌弃孩子，或者说你就会把孩子培养成你所嫌弃的样子。试问一个已然习惯于嫌弃自己的人，会知道什么是"被允许""被欣赏""被肯定""被爱"吗？如果他自己都是不知道的，那他如何给孩子"被允许""被欣赏""被肯定""被爱"的体验呢？基本上他给到孩子的只可能是"被纵容""被吹捧""被弱化""被溺爱"……

　　学员佳佳一直在努力成为完美的妈妈。因为学了太多道理，所以她教儿子从来都是照书教。书本上说父母要包容、要接纳、要宽容、要允许，她就照着做。但她越是这样，她儿子越不知道妈妈的边界在哪里、忍耐度在哪里。书上说孩子晚上8点半就得睡觉，妈妈是要陪伴孩子睡觉的。于是，佳佳每天晚上8点半准时陪伴孩子睡觉，给他讲故事，唱儿歌，或者自己装睡哄他睡觉。可是一两小时过后，儿子还是会偷偷睁开眼睛，观察妈妈在干什么。

于是，哄孩子睡觉，这么简单的事，在佳佳那里就成了一种折磨。

因为佳佳太想证明自己能做个好妈妈，但她又完全不知道该怎么做妈妈，自己的父母又无法成为她养育子女的榜样，佳佳甚至不让父母过来帮忙带孩子了。所以，她有多嫌弃自己的出身，就有多嫌弃自己。如此，理想中的好妈妈的样子，自然只能是别人了。所以，她最喜欢做的事，就是去上各种育儿的课，去听那些"卓越父母"是怎么做的。

所以，"卓越父母"说要晚上8点半陪孩子睡觉，那她就必须这么做。而孩子捕捉到妈妈的信息是什么呢？是"你明明就不想这么早睡"！

事实上，孩子对父母的反应都是直觉式的，也即他捕捉到的都是父母潜意识里的声音。他每天睡觉前捕捉到的都是这些内容，并且他也是隐隐地被佳佳强迫着睡觉，这就更令他不爽，激起他的反抗。

而一个完美的妈妈，是从来不会发火的，会压抑着自己的怒气去包容孩子。所以，孩子在行为上是无节制的、不受约束的。而对于一个几乎没有被管束过的孩子，佳佳刻板地执行专家的意见，每天晚上8点半准时睡觉。因为专家说早睡早起对孩子的大脑发育很重要，而好的睡眠质量就需要孩子心情平静。

所以，佳佳就陷入了死循环，为了儿子能准时、心情平和地进入睡眠，她一定得哄着孩子高高兴兴地去睡觉，于是给孩子唱儿歌、讲故事什么的就成了睡前必须完成的仪式。

而这些全部是伪装的，事实上佳佳是烦躁的，所以她的孩子想去试探她，既想试探她到底睡着了没有，又想试探她的真实状态到底是怎样的。

如此，佳佳每天晚上哄孩子睡觉就是一场令她精疲力竭的折磨了。

所以，在佳佳如此"专业"的教育之下，她的儿子并没有养成自己吃饭睡觉、保持卫生、懂礼貌等好习惯。

虽然佳佳跟我学了一段时间，开始会发脾气，但也仅限于"妈妈也是有情绪的啊""你再这样，我就发火了""你这样做妈妈也很生气啊"等，然而基本上没有作用。除非佳佳忍无可忍的时候，孩子才会有一点点忌惮。

情绪本来就是这个世界的一部分，是孩子应该体验和感受的一部分。现在不少所谓的育儿专家，喜欢教导大家成为不发脾气的父母，好像只有无限包容、无限忍耐才是好父母。甚至，只要一发火，一攻击，就会造成孩子很大的心理创伤。

当然，无节制、不收敛地把孩子当作出气筒的发火、攻击、暴力，也是我绝对反对的。

一个很简单的道理，凭什么父母就得接纳孩子的坏脾气、坏情绪，而孩子却不需要感受父母的坏脾气、坏情绪？难道父母希望自己的孩子从小在真空环境下成长，长大之后自然会处理成人世界的坏情绪、坏脾气吗？或者换句话说，凭什么你的孩子不可以接受别人的坏脾气、坏情绪？凭什么你的孩子不能有负面经历呢？

如果你在孩子面前很真实，孩子自然不会认为你不应该有负面情绪，他不应该有负面体验。现在很多亲子专家过分强调父母对孩子伤害性的一面，以至于父母的责任只剩下保护、允许、包容、爱的这一面了。却不承想，当父母为孩子隔绝所有可能的伤害的时候，自己的孩子却会变得弱不禁风。就像人体的免疫系统，如果从来没有感染过病毒，没有受过病菌的侵扰，那这个免疫系统恰恰是最不堪一击的。

所以，如果伤害本来就是避免不了的，那父母若能始终如一，并且真诚地对待自己，那孩子就会学着消化那个"伤害"，并从中成长起来！

因为在父母始终如一的情况下，孩子就会断了让父母改变、让父母更完美的这个念头，他就不会再产生"父母应该……"的想法。一旦他对父母没有不合理的期待，自然就能接受这样的父母，接受自己的出身！推而广之，他会正视自己的家庭、学业、学校、老师、事业。

当他步入社会，进入成人的世界后，他自然会发现，天底下所有的父母都是普通人，都有着各种问题。如此他也会接受自己的父母，以及自己的出身。

如此，他才会把注意力用在自己的成长上，而不是学现在的你，成为一个伪装者。

而这一切的起点都是你，你要先成为真实的父母。

【有问】好的，谢谢老师！

对立统一，家教之道

对抗，是人对力量感知的必然途径，也是人本身力量成长的必然途径，更是人生命成长过程中从来不会停止的一个现象。孩子永远有尊重父母的渴求，也永远有模仿父母的本能，更是永远期待父母的认可，这是人类的生物属性。真正的亲子关系其实就是既对立又统一的矛盾关系。这才是父母与子女之间永恒的、本质的互动关系。

【有问】老师，关于"我们既不能过于严厉，也不能溺爱纵容，在严厉与纵容之间需要有一种既斗争又团结的关系"，这个理解起来有点吃力。我在和孩子的互动上把握不准这个尺度，"要么失之严厉，要么失之溺爱"，这几乎是我的常态。

【有答】好的，其实这里面涉及的是一个既对立又统一的哲学思想，确实不容易理解，我这里就分两个部分详细阐述。

要理解"反抗，其实是人生命中最宝贵的力量，会反抗的人至少是有生命力的"这句话。反抗是人成长的必经阶段，也就是说，孩子必然会反抗，这是叛逆期来临的标志，也是孩子旺盛生命力的标志！

叛逆期是什么意思呢？随着孩子自身的生长发育，试图按自己的意愿去控制外在的关系、改造外在的世界，同时与外界，特别是父母权威（以及意象化后的父母权威）产生矛盾的一个阶段。

随着生长发育，孩子的力量逐渐强大，若没有一个和他对抗的力量，他要如何才能明确地知道自己的力量呢？从物理学的角度来说，力是相互的，有作用力必有反作用力。要知道自己的力量，必须有一个力量和他对抗才行！

这就是人对力量感知的必然途径，也是人本身力量成长的必然途径，更是人生命成长过程中从来不会停止的一个现象。如果这个对抗停止了，人也就死亡了。所以，作为父母不要害怕对抗，只是青春期孩子的力量突飞猛进，与外界的对抗骤然剧烈，才显得不稳定。

所以，叛逆的本质就是力量成长的过程。作为青春期的孩子，他通过有意识的挑战，来感知各种不同性质的力量。在无数次同这个世界交互的过程中，从对粗糙蛮力的感知与驾驭中，逐步学会对精微、细腻的心理与思想力量的驾驭与运用。这个过程在人的一生中从来没有停止过，一直在循环往复并不断深化。

这个时候一味地爱、接纳、宽容，看起来很美好、很善良，事实上却让孩子失去了对手，失去了磨炼自己力量的可能。

这么说吧，这个时期和孩子对抗才有利于他的成长。当然，这个对抗更多在于威信和智慧方面，而不是身体上的对抗，不然很容易被孩子打翻。

这就是为什么对于青春期的孩子，父亲的角色显得尤为重要，因为母亲通常不擅于驾驭力量。

青春期的父母应该是类似教官、教练或者师父一样的角色。也就是说，面对孩子的挑战，父母要能看得懂，还要能化解得掉；既不能一巴掌把孩子的挑战欲望给拍死，也不能孩子一挑战就被他摁倒在地。

用"四两拨千斤"的方式去化解是比较好的。如果能在化解的同时再加以引导，这就更有智慧了。

这就非常像内家拳训练上的"喂手"。在师徒间有意识地进行一定的对抗性训练，你可以尽全力攻击师父（当然，这个全力是在"喂手"指导思想下的全力，而不是敌我双方的生死搏斗或者使用偷袭之类的伎俩）；而师父呢，也会允许你出招，并且在你出招的过程中，随时化解掉你的攻击，还要在这个过程中克制地、逐步地释放出自己的真实水平，让你体验到什么是更高层次的功夫。如此，既能提升你的层次，又能时时制约你、调教你。这样，你的功夫才会真正地更上一层楼。

之所以说父母本身要不停地成长，不停地修行，原因即在这里。

如果父母被一击即溃、一击即倒，孩子太容易跨过去，他就无从知道，什么样的自己才是更卓越的自己，什么样的力量才是更高层次的力量，更不可能知道这个世界的真实样子了。

这其实也是《家风相承，权威有度》那一节里所写的"父母要成为孩子的榜样，要成为孩子的根"的另外一层意思！

孩子永远有尊重父母的渴求，也永远有模仿父母的本能，更是永远期待父母的认可，这是人类的生物属性。这是孩子与父母之间，永远都会存在的融合需求，也就是常说的爱的渴求。

这也是目前市面上充斥的各种关于爱的心理学、心理课程的内容，因为这个主题已经被讲述得太多，所以，这里就不再渲染了。

父母不需要担心，以为孩子的对抗剧烈，他就不爱父母了；或者父母和孩子真对抗了，孩子就感受不到父母的爱了。

真正的亲子关系其实就是既对立又统一的矛盾关系。这才是父母与子女之间永恒的、本质的互动关系。

【有问】好吧，老师这么讲，就清晰多了。怪不得老师一直说，我们要学会用辩证的思维来看待心理问题。可是，我们在实际教养孩子的过程中，还真的很难做到像老师说的那样，既要和孩子对抗，又可以和孩子好好相处。真的太不容易了！

【有答】好吧，这种情况也确实会发生。很多父母也会这样对我说："我怎么可能成为那么优秀的父母，哪里会懂得这么复杂的带孩子的方式？我照顾好他的衣食住行就很了不起了！"或者说："现在的孩子随便做什么都比我厉害，他懂的都比我多，我哪里还教得了他？"

这么想的父母其实都犯了一个巨大的错误，也即身为父母得非常优秀，才能教育好自己的子女。如若不然，就教不了他。

这犯的其实还是上一篇文章中我讲的错误，难道家长不优秀就不能管教自己的孩子吗？教育是军备竞赛吗？比的是我们对子女投入金钱、关系、精力的多寡吗？难道榜样的概念就是如此淡薄吗？若身为父母的你都教育不好自己的子女，都不想承担这个责任，那你会给孩子树立一个什么样的榜样呢？

当然，认为自己不够优秀，以为自己教不了孩子，在某种程度上也是可以理解的。作为普通人的我们，在过去的生命中，总是有着无数次的负面体验。对于很多人而言，自卑、无力、困惑、沮丧、不知所措，真的是一种生活常态。

但实际上这也不影响我们对孩子的初步教育，甚至可以说是家庭教育里最重要的部分，也即对孩子核心品格的塑造。

至少你得把孩子训练成一个具有尊师重道这一基本品格的人吧，如此，就算你在其他领域里教不了你的孩子，孩子也终将有自己的老师、上司、领导、老板，乃至人生路上的各种贵人。

但我们的孩子有没有受教的品格与重道的能力来跟这些贵人好好学习呢？这个话题就留待后面再细讲了。

【有问】明白了，谢谢老师！

婚姻需前，孩子要后

作为女人，成立家庭，进入婚姻之后，你的心有没有从原生家庭离开？有没有真正地进入现有的婚姻？如果没有，就算你们在一起几十年，就算你为他生儿育女，或者为他置办了不少家业，实际上你依然是个没有过门的人！

换句话说，你的心智依然停留在原生家庭，依然是个孩子！

【有问】老师，今天我们谈论的话题是什么呢？

【有答】我们谈了一段时间关于"成人化"的话题，现在还得回到"婚姻"这个主题上来。

现在很多来找我咨询的当事人，特别是那些问题孩子的妈妈，都迫切地要我帮帮她的孩子。这可以说是天下母亲的伟大之处，也是这些妈妈的可悲之处。

比如，有一位妈妈，她的孩子大学毕业后，不想出去工作，就待在家里，已经半年多了，眼看着有啃老的趋势了。

这个妈妈对孩子的现状一点办法都没有，所以她来找我咨询。她说："姚老师，你把我的孩子弄出去。只要能弄出去，怎样都可以！"

这些妈妈来的时候都这么说："只要孩子能好，我怎样做都可以。"

但我只需多问两句，很多问题就暴露出来了。比如这位妈妈，通过简单的咨询，她很诚实地向我透露，她一直在等着儿子出去工作。只要她儿子出去工作，能自力更生了，她就可以"飞"了。也就是说，她就自由了，就可以没有后顾之忧地把老公"休"了。

所以，现在明白了吗？她这么着急地让儿子出去工作，看起来是担心儿子有啃老的可能，但背后的心理却是迫不及待地想交差了事。只要儿子自立了，她就能毫不犹豫地离开这个家庭！

这个时候，我只能回答她，这样的情况，可能比较难办。

如果我们仅把问题锁定在让她儿子出去工作，而不涉及其他问题，不是没有解决的可能。她儿子毕竟是一个23岁的成年人，虽然大学刚毕业，但他能完成自己的学业，就说明他应该具备独立谋生的能力。

这个时候安排一个令他信服的、他平时在生活中愿意与之互动并且信任的老师或长辈来做工作，就有可能把他引导出来。实在不行，也可以让我们的咨询师上门，跟孩子互动，做孩子的思想工作。毕竟是23岁的成年人了，是有理性的，也一定在思考自己的未来。在他刚退缩的时候，若能得到及时的支持与推动，让他出去工作是不难的——这个是目前比较紧急而且重要的事情。

但问题是，他下一次退缩的时候怎么办？或者说，以后当他在生活中碰到挫折，人际关系遇到问题，职业遭遇瓶颈的时候，他就不会再退缩吗？他就自然地会逢山开路、遇水搭桥吗？显然是不可能的。因为，在他的原生家庭，特别是在父母身上，他没有学到这个品格与能力。

这也是我前文一直在讲的孩子需要"成人化"的功课，需要父亲榜样的力量，甚至需要在原生家庭里学会如何经营婚姻。这个部分的案例多到触目惊心，这里就不予赘述了。

好了，那话题又回到这个孩子为何会在"成人化"的关口退缩下来。其实原因很简单，因为他的父母都没有真正地完成"成人化"的功课。

这个妈妈自然不知道孩子为何会这样，为何在她看来这么简单的事情，她的孩子就是不愿意去做，她想不通！当然，想不通就对了，她对我认为的她没有完成"成人化"的这件事，丝毫也不认同。

她和我讲："我怎么可能没有成人呢？我的事业我都能胜任，家里面我也安排得井井有条，我怎么可能没有成人呢？我在我父母家里，很孝顺我爸爸妈妈，而且家里的人也都听我的，我怎么可能没有成人呢？"

"而且该我做的事情，我都做到了呀，我儿子要是能做到我这样，我就知足了。我不要他很多东西，他只要做到我做的一部分，我也就满足了。"

好吧，她说得这么有道理，我都没有办法反驳了。

这里很有多人混淆了两个不同的概念——社会能力与心理能力。

社会化后的成人，他的社会能力一定是完整的。或者说，社会能力的磨炼，在很大程度上也确实会促进心理的进化，从而成为心理上的"成人"。

但社会能力不等于心理能力，具备社会能力更不等于就是心理成人。如果社会能力等于心理能力，那所谓优秀的人才，就不应该有心理问题了。而心理成人常见的都是需要在婚姻中完成的，当然确实也有部分是在社会团体中完成的。

很显然，这位妈妈的婚姻功课，几乎没有开始就结束了，用我的话说就是"你的心根本就没有过门"。

当然，她很不服气，说："我一直在外面学习，一直在成长进步啊！我什么都可以做，但是我老公呢？他什么都没有做，一直不成长，所以都是他的问题！""这个婚姻走到今天，都是我老公的问题，我找不出我有什么问题！"

随着我的引导，她对她老公的抱怨越来越多，慢慢地，一些心灵深处的想法，不经意间就流露出来了。

"自从嫁给他之后，我都不是我了。我和他在一起之后，都不知道自己要什么了……我多想回到结婚前，回到我妈妈家，回到那个环境里面，所有的人都很爱我……"

这些无意识说出的想法就能说明一些问题，特别是她老公也经常跟她说一句话，那就是"在你心中你爸爸妈妈永远是第一位，我在你心中不知道排在第几位"。

这个妻子还理所当然地说："那不是应该的吗？父母生我养我，他们不就是应该排在第一位吗？"这个逻辑听起来是正确的，生而为人，确实应该孝敬父母。可是，人终究要离开父母去组建自己的家庭。这是动物界的规律，只有这样才能保证种族的繁衍，人类也是如此。

孝敬父母是没有问题的，但是在你成立家庭之后，你的心有没有从原生家庭离开，真正地进入现有的婚姻？这才是最重要的问题！如果没有，就算你们在一起几十年，就算你为他生儿育女，或者为他置办了不少家业，实际上你依然是个没有过门的人！换句话说，你的心智依然停留在原生家庭，依然是个孩子！

这样的婚姻，对方肯定也有责任，正如这位女士说的，是他没给她安全感，没支持她，更没认可她，所以，她现在也不需要这个婚姻了。

这位妻子，甚至会在先生需要她认可的时候回击他："你想要认可，那你回家去啊，找你爸妈认可去。你爸妈都不认可你，我怎么可能认可你？再说，我都不需要你的认可了！"

这位妻子还学了一些心理学课程，说起这些头头是道，把她先生逼得哑口无言。听起来好有道理啊！但如果每个人都回原生家庭要认可，那要这个婚姻干吗？婚姻还有存在的必要吗？

所以，这是一对"心都没有过门"的夫妻，在某种程度上只是一起搭伙过日子罢了。作为婚姻的结晶（本来孩子应该是爱情的结晶，但对于他们而言，爱情早已不在了），孩子怎么可能不出问题呢？

好了，下一节我们再来探讨婚姻。

【有问】好的，谢谢老师，我们下一节见！

心若不在，关系亦亡

只要你的心还没有真正在现在的结婚对象身上，那么你的婚姻就始终没有进入真正的状态。换句话说，你在婚姻中还没有被滋养，在心灵成长的意义上，婚姻没有重新塑造你，让你成为一个不一样的人。我通常称之为"成人化"的过程，而你就是没有完成这个过程。

【有问】老师，请您继续给我们分享婚姻这个话题吧！

【有答】好。婚姻是什么呢？婚姻因何而存在，什么时候会失去？就像我在上一节中所提到的，你的心有没有进门呢？

那什么是婚姻的那道门呢？或者说，我们该如何判断自己的心有没有过门？

大多数人会认为：我结婚了，领了证书，那就是过了门，就代表我进入婚姻了。虽然这很重要，但这只是形式。

正如我前面说的，如果你的下意识是"我多想回到结婚前，多想回到我妈妈家，多想回到那个环境里面，所有的人都很爱我"，也就是说，如果你的下意识还是要回到原生家庭，就代表你的心还没有过门。

只要你的心还没有真正在现在的结婚对象身上，那么你的婚姻就始终没有进入真正的状态。换句话说，你在婚姻中还没有被滋养，在心灵成长的意义上，婚姻没有重新塑造，让你成为一个不一样的人。我通常称之为"成人化"的过程，而你就是没有完成这个过程。

在没有真正完成"成人化"的时候，一个人要幸福，只能靠偶然或者运气，也即天赐良缘，偶然遇到对的人，然后从头幸福到尾。

完成"成人化"的人，他们身上会具备一种显著的特质，那就是常说的自带幸福的能力。如果用心理学的话来说就是自带疗愈的能力，他们不需要专门学习心理学，但和他们相处，你会感觉自己被带领着往上或往善的方向不断地成长。他们不必刻意这么做，因为他们本来就是这样的状态！

在某种程度上，这也是新手心理师与高手心理师的差别。新手总是不断地运用各种理论、技术、标签来分析、判断、指导当事人，而高手却总在潜移默化中影响当事人。

好了，这个部分在未来和大家分享婚姻的几重境界时，再一一细讲。这里得多讲讲婚姻这道门，我们还是要努力地跨进这道门。

那婚姻的这道门究竟是什么呢？其实就是进入婚姻的"初心"。也就是在心灵深处，你进入这个婚姻的理由是什么。这往往不是你一直宣称的那个理由。你需要不停地检视它，一遍又一遍地审视自己，当时为何会和这个人在一起，你和这个人在一起的初心是什么。

这个初心在你的婚姻过程中有没有被满足？如果没有，那你是怎么让婚姻继续维持下去的？也就是说，你为何又改变了初心？在整个婚姻的过程中，你的初心到底变成了什么，是否你自己都无法识别出来，或者最后只剩下搭伙过日子了？这个过程都足以让你好好地检视自己。

如果初心被满足，那你的初心有没有继续修正，有没有继续推进，或赋予它更多、更深刻的意义？或者说，你们夫妻有没有意识到，你们婚姻的初心是否一致，如果不一致，是否会同时满足对方的初心呢？如果双方的初心一直在修正，那么彼此是否也在适应，也能继续满足彼此？假如没有满足，那你的婚姻就又停滞了。

什么是婚姻的心门呢？或者说，在心理层面婚姻因何而存在？

就是你们对彼此的那份期待！也可以说是从对方那里获得想要的满足！反过来说，就是对方能否持续地满足你心里的期待。从表层渐次深入心灵深处，如果能到这里，你们就是"灵魂伴侣"，婚姻就牢不可破。

这也就是我一直说的幸福婚姻中的两大要素之一——"持续成就婚姻中的期待的能力"。婚姻关系从来不是血缘关系那种天然的，不需要努力、不需要推动就无法割舍、无法否定的关系。

婚姻关系的本质就是两个在完全不同的家庭环境里成长起来的，思维方式不同、生活习惯不同，甚至可能连三观都完全不同的人，却要组成一个家庭。他们在这个家庭关系里既要互为情侣，也要互为朋友，更要互为同志与战友，还有可能随时成为对方的假性父母，甚至成为彼此的敌人。

这都是婚姻的常态，需要彼此一起走过。

婚姻仅仅依靠那一纸婚约以及心灵上的契约来约束彼此，一起走过这么多历程，何其难也！

纸上的契约之所以重要，是因为它从仪式上宣告了这个契约的郑重。而心灵上的契约，就是彼此的期待！如果你不重视它，它就不在了。如果你不推进它，它也可以随时不在。

所以，你们心上的那个契约是否还在，是否有能力时时修正它，就是大家要检视自己的地方。

【有问】好的，谢谢老师！我回去好好消化一下今天老师讲的内容！

【有答】下一节，我会继续细讲。

幸福之道，持续推进

在名存实亡的婚姻中苟且的大有人在，但要在婚姻中渐次深入、渐入佳境，也是很难的。那什么是满足期待的能力呢？不就是解决问题的能力吗？

【有问】老师，请您再多谈谈"持续成就婚姻中的期待的能力"这个话题。

【有答】好！

"持续成就婚姻中的期待的能力"，我认为这是一句绝对正确的口号！但凡听到我提出这个概念的人，没有不同意的。

但大家也就是听听而已，真正落实到自己的婚姻中，难度太大了！或者想都不会去想一下，因为一旦涉及具体的人，特别是那个"很难搞的人"、那个"死性不改的人"，就都是问题了。所以我在幸福婚姻必须具备的品质后面又加了另外一个条件，就是"持续解决婚姻中的冲突的能力"。

其实何止婚姻关系，维护任何一种稳固的人际关系都必须具备这样的能力，只是很多人不愿意直面这个问题罢了。

为了方便大家理解这个话题，我就以工作为例吧！

一个很简单的事实就是，公司招聘你，一开始可能仅仅是根据你笔试、面试的结果，给你安排一个合适的岗位，给你合适的薪水。

你的工作合同是书面上的契约（如同结婚证书），而你对公司的心理期待以及公司对你的心理期待，虽然没有白纸黑字列在合同上，但那一定是存在的，那就是你们彼此的心灵契约。

有没有那种从进入公司就很稳定，一辈子都不需要变动的岗位呢？肯定是有的，比如，在政府机关或事业单位确实有可能存在，但在民营企业就较难存在了。若有也只能是最下层的那些基础岗位，不是不可替代，只是因为必须有人做，甚至谁都可以做，但又不值得公司费心思培训、提升、考核。换句话说，也即不必对你的工作有多于最基础部分的期待。如果是这样的岗位，自然你也别期待遇更好，更受人尊重。看起来双方确实都遵守劳务合同上的约定，但实际上对彼此的期待都已经降到了最低层次，然后不再有任何深入的交集。没有交集就无法产生深层期待。

婚姻也是如此，有多少人的婚姻就处在这样一个层次上。

在婚姻中还有一个因素，就是换掉彼此的代价太大了。一是因为有孩子，二是因为多年的婚姻生活产生的各种人际关系与经济关系不好分割，三是不少人失去了重建家庭的勇气、能力或者资本。因而对彼此的期待只能维系在最低层次。

凡是希望和公司加深关系的员工，就要与公司的期待进行互动。既希望公司不要对自己有更多的要求、期待、任务、压力，又希望薪水待遇能不断提升，甚至要求公司给他足够多的体面、庇护、安全，这显然是痴人说梦。

或者说，你确实满足了公司当时聘用你的那些基础要求，但在你工作期间，经过和你的磨合，公司会不会对你还有不满？或者要求你改掉某些行为，甚至要求你按照公司的制度、文化，改变一些习性、习惯？比如着装、礼仪乃至说话方式。

这些问题，公司从一开始并没有和你约定，当然也不可能和你约定。婚姻不也是这样？进入婚姻后才发现，遇到的都不是开始时以为的和约定的。

当我以公司为例的时候，大家都认为这是再正常不过的。但如果我把公司这个非人格化的对象，具体化为老板、上级乃至同事（或者你先生、妻子），可能很多人立刻就炸毛了。

有意思的地方也在这里，我们都认同的道理、规律，一具体到和某个人的关系时，想法就全变了。

有些人在事业上步步高升，而有些人却只能原地踏步，无法在一个团体内胜任具体或重要的工作，甚至无法真正地进入职场。原因也显而易见，就是他无法进入关系。只要在关系中，他就无法处理好。这与他头脑的认知是无关的，与他的学历、知识储备更没有必然的关系。

具体到婚姻上，与眼前这个活生生的、浑身都是毛病的人打交道，显然就更难了。既然如此，你想要幸福怎么可能呢？

胜任底层工作、基础工作的大有人在，但要在团体内与公司同心同德，并且能逐步晋升乃至最终领导公司前进的人毕竟少之又少。

婚姻亦然，在名存实亡的婚姻中苟且的大有人在，但要在婚姻中渐次深入、渐入佳境，也是很难的。

那什么是满足期待的能力呢？不就是解决问题的能力吗？我是为了方便叙述，才把同一种能力分成两个部分。

【有问】谢谢老师，这样一举例，确实就清晰多了！

关系问题，关系中建

> "所有被破坏的关系，必须回到关系中去习得、去重建！"做对了，改变就会发生；做错了，怎么做都是无效的！

【有问1】老师，您在前面提到的那个当事人，她说："我一直在外面学习，一直在成长进步啊！我什么都可以做，但是我老公呢？他什么都没有做，一直不成长，所以都是他的问题！""这个婚姻走到今天，都是我老公的问题，我找不出我有什么问题！"以及"只要她儿子出去工作，能自力更生了，她就可以'飞'了。也就是说，她就自由了，就可以没有后顾之忧地把老公'休'了"。

听了这番话，我是挺有感触的，因为以前我也是这样。现在回头看，我才体会到当时对老公是多么冷漠。那个时候我们的婚姻已经出现很大问题，我也下意识地到处学习、请教，结果仍然与老公渐行渐远。如果不是老师及时拉住我，纠正了我的想法，我真不知道我的婚姻还在不在了，或者说我还有没有今天的幸福了。

要说起来，我和老公其实是有感情基础的，不然我们也不会在一起这么多年。当我们的婚姻发生危机的时候，我四处求助，希望有人能帮我，能告诉我该怎么努力。

可奇怪的是，课越上越多，知道的东西也越来越多，但我却对什么都不感兴趣了。特别是有一次回家过年，有亲戚朋友来访，同学聚会什么的，按理说应该是很高兴的事情，但我发现我一点兴趣也没有。

当时我还以为自己看懂了人生，看透了人生呢！可是有一天，我发现我连最喜欢的课都不想上了，而且，对于我的婚姻、我的老公都不想再努力了。我真的想休息了，努力了这么多年，我投降了，什么都不想要了。甚至我的女儿也休学在家，不想念书了。当时的我，其实也很清楚，每天看着她瘫在家里，我就不想理她。我知道原因在哪里，但我就是不想努力。

如果不是被朋友硬拉到老师这里，我真不知道后面会怎样！因为任何心理课程内容都大同小异，我都不想听了！道理知道太多了，但那又如何？

【有答】呵呵，这也是很多心理课程或者说心理咨询师的症结所在，他们宣扬爱，宣扬提升，宣称依靠某种疗愈技术、修行方法、闭关道场、集体活动，就可以让这些产生问题的人改善乃至重建关系。但他们忘记了一些最基本的问题：人为何会在关系里出现问题？人为何会走不进婚姻？人为何没有办法和他人建立好关系？

我认为有两个原因：一是他在"成人化"的过程中，无法通过有意识的学习，从身边的人与事物中习得进入关系的能力。二是在原生家庭中，他从小到大习得的都是破坏关系的方式，并没有机会从家人身上获得进入良性关系的能力。

无法在后天通过有意识学习，获得进入关系的能力，又因在原生家庭里"进入关系"的能力被严重破坏，而无法通过有意识的学习进入关系。问题的核心就在这里，能力才是重点，如何习得才是重点。

好吧，你先讲讲，后来你为何又发生改变了呢？

【有问1】其实我也不知道怎么回事，自从来找老师之后，就有一种很奇怪的感觉，总觉得您就像我娘家的兄弟一样，真心替我说话，为我做事，站在我这边支持我。所以，我内心感觉特别有力量。我心里一直知道但不敢去做的事情，一下子被您点破了，并获得了您的支持。于是我眼前一下子就亮堂起来，知道回去该怎么做了。

我也不知道为什么，学了那么多的课程，都没有这种感觉。但和老师咨询了几次以后，我就感觉好像多了一个家人。而实际上，原生家庭里的任何一个人都让我想逃离，不想跟他们在一起。虽然所有的课程都教我去原谅他们，我也在课程上做了无数次和解，但回到现实生活中，发现一点用都没有！

但我在您这里产生了一种从来没有过的感觉，然后我开始有力量去直面家庭关系了。

我老公在那次咨询之后改变特别大，他也知道该怎么做了，回去就做了一堆我心坎上的事情，然后我的婚姻复活了，希望又有了。

【有答】对啊，就是因为我主动成为你娘家的兄弟，所以当你被自家人支持的时候，自然就有能力去面对问题了。

这也是欧文·亚隆在近半个世纪的咨询生涯中总结出来的，最重要的是他（心理师）和来访者的关系，这才是一切心理治疗的核心。因为这个核心，欧文·亚隆毫不犹豫地抛弃了所有的清规戒律，什么心理学技术、流派乃至理论都被他抛诸脑后，创出自己的心理治疗流派——存在主义心理治疗。

当然，对欧文·亚隆而言，这是他独创的。但对内家心理学而言，这不就是中国传统文化中一直存在的"师徒"关系吗？这不就是过去几年师父一直带我的方式吗？不也是我带学生与当事人的方式吗？

所以，这也是我讲的"疗愈的能力"。

如果咨询师自己都不能在工作与生活中建立起良好的关系，不能有意识地和身边的家人、同事、朋友建立起良好的关系，自己的婚姻不幸福，自己的孩子没有教好，自己的工作室都没有办法经营好，那么这样的咨询师是不具备疗愈能力的！

因为他根本没有办法和当事人主动地建立起深度的关系，这才是重点。并不是因为他多有名、课程讲得多好、事业有多成功，疗愈能力和这些一点关系都没有。重点是他有没有办法和你建立起关系。

【有问2】老师，我的情况也有点类似呢！我来找老师的时候，也是抱着这样的心态，想让您给我评评理。我之所以在离婚的前一刻还来找老师，就是想让老师给我先生诊断一下，他是否有心理问题。只要老师确定他有问题，需要治疗，那么我们的婚姻就还有救。他要是不愿意接受治疗，那我就离婚。

当时我也看了不少心理学的文章，经常对照着分析自己的婚姻问题到底出在哪里。每次分析之后，都是我先生的问题。他这么大了还和父母住在一起，他妈妈一直宠着他，他还那么怕他爸爸……这不是典型的"妈宝男"吗？他从小家庭条件就很好，所有"富二代"身上的毛病他都有。我还用各种心理学的分析方法，把他们整个家族都分析了。

最终证明了一件事，我先生这样糟糕是事实，他们整个家族都是这样，也只能养育出这样的男人了。所以，我们的婚姻能幸福才怪呢！我一直在努力，一直在学习，一直在成长。而他什么都不学，我发心理学文章给他，他都不看。他对我们的婚姻从来都不肯真正努力，所以我绝望了。我觉得我们的婚姻到头了，我想换人了，不想在一棵树上吊死！这辈子这么长，我不想再和他耗了，他真的很垃圾！

我当时想离婚，但在离婚前想再给他一次机会。如果他能接受老师的治疗，就还有希望；如果他不来，那就离婚吧！

【有答】你们当时确实都是在这种情况下来的。那你说说看，你后来怎么改变的，怎么会心甘情愿地改变自己呢？

【有问2】具体的我也不知道，我只知道向您咨询了几次之后，您把我狠狠地训了一顿，好像您都想放弃我了。但那次您有一句话击中我了，您说："只要你来到我的面前，你就是我的当事人，我就会为你负责，而我也只关心你！如果因为你在我这里咨询，导致你先生怨恨我或者与我绝交，我也在所不惜！"我的先生跟您是认识多年的朋友，您这句话让我相信，您是真的在帮我，不是帮我先生来劝我的。所以，后面老师的话，我也能听进去了。

后来我才愿意接受这点，就是我所有的改变都只是在我原来的局限范围内，做着完全无效的努力。我以为很辛苦，实际上只不过是从一个错误走向另一个错误罢了。

或者说，我以为我很努力，实际上，真的只是我以为。我越努力，只会让我先生越厌恶我、远离我。我以为的讨好、讨巧，在我先生那里，全部变成了心机，变成了恶毒！

也是从那次之后，我下定决心好好改变自己。

【有答】对了，你两个人都说到一个共同的东西，那就是你们能发生改变的关键，也就是你们都在我这里感受到了我的支持。事实上，你们（不是头脑上）和我（心理师、老师）建立了深度的、稳定的信任关系，而且我也有意识地推动了我们之间的这种关系。

你们问题的本质就是，无法在婚姻中建立良好的关系。你们的婚姻关系，已经接近或者濒临破碎了。也就是说，你们在和人建立深度关系的能力上是有问题的。

作为咨询师，作为有能力建立关系的完整的"成人"，我必须主动和你们建立关系，推动你和我的关系，让你们在和我的关系中感受到什么是良性的关系，关系该如何有意识地建立，自己的哪些无意识行为正在破坏这种关系。因为我会时时地反馈给你们，你的哪个行为、哪个无意识的念头，正在破坏你和我的关系，而不是空泛地谈什么爱、感恩、宽恕、忏悔、和解。

　　有时候你和我之间一次实质性的交锋，一起直面、化解问题并且渐次深入的过程，远胜过一百次心灵疗愈的过程！所以，总结起来就是一句话："所有被破坏的关系，必须回到关系中去习得、去重建！"做对了，改变就会发生；做错了，怎么做都是无效的！

　　【有问】好的，原来关键是这里，谢谢老师！

第三部分　父母篇

孩子的问题要视为成长中的问题，所以要在成长中解决。

教育永远是"十年树木，百年树人"的工程。它应该是传承，是思想、理念、风骨的延续。

孩子撒谎，到底为何

> 孩子撒谎的问题一直存在，说明家长在思想上并没有意识到孩子撒谎的性质有多恶劣，至少反映出家长对诚实这个品性的追求并不坚决。

【有问】老师，昨天我儿子在学校闯祸了。

【有答】怎么了？说说看！

【有问】前天学校轮值做卫生，轮到了我儿子值日，他一个人躲在卫生间里，偷偷地把洁厕剂倒入同学们的牙缸中，还抹在同学的牙刷上。昨天早上有两个孩子刷牙的时候没有注意，直接用了，于是一些洁厕剂就进入口腔。后来一个孩子嘴巴疼，另一个孩子胸口疼，当时把老师吓坏了。还好进嘴的洁厕剂不多，及时用蛋清冲洗、稀释以后，两个孩子就没什么事了。但那毕竟是强酸，要是倒在食物中，就出大事了。

我昨天问过老师了，确实是我孩子的错。作为家长，我们也去道了歉，还送那些孩子去医院检查，我们该负的责任，都会负。

可是，我儿子到现在都不肯承认是他做的！当然，我心里知道是他做的，他本来就有前科，之前他把同学的iPad数据线用剪刀剪断，还用小刀把同学的水果划开，导致水果腐烂。而且这次同学们都指认，唯一有作案嫌疑的就是我儿子。因为那天只有我儿子躲在卫生间里。但他就是不承认！他爸爸昨天威胁他说，他要是不认，我们就报警，让警察来处理，警察一下子就会发现是谁干的，到时候就直接把他送派出所去。

上一次用这招把他的话给诈出来了，但这次就失效了，他还是不肯承认。我不知道我儿子怎么了，为什么他总撒谎，到底该怎样才能让他承认错误呢？

之前因为他的恶劣行为，他爸爸甚至用皮带抽他，可他还是这样。老师，我们也真的很苦恼！

【有答】明白了，听起来好像就是一个简单的熊孩子闯祸记，但仔细剖析下来，其实会反映出很多问题。

这里至少涉及三方面的内容。

第一，作为父母，你们对撒谎这件事情的严肃性，在思想意识层面的认识是远远不够的。

第二，为何你的儿子会撒谎成性？在几乎所有人都指证他的情况下，他还不承认？显然在家里他撒谎能经常得逞，他是撒谎这个行为的既得利益者。

第三，就算你们发现他在撒谎，你们也无计可施，更达不到真正震慑、警醒、教育孩子的目的。

【有问】是，确实是这样的。我们也想请教您，该如何导正孩子的这个问题，包括我们在自己教育上遇到的问题。请老师仔细讲讲。

【有答】好的。首先，为什么说你们对撒谎这件事的严肃性认识不够。因为你的孩子不是第一次被老师反馈了，他有破坏别人物品的习惯，被发现后还说谎不承认。

你们给他换了几个学校，但并没有真正解决这个问题。

孩子撒谎的问题一直存在，说明家长在思想上并没有意识到孩子撒谎的性质有多恶劣，至少反映出家长对诚实这个品性的追求并不坚决。诚实的品性，还没有成为你们毕生的追求。

你们觉得孩子撒谎这个行为不急，可以慢慢拖下去以后再解决。所以，你们没有特别重视这个问题，从而导致你的孩子也意识不到问题的严重性。

虽然他爸爸生起气来会用皮带打他，惩罚很重，但孩子感受到的是父母情绪的不稳定，并没有意识到是说谎这个行为让父母对他进行了惩罚。

这是父母在教育孩子的问题上失败的重要原因。有惩罚，但惩罚最终变成家长情绪的发泄或者只是没有针对性的惩罚，未将惩罚与孩子的行为挂钩，更不能通过惩罚促使孩子思想观念发生转变，更别说让孩子产生畏惧的心理。

结果往往就是孩子小的时候怕你，所以很乖很听话；一旦长大，青春期之后开始不怕你了，什么事情都敢做了，甚至专挑你不让他做的事情做。

这个其实是很多亲子问题产生的关键，就是父母思想认识不到位。

【有问】明白，谢谢老师！

良好品行，塑造方有

"玉不琢，不成器。人不学，不知义。"孩子得琢，得教！

【有问】诚实对孩子来说十分重要，请老师多谈谈，我们该如何提高这个认识。

【有答】好的，首先说说我的经验吧！其实不管是我自己，还是我父亲对我的要求，或者我对我的孩子的教育，都是把诚实这个品德放在第一位的。

在我小时候，我父亲也不懂得高深的教育理念，他只明白一些很简单的道理，就是让我做个好人。而父亲心目中好人的标准，其中一条就是"诚实，不许说谎"。

最开始的诚实其实很简单，"做错事虽然会被惩罚，但有可能被原谅。撒谎则是不可原谅的，因为那是主动地、有意识地欺骗"！

诚实的孩子可能看起来不够精明，憨憨的，或者笨笨的，但他长大以后会拥有非常卓越的人格特质。比如，不夸张，不言过其实；同时也不贬低，不轻描淡写；实事求是，如实客观，不因个人的情绪、好恶左右自己的判断、观点；有自己的看法，有主见，不做墙头草，不以他人、环境的因素而随意地转换自己的立场与好恶；追求真理，有穷尽真理之勇气……

我相信，这些诚实的外延人格特质，应该是每个家长都孜孜以求的品格吧！但它必须在孩子小时候，由"诚实、不说谎"开始做起。

撒谎则恰恰相反，一是它能让人逃避责任与惩罚，日后会形成没有责任感、无担当、没有骨气等恶劣品行；二是通过撒谎能不当得利，这个就更麻烦了，日后会形成夸夸其谈、投机取巧、见风使舵乃至其他更不端的品行。如果父母看得长远，就应该知道，诚实几乎是所有优良品行的根基，而撒谎则是所有恶劣行径的起点。这也是常说的"小时偷针，长大偷金"。

我把"诚实、不说谎"这个品德讲得这么透彻，你们还会轻描淡写地处理儿子闯祸的事吗？你们还会认为这不是什么大问题吗？或者说，你儿子闯祸，背后要警惕的到底是什么？

【有问】确实明白了，老师！我们的重点是必须把他说谎的行为彻底纠正过来。以前确实不够重视。很多时候，我儿子只要说不是他干的，我们就相信了。我们还想着，这是对孩子的信任。

【有答】是要信任孩子，但不能盲目相信，不能不由分说、不加选择、不加分辨地相信！

所以，这就是你的孩子撒谎的根源，因为他总能得逞！

虽然我把原因分成三点来分析，但其实是一个东西。因为你们在思想上没有重视，所以你们对他平时行为的自然警觉性不够，会轻易地、盲目地相信儿子的谎言，并不追根究底。所以，你儿子有空子可钻，撒谎就屡屡得逞。你们在纠正孩子这个品行的问题上，没有费尽心思地琢磨，因此，就没有有效的方法来对付他并彻底解决这个问题。

很多父母会口口声声地对我说，他们很重视孩子的品德培养，在家也一直是这么教的，况且他们自认为都是相当诚实的人，但就是不知道为什么自己的孩子会是这样。

确实很多父母是老实巴交的、诚实的，甚至是廉洁奉公的，但为何孩子会不诚实呢？如果问问你自己，在心底深处，是否真的认可这种品质？老实巴交、廉洁奉公，是值得骄傲的品质吗？可能很多父母觉得这是笨、是吃亏，认为老实巴交的自己没有能力，不灵活，不会为人处世。

所以，如果父母是这样认知的，显然也不会把诚实作为一个非常重要的品德灌输给孩子。这也是很多父母在社会上很有地位，很有成就，但孩子最终不成才的一个重要原因。用心理学常见的套话说，就是"父母本身不接纳自己"。

【有问】老师，在您讲述的过程中，我也检视了一下，发现确实有一个问题，那就是我对真相不求甚解。

我内心经常有一个声音在说"问那么清楚干什么"，我不想和人产生冲突，所以很多时候，当我发现别人犯了很严重的错误时，只要对方抵死不承认，我就会放弃追问。

我以为这叫"吃亏是福"。我以为这是给对方面子，也是给自己面子。我甚至以为这是一个很好的处世哲学呢！当然，它确实让我在单位里不得罪人，好像是我的护身符。

想不到，今天在儿子身上看到我这个习性带来的严重后果了。

【有答】对了，你能这样检视自己，真的很不错！当然还要朝这个方向穷追下去，为何会形成这样的一个处世哲学？自己内心的这个声音是怎么来的？到底在过去的哪些重大事件上，做出了如此的行为？这个行为底下更深层的原因是什么？

这些盲区，是你未来需要继续深入的部分。总之，对于你们的孩子是"玉不琢，不成器。人不学，不知义"。孩子得琢，得教！

"养不教，父之过"，你们教育孩子的责任是推卸不了的！对于我来说则是"教不严，师之惰"，所以，这系列的课程中，我对你们也不会那么客气了！

【有问】好的，请老师尽管狠狠地批！

父母短视，教育必败

"凡事预则立，不预则废"，教育子女，不能盲目。无知、短视的苦果最后只能由自己来品尝！

【有问】老师，请您再说说，该如何把孩子的品德培养作为第一要务来重视？

【有答】好的。思考一下你在教育孩子的时候，你的精力、时间、心思，是都花在孩子的品德上，还是整天忙着带孩子学这个学那个？有太多父母把才艺训练当作品德训练，以为孩子只要有才艺就会获得理想中的品德。最糟糕的观念是"只要学习成绩好就什么都好"，完全无视孩子的思想品德教育。

有些父母会意识到品行训练的重要性，但孩子身上始终没有良好品行的时候，他们却没有思考一下为何如此。

他们只是想当然地认为，等孩子长大了，到社会上去磨炼磨炼，自然就会变好，就会上进了。

在物质匮乏、世道艰难的年代，生活没有那么便利，也没有互联网，人需要面对面交流，做什么都需要依靠交际能力，因此这样的想法或许可行。

但在今天，在这个物质极大丰富的年代，未来中国也会进入发达国家的行列，就像欧美那些富庶的国家一样，不工作的人靠社会福利、救济金也可以过一辈子，目前中国就已经出现了安心"啃老"的年轻人。

强大的互联网和物流，让宅在家里、不和他人接触成为一种可能。头脑稍微灵活的人，完全可以通过互联网获得不错的收入，甚至虚幻的友情、爱情和成就感。

他们看起来完全适应这个"互联网+"的社会，唯一不需要的就是真实的人生，或者说是有触感的、有难度的、会痛苦的、会失控的、会受挫的人生。

我真正担心的是这个，这常常和前来求助的父母的想法不同。他们想要的是赶快把孩子推出去，让他去念书或者去工作。而我着急的是，这些孩子是不是苟活着，他们有没有能力与人建立关系，能不能受得了社会关系中的种种挫折和非难，能不能和人真正地亲密接触，未来会不会有知心好友、爱人。

我担心的是：这些孩子的未来有没有价值；能不能不做受害者，而是成为给予者、创造者、付出者；他们能不能承担起本该承担的责任，而不是都推给别人；更不应该是玻璃心，动辄觉得受害、痛苦，就想去死。

我还担心：这些孩子有没有动力，对物质有没有欲望，对成功有没有野心，对事业有没有渴求，对异性会不会有强烈的兴趣。

我更担心：他们还有没有尊严，会不会用自己的努力和奋斗来维护自己的尊严，而不是退缩和逃避；遇到伤害、痛苦，能不能自己扛起来，闯过去；能不能用理性的态度看待挫折，而不是用空想、幻想乃至自我催眠来麻痹自己。

我甚至担心：他们会不会关心别人；能不能体会他人的不容易；能不能知道别人的辛苦；能不能因为不忍他人受苦而主动做些改变，而不是成为一个"键盘侠"，只在虚拟的世界里表达自己的正义与勇敢。或者说，他们能不能心疼父母、体贴父母，真正地为父母做些事情，而不是口头上的应付，甚至是行为上看不起父母。

这些才是父母真正要思考、要关心的，而不是从一个错误走向另外一个错误。比如，从宠爱、迁就、无限接纳与包容，走向冷漠、暴力、争吵，甚至是赶出家门、断粮断供、不再交流的地步，这只会铸成更大的错误，产生更多的伤害！

此时父母们需要的是痛定思痛，要认真学习、反思：我做错了什么？我为何会把我的孩子养成这样？我的思想、我的想法和别人有什么不同，和那些积极向上的孩子的父母有什么不同？我错在哪里，别人是怎么做的？怎么做才是有效的？

接下来要思考的是，孩子已经这样了，那怎么做才是有效的、合理的、有规划的，才能一步一步把孩子原先的行为纠正过来；如何才能把孩子的内动力引发出来。这才是最重要的，而不是简单地认为，既然以前那些都做错了，那就反着来好了。

我当然能理解这些父母心中的痛苦与焦急，可是逼孩子去念书、去工作，难道他不会在学校里、在工作岗位上敷衍、应付？

心理课上总喜欢说"父母是原件，孩子是复印件"或者说"孩子的问题，最终都是父母的问题"，很多父母因为见得不够多，想得不够远，所以总认为自己的孩子不会那么糟糕——"不至于啦""不可能的""怎么会呢"。

如果你用我说的这些内动力去检测你的孩子，你可能会吓一跳。

我见过一个很可爱的男孩子，他告诉我，有一次他说起想去创业，当然只是提了一下这个想法，他的父亲就随手甩给他一张存有50万元的储蓄卡说："拿去创业吧，不够回来再拿！"

那个男孩拿着这张卡，盯了一个晚上，也想了一个晚上，最后他想明白了一件事情，这50万元让他花，他可以很快花完；但要让他拿这个去赚钱，他不知道能干什么。于是第二天，他就把这张存有50万元的银行卡，还给了父亲，然后继续干着那份得过且过的工作。

我不知道，你们作为父母看到这些是什么感受，反正我感到非常痛心！我痛心这个孩子对钱都没有了欲望，对物质都失去了兴趣，他已经提前进入了百无聊赖的状态。

更可气的是，父母们并不知道是自己给得太多、做得太多了；是自己令孩子对生活、对物质失去了兴趣，对世界失去了好奇，对生活失去了动力，对青春也失去了热情。然后他们还幻想着孩子会有出息，觉得我们家的孩子很好啊，人也很善良，很体贴父母，平时也没什么问题。那你的孩子为什么会通宵打游戏？为何晨昏颠倒？为何彻夜不归，离家出走？为何脾气暴躁、易怒？为何从来不听你的话？为何这么玻璃心？为何脆弱、恐惧、不安、抑郁？为何要自残，甚至自杀？

当我这么问的时候，很多父母又会很无辜地说："我们不懂啊！""我们要是懂了，还找你干吗？我们又不是心理专家！"

【有问】老师，这话听起来好有道理啊！以前我也是这样子的。

【有答】对啊，也只有对你们——我的学生，我才会这样尖锐。孩子是你生的也是你养的，和你在一起一二十年了，为什么你却不懂他，而我只见过他几次就能懂他？

只因为我是专业的吗？不是的，而是因为我对这件事情上心了，并且坚持了十年！为何你做父母十几年（或几十年）就如此不专业呢？

当然，我说这些话不是指责你们，只是想让你们思考，自己到底怎么了。

其实，我怎么可能去怪父母呢？你们也是这么长大的，你们的父母也从来没有教过你们怎么做父母。

太多人都是这么无意识地长大的，不知道自己怎么会成为今天的自己，成功了不知道自己为何会成功，失败了也不知道自己为何会失败。父母们也只是用自己的经验，无意识地教育着自己的子女，却不知道这种教育方式可能错得离谱。

后来有一天，我告诉前面那个男孩的父母，我说从孩子爸爸的这个行为来看，虽然他很有钱，但只是一个土豪而已。

我说，你们的有钱是偶然的。因为你们不知道积累财富的真正规律是什么，更不知道将积累财富的内在规律教给孩子，让他真正获得那个能力，掌握那个规律。按照你们对待孩子的方式，你们的财富估计过不了三代！我甚至怀疑你们晚年还会不会保有这些财富。壮年富有而晚年凄惨的人，我见得太多了！别以为按照现在拥有的财富，你们就可以安度晚年。如果你要伴着一个啃老的孩子度过，怎么能幸福快乐呢？更何况，你们还有其他的问题。这些问题，在你老的时候会迅速地耗光你的资产！

你们不知道财富的规律是什么，也不知道孩子要成才、要创业的必备条件是什么，认为只要给钱就行了。就如同我前面讲的，认为只要把孩子推向社会，他自然就会历练成人；就会努力，会进取，会逢山开路、遇水搭桥，克服各种困难，然后走向成功。

"凡事预则立，不预则废"，教育子女，不能盲目。无知、短视的苦果最后只能由自己来品尝！当然，这些话题后面还会继续探讨。

【有问】明白了，谢谢老师，这真的是令人警醒。

百年树人，有容乃大

教育永远是"十年树木，百年树人"的工程。它应该是传承，是思想、理念、风骨的延续。

【有问】当我们想要协助孩子改正他的某些缺点，纠正他的某些恶习，建立新的行为习惯时，需要有个整体规划，不能随意随性，想怎么培养就怎么培养，对吗？

【有答】是的，这就是我在上一节《父母短视，教育必败》中想要表达的另外一层意思，教育孩子，必须有长远的规划。教育不是一场比赛，既不用在起跑线上与人相比，也不用在赛道上与人相比，更不用在未来与人相比。一旦落入攀比的陷阱，就得不偿失了。

教育永远是"十年树木，百年树人"的工程。它应该是传承，是思想、理念、风骨的延续。

有时候，孩子看起来有毛病，有恶习，甚至已经退学、休学。在某些人眼中，他们是不正常的，是没有价值的，不能接受正常的教育。但在我看来，如果教育不具备容错功能，不具备调整孩子偏差的功能，那就不是真正的教育。真正的老师应该有教无类，因材施教。但凡学生有上进之心，有改变之意，对老师还心存敬畏，老师就不可以放弃。

虽然孩子出问题了，但是这样的孩子更需要细腻、周到的教育，他们更需要一条成才的道路。

要重视问题，但不要强化问题。不要把他们定义为问题孩子，把他们当病人来治，甚至直接放弃。如果只教听话的、会学习的孩子，这样的老师也太好当了吧！

从心理效应来讲，把一个人当病人来治疗，就等于在暗示他"你是病人"；从心理暗示层面来说，治疗越久越会强化他对"病人"这个标签的接受度。

比如，职业装就具备强烈的自我身份暗示效应。当你身穿那套俨然不同于其他社会角色的职业装时（警察、军人、医生、法官等），这个职业所具有的特质就会暗示你，甚至制约你，与身着便装时的感觉相去甚远！

就像我岳母，平时有一些头疼脑热的小毛病，随便吃一点药，在家里躺一躺，发一发汗，也就好了。但要是去医院检查，病号服一穿，就绝对进入"病人"的角色了，精神萎靡不振，我们也必须立刻到病床前尽孝。要不然，你试试看！

很多没有真正搞懂教育内涵的人，经常乱用心理干预、行为干预来调整孩子。本来孩子虽然有点小毛病，但至少还正常，老师和家长突然开始给孩子做心理治疗、行为干预，那就完蛋了！因为他们强化了孩子的问题，使他成了真正的问题孩子。

家长和老师只想着如何把孩子培养成才，在成才的路上解决问题。家长、老师发现的问题，也是客观存在的，鉴于未成年人心理的特殊性——容易接受暗示，所以父母要多转换孩子的观念，使之形成积极向上的自我暗示，尽可能不要过度认同、过度同理，导致孩子放大对问题的认识！同时，还因为未成年人的成长特性——精力旺盛，成长欲望强烈，所以可把焦点放在未来，协助孩子解决成长过程中的问题，使他的自信心不断地提升。

教育孩子的焦点，始终要放在如何让他成长上，孩子的问题要视为成长中的问题，要在成长中解决，而不是停下脚步专门解决问题。

不懂教育的心理师，总是很认真地同理各种心理问题，所以容易在无意中放大孩子的心理问题。不懂心理学的教育者，总是关注孩子的学习和成长，却应对不了孩子的各种问题，不知道问题到底在哪里，更不知道如何举重若轻地解决问题，要么惩罚，要么就只顾着带领孩子往前冲，最终就把问题孩子扔下不管了！

失败乃成功之母，但目前的教育缺乏失败教育。

现在的父母、孩子都太害怕失败了，一旦孩子失败，就会陷入各种伤害里面无法自拔！

古人谈到教育是"天将降大任于斯人也，必先苦其心志，劳其筋骨，饿其体肤，空乏其身，行拂乱其所为，所以动心忍性，曾益其所不能"。而现在的孩子，太缺少失败教育、苦难教育了！

如果父母、老师，能懂得利用人生路上的每一个错误、失败、挫折，让孩子从中学到东西，吸取经验教训，并能因此有所进益，那就是最好的教育。

没有失败的人生，没有挫折的人生，是不真实的，至少是没有厚度的！如果家长、老师能以这样的角度来认识教育，结果就不一样。

如果是这样，那孩子目前的问题，不就是一次最好的挫折教育吗？不就是最好的"疼痛"教育吗？

教育一定是站在"百年树人"的长远规划上来做的，而不是计较眼前一城一池的得失！一旦放在百年树人的角度，那眼前的这些坑坑洼洼，都是教育的良机，都是让孩子成才的良机！如果这样去做，何愁教不好孩子？

【有问】明白了，所以老师才一直要求这些父母放慢脚步。我也看到老师每次都借助学生的困扰、挫折，最终让他真正得到成长、得到智慧，锻炼出解决问题的能力。

辛苦了，谢谢老师！

父母困惑，孩子趴窝

> 父母的问题，最终会在孩子身上表现出来。
>
> 这个学生的来信，让我们清楚地看到了这一点，也让为人父母的和即将为人父母的各位，不得不时刻保持警觉！

（一封学生的来信）

【有问】作为您的学生，写下这封信，实在是惭愧！憋了许久，觉得还是应该和您说实话，三月份回来后特别闹心。

孩子还有两个月小升初考试，可最近他的状态很消极。我和他聊了好几次，听到他的心里话，我却无言以对！

1.孩子写作业时偷看电子书，偷玩游戏，往游戏里充钱，偷藏手机，把手机带到学校玩，等等，做出很多违反纪律的行为！

也怪我自己太粗心，只把手机放在抽屉里，没锁上，都不知他什么时候拿走的。发现后，我就锁起来了，最近严禁他接触电子产品。

（老师点评：在思想认识上不够重视，必然导致行动上的不够重视和粗心大意。）

2.孩子最近不想学习，没有学习的动力，只做他愿意做的事。

去年刚回到学校的时候，他是开心和新鲜的，可今年就没心劲了！他说，现在除了游戏，对什么都不感兴趣！上课时间，前半部分能听，后半部分就是发呆，补习也是下课就全忘了。

我感觉他不想学习是因为不愿吃苦，不能面对学习的困难，学习动力不足，不知为何而学。他可能认为，学了又怎样，不学又能怎样？该吃吃该喝喝，管他什么后果，大不了挨一顿揍，受一顿罚。他要啥就有啥，贪图安逸的毛病很严重。他说他并不是怕苦，而是认为学习没用。他的理想是从事摄影和游戏主播工作，所以认为只学有用的才有劲！他的理想过于肤浅和幼稚，可我却不知该怎么回答他。

（老师点评："他要啥就有啥，贪图安逸的毛病很严重"，理想过于幼稚和肤浅的人，怎么会有学习的动力呢？太容易得到东西，必然会贪图安逸，不思进取。）

说到考学校，他竟然认为无所谓，在哪都一样。只是为了长大以后能挣钱，为了生活，才如此而已！

他这种不求上进的态度还真是让我束手无策！所以面对他的消极言论，我感觉气愤，又觉得无话可说。我讲什么道理他都有理由反驳，我说什么都觉得很无力！

（老师点评：不求上进的父母必然教出不求上进的孩子。）

3. 老师最近的文章，刚好符合我和孩子的状态。撒谎、夸张，是孩子的问题，也是我的问题！除此之外，还有偷钱、偷懒、好享受，如今这些品行全在孩子身上出现了。您所说的种种担心，个个让我胆战心惊。

我老公则是在细节上不放过孩子，比如八字脚，写字姿势不正确，吃相不雅，等等。一方面孩子让他很着急，很无奈；另一方面他又说孩子没有大问题，只是习惯很差，还说我过于焦虑。您说沟通中要举轻若重，生活中要举重若轻，难道是我把问题看得太严重了？可事实都摆在这里，我不能不想啊，休学家庭的样本已经离我不远了。所以我现在才发现为什么我排斥休学家庭，那是因为我害怕自己没资格去指导他们。

4. 困惑：我计划带孩子到乡村学校去体验生活，可打听了一圈，完全不是我想象的那样。我不知还有什么锻炼吃苦能力、学习承担责任的途径。我可以慢慢改，但孩子的问题迫在眉睫，不能再等。

我是不是咬着牙先把这两个月坚持下来，等考试后再实施以上计划？孩子目前的学习成绩在班里处于中下游，只能上很普通的初中。去年看好的私立学校没考上，今年有个朋友办了一所私立学校，也非常热门，靠关系进去的概率是百分之五十，但现在我还不敢和孩子透露。是逼着他去考学呢，还是由他随便进哪所学校？

不知老师是否愿带12岁的孩子？也不知我这样是不是在逃避责任？记得您曾说父母给予不了的，可以给孩子找个好师父，所以不知我这样的想法是否合适？

我最近快被挫败感吞噬了，我老公认为我的改变是之前就应该做到的，现在还有太多的不足。我担心他的要求会进一步提高。对于孩子的教育，我绞尽脑汁，仍然困在其中不得其法，不知该怎么办。

我现在连话都不知该怎么说了，对不起老师，辜负了您！

（老师的回信）

【有答】你这封信也算来得及时，我前面刚刚讲的问题，你就对自身进行了检视，算是不错的了。

整体来说，这次你做出了深刻的反省。以前我一直提醒你，你始终没有重视。这次事情发生了，孩子的问题硬生生地摆在你的眼前，你终于无法逃避了。

我希望这些问题，能给你足够大的动力促使你进行反省，并且付诸行动去改变。

当然，我一直在说，胸无大志、好逸恶劳、投机取巧等，看起来确实没什么问题，但你必将为今天的安逸付出沉重代价，而孩子是最直接、最无辜的牺牲品！

对于你的困惑，我多说两句。

1. "我计划带孩子到乡村学校去体验生活，可打听了一圈，完全不是我想象的那样。我不知还有什么锻炼吃苦能力、学习承担责任的途径。我可以慢慢改，但孩子的问题迫在眉睫，不能再等。"

专门找苦吃，反而显得矫情。现在很多人专门给孩子报名参加各种所谓的锻炼活动，去农村种田干活，这能给孩子什么呢？本来就是城市里长大的孩子，农村生活与他又有多大关系呢？难道他不知道是特意带他去体验的吗？

就算你带他去乡村学校，也学不到什么东西的。因为他很清楚，他的未来不在这里，也不会过这样的生活。如果他的思想意识没有调整过来，去乡下（或者出国）也只是度假而已，劳动也只是一种生活的调剂。何来吃苦？何来锻炼？何来承担？

吃苦，是要在他的生活中给他一点磨难，在他在意的事情上给他一点挫折；承担，是让他每天在与自己有关的事情上得到锻炼。

道理说再多，他都会反驳你。再过两年，等他再大一点的时候，他甚至能完全驳倒你。

正如现在很多休学的孩子，他们看不起父母，而父母也争辩不过他们，因为父母没有以身作则。

所以凭空创造出来的，和他目前的既得利益无关，和他每天的生活环境无关的，是很难让他真正吃到苦头的。如果有，也只是头脑中的一丁点印象，并不会保持太久。

你去回想一下，这两年来我是怎么教你的。每次教你的东西，不都是针对你生活中遇到的困难吗？不管问题大小，都和你眼前的事情息息相关。然后老师协助你反省自己，去改变，去应对，去解决这些问题。比如你们夫妻之间发生过的事情，孩子之前退学、复学的事情，每一次都是实实在在地面对问题、解决问题。

老师哪一次是空谈道理，只给你一个大而泛的方法呢？

要在眼前的状况中想办法，不脱离、不逃避！

2."我是不是咬着牙先把这两个月坚持下来，等考试后再实施以上计划？孩子目前的学习成绩在班里处于中下游，只能上很普通的初中。去年看好的私立学校没考上，今年有个朋友办了一所私立学校，也非常热门，靠关系进去的概率是百分之五十，但现在我还不敢和孩子透露。是逼着他去考学呢，还是由他随便进哪所学校？"

肯定要逼着他考学呀，拿出你当时逼他补考的劲头，督促他！在他没有学习动力之前，我是不建议为他做太多的。

如果你儿子的学习愿望这么微弱，你还替他解决入学问题，让他上一所好的私立学校，他会珍惜吗？他会从此努力上进吗？他会学好其他功课吗？显然是不会的！

不珍惜，才是现代人最大的心理问题！

你的儿子很可能已经形成了"反正你们都会用关系让我走捷径"的思维定式。当你儿子越来越不想读书的时候，你们还能为儿子走多少年的捷径？

虽然你们还不敢向他透露有这个关系，但有什么用呢？他对考哪所学校都已经无所谓了，对学习已经没有动力了，那你眼中的大事，对他而言又有什么意义呢？

如果是我，我是不会让他进好学校的，宁可让他摔一个大跟头。当然要明确告知他，他的未来得靠他自己争取！同时要协助他，不要抛弃他。

如果他真想好好学习，最后两个月得拿出态度来。如果连个态度都没有，那就让他去普通学校随便读了。初中三年，就得把时间花在塑造他的品德上了。要让他在生活中的小事上摔跟头，再让他自己解决，自己承担，自己受罚！这个部分我后面会讲到，这里就先不展开了。

从现在开始，还是想办法让他努力学习吧，拿出你当时协助他补课的劲头，好好努力一把！

3．"不知老师是否愿带12岁的孩子？也不知我这样是不是在逃避责任？记得您曾说父母给予不了的，可以给孩子找个好师父，所以不知我这样的想法是否合适？"

你们离我这里太远，暑假可以过来，但一两个月还是做不了太多的工作。

一两个月，我们可能会懂他，让他得到锻炼成长，可是其他时间呢？他的学习、他的功课呢？你们始终是逃避不了的。

当然，你是我的学生，我允许你在暑假把孩子放到我这里，这样我们可以双管齐下。

现在我遇到几件很无奈的事，就是有几位父母把孩子丢在我这里，自己不来，希望我能把孩子教好。虽然孩子有成长的动力，也有向好之心，但他们还这么小，父母都不肯放弃舒适的生活，去解决自己的问题，只是一味依赖老师。

别忘了你们才是孩子的父母！你不改变，把孩子丢给老师，老师所能做的也是有限的。虽然我上文说了，没有教不会的孩子，只有不会教的老师，但那是因为孩子还小，我可以带着他们一直往前冲。难道你们真的要等到那一天，孩子成年了，遇到瓶颈的时候不得不停下来，再回顾原生家庭带给他的负面影响吗？

作为老师，只要是来到我面前的学生，不管是成人还是小孩，只要他愿意努力，愿意面对，我都会协助他！可是，不能只有我一个人去战斗吧？

希望你的这封来信，能让所有父母都意识到这个问题！

4．"我最近快被挫败感吞噬了，我老公认为我的改变是之前就应该做到的，现在还有太多的不足。我担心他的要求会进一步提高。对于孩子的教育，我绞尽脑汁，仍然困在其中不得其法，不知该怎么办。"

你老公对你的看法是对的。你还得跳出这个舒适区，看得更远些。我也说过，女人是男人的大地，大地不稳，男人再厉害也没什么用！顶天要先能立地！

至少把孩子带好，这是你的责任！这些就不展开了。

挫折教育，正是当时

> 失败从来都不是没有原因的。如果每次都能深刻地检讨自己，从过往的失败中吸取教训，那么成功离你就不远了。

【有问】老师，您能谈谈挫折教育吗？因为我真的很难理解这句话："如果是这样，那孩子目前的问题，不就是一次最好的挫折教育吗？不就是最好的'疼痛'教育吗？当然，这个挫折看起来是大了些，但真的转换过来，未必不是好事。"

对于我们来说，这个挫折是全家都不能触碰的伤痛，怎么可能变成一次最好的挫折教育？怎么会是最好的"疼痛"教育？

【有答】对于身处痛苦深渊的人来说，确实很难把当下的伤痛变成挫折教育。

不管你相不相信这是一次最好的挫折教育，但它确实就是，就看你能从中收获什么。

这句话有两个意思，首先，身为父母的我们能否真正承认自己失败了（这里指的是夫妻双方，不是某一个人的错）。承认把孩子养成了问题孩子，肯定是我们做错了什么，才导致今天的结果。

父母要深刻检讨自己的问题，以诚恳的态度面对这些问题，并寻求有效的方法解决这些问题。负起该负的责任，但不需要向孩子道歉。我从来不主张父母向孩子道歉，父母可以检讨，可以认错，但没必要对孩子道歉。如果父母能深刻地反省自己，有效地解决问题，那道不道歉只是一个形式而已。如果反省不到位却急于道歉，只会放大孩子的受害者意识，让他更加肆无忌惮。

其次，对于身处困境中的孩子，我们既要引导他求助，也要引导他面对，并最终协助他成才。这里的"面对"，就是孩子该负的责任是什么，他该从失败中获取什么经验教训。这个绝对不是脑子里想想而已，更不是随口一句"我知道"就能真正获得失败后的经验和教训。

失败从来都不是没有原因的。如果每次都能深刻地检讨自己，从过往的失败中吸取教训，那么成功离你就不远了。

就如同失学少女小雪，她自曝曾把垃圾堆满宿舍，以致宿舍里充满了异味。

一个青春美少女能这样自曝其短，这需要何等的勇气？

她叙述了父母是如何宠她、溺爱她，以至于她什么都不会，还自认为以后一定会有远大的前程。她说自己看不起现有的教育，坚信读书无用论。当年所有亲戚朋友过来相劝她都无视，认为对方目光短浅，太无知！

现在的小雪，哭诉自己当年如何不服管教。那说明她接受教育了，可以被约束了，也能上进了。

小雪分享了自己找工作的经历，她发现自己只能找那些不需要技术，是人都能做的工作。在火锅店打工时，年幼的她跪在地上擦地板，羞愧得恨不得钻到地缝里。对于一个从小被溺爱，被当成公主来抚养的女孩而言，这确实够丢人的。

她去招聘网站找工作，发现自己只能做那些曾经看不起的工作，心里特别难受。她开始后悔在自己学习成绩最好的时候退学在家，最后连大学文凭都没有。

小雪现在能正视这个经历了，这是最不容易的。她能这么做，就说明她开始珍惜自己目前所拥有的了。至少她不会再"心比天高"，看不起那些不起眼的工作。

我一直强调，调整孩子要关注他的内心，找到内因并让他转变，这样孩子才能走上正道。当然，对于这样的孩子，身为老师的我，肯定会下功夫把他培养成才。

挫折教育其实没有什么高大上的，就是要直面现实，怕什么我们就直面什么！不要回避自己心中的伤痛，不要回避自己的恐惧，不要回避自己的问题，越想回避的地方越是你成长的重点。

当然，这个直面，需要时间，还需要温柔以待。我陪小雪走了整整两年。在前面一年多的时间里，我静静地陪着她，只让她待在我身边，不急着做什么，也不急着要她面对。与她建立关系，建立信任，让她慢慢感受到老师真的可以帮助她，让她觉得未来是有希望的，不会一输到底。

做完了这些铺垫工作，我才开始重塑她，鞭策她，让她走出阴影。她开始为自己的未来奋斗，还能主动帮助和她有相同经历的孩子。

这段完整的体验对小雪来说是珍贵的。小雪在最沉重的打击下，积蓄了新的能量，走向她的未来。

有谁比她更懂休学女孩的心声呢？有谁比她更懊悔、更沮丧呢？

只有听从管教的人，生命中才有贵人相助。所以，对今天的小雪，身为老师的我，是可以放心的，她已经从一个休学少女彻底蜕变了。未来的路，她可以自己走了！

【有问】小雪的这段生命经历，就是"挫折教育"的最好典范，不容易，也真心为她感到高兴！

生克之道，彼此相生

世间万物皆是相生相克的，孩子的每一种思想、品性、行为以及策略，一定是在你们家庭内部产生的，一定是通过跟你们的互动产生的。

【有问】老师，请您再谈谈挫折教育吧！

【有答】好，挫折教育也叫失败教育，是一种非常深刻的教育形式。人人都知道"失败乃成功之母"，但人的本能都是回避失败的，也都不愿意直面失败。如果可以，人们更愿意"从一个成功走向另一个成功"。

也是因为如此，面对挫折（孩子不听话、失学、失业、啃老、忤逆父母），父母和孩子都不愿承认这个事实。

父母不愿承认自己在孩子教育上的失败，不肯承认自己错了。当他们不愿承认这个失败的时候，夫妻间往往就会互相推诿、攻讦、拆台、怨恨，导致关系冷漠。越是这样，就越糟糕。

此时的父母很容易判定孩子没有出息，有的甚至把问题归咎于孩子有心理问题。极个别父母直接对我说："我们的孩子肯定脑子出了问题，我们这么优秀怎么可能养出这样的孩子呢？"

找个借口总是容易的，也能让自己心里好过些。

如果父母已然放弃孩子，不再以"百年树人"的思想去养育孩子、观察孩子和激励孩子，只想把孩子推出去，那么你的孩子永远不会有出息，今后不是这里出问题就是那里出问题。

孩子呢，也不愿意承认自己有问题，不愿意承认在人生道路上出现巨大挫折是因为自己太任性、太狂妄。孩子的人生还没有展开，就已经无力了。

当孩子不愿意承认自己有问题，不能把焦点放在自己身上，不在自己身上用力的时候，父母自然就是他们最好的归咎对象了。自己的问题都是父母造成的，如此他就没有错了，如此他就不必为自己的人生负责了。

他就可以心安理得地蹉跎岁月，任时光飞逝。因为，都是父母的错，我已经做不了什么了，干嘛努力？

既然是你们害得我成了这样，自然就得养我到老，因为我已经被你们害残废了。

到了这个地步，这个家庭基本就毁了。他们会一直在这个"老鼠圈"里消耗彼此的耐心与希望，直到有一天彻底放弃。

所以，挫折教育容易吗？

绝对不容易！因为它是逆着我们的习性进行的！

自己到底怎么了，错在哪里？为何我们总是陷在里面？我的责任是什么？如果我真的有自己想的那么好，那我的孩子何以至此？

如果你能这么问自己，那你至少找对了方向，接下来可以思考下一组问题：孩子这样子到底是怎么造成的？孩子目前的问题，孩子的思想动态，到底和你有什么关系？

孩子不会无缘无故变成这样的。世间万物皆是相生相克的，孩子的每一种思想、品性、行为以及策略，一定是在你们家庭内部产生的，一定是通过跟你们的互动产生的。

比如，他对你的每句话都置若罔闻，那一定是你平时絮絮叨叨、啰里啰唆，导致孩子变得麻木。所以，孩子的麻木是从你这里来的！

比如，孩子动不动就和你说他很痛苦，甚至有死的想法，做出自杀的行为。那肯定是你总舍不得他受伤，总害怕他受伤，体谅他内心的每一个情绪波动。于是他发现这样可以让你内疚、恐惧、担心，可以逼你退让、妥协，最终达到控制你的目的。

比如，你的孩子会对你挥舞拳头，甚至逼你们道歉，那一定是他做惯了"小皇帝"，从小就会用各种手段指挥、控制你们。他从来没有学会如何好好和人沟通、交流，或者说父母从来没有教育好这个孩子。一个人的暴怒脾气，恰恰是被家长纵容出来的。如果从小被制服，他一定不会是这样。

简单说，你孩子的每一个行为都是有根源的。他是怎么被养成的，行为怎么发生的，你要思考这个！

所以，检讨自己错了，仅仅说一句"我错了""我失败了"，那是远远不够的！

孩子的问题永远是这个家庭问题的一个结果。树上的果子长歪了、长残了或者老掉果，正常的思维是去看看这棵树怎么了、这片土壤怎么了，而不是一味地问果子怎么了。

任何一个家庭向我求助，我都让父母先来。我得先把树治好，把土壤改良。我得让父母把目光放到自己身上，从孩子的言行中寻找自己对他的影响。

这就是为何父母得是我的治疗个案，是我的学生。

你的怪圈，永远潜藏在你无意识的地方，在你的心灵深处。那里的某种情结、伤痛、冲动，乃至底层信念、逻辑出了问题。

这个部分，是你自己无法找到的。

如果几十年的失败，你想通过一次课程、一次咨询，甚至以为看了我的文章就可以扭转，那你高看我了。没那么容易！

总之，失败者或者说顽固的失败者，总是无法承认失败，无法正视失败，更无法检讨失败，同时也不受教、不请教、不讨教。在自以为是的逻辑里面四处瞎撞，试图让自己避免失败，走向成功。结果他会从一个失败跌入下一个失败，然后一再重复同质性的问题，直到生命终结。这就是轮回，也叫命运！

【有问】好的，谢谢老师。这一番话，听得我冷汗直流，我争取不做老师口中的那个顽固的失败者吧！

生克之道，彼此相克

　　一是把土壤清理干净，不让它成为滋生孩子坏行为的沃土。二是想怎么治理。要根据这片土壤的性质，推导出会结出什么果实。

　　【有问】老师，讲了相生之后，是不是还得讲讲相克呢？父母到底要如何克制孩子，老师应该也有很多招的。

　　【有答】嗯，是的。

　　当我们反省自己会成为那片土壤的时候，我们要知道，自己还要做两件事情。

　　一是把土壤清理干净，不让它成为滋生孩子坏行为的沃土。二是想怎么治理。要根据这片土壤的性质，推导出会结出什么果实。

　　同样是休学，有的孩子在家自得其乐，每天生活规律，不生是非，不乱花钱，也尽量不惹父母生气。有的孩子颓废、抑郁、自暴自弃，躲在自己的房间里哪里都不去，不跟任何人打交道，只在半夜没人的时候才出来活动。

　　还有的孩子，试图复学，却一次又一次地受伤害，总觉得自己做不到，跟同学或老师相处不好，然后越努力越沮丧。

　　还有的孩子，父母要他去工作，他就去工作。每天都在重复着百无聊赖的生活，但还是勉强维持着，没有目标，没有激情，更没有勇气。

　　还有些孩子，能去上学，也能毕业，但永远不知道怎么和人打交道。他们在关系中处处受挫，最后只能躲在不需要和人交流的角落，美其名曰"做自己喜欢做的事"。他们尽可能避免和人打交道，尽管内心或许渴望与人交流。

　　这就是要诊断的原因。只有把土壤研究清楚了，我们才知道为何会长出来这样的果实。

　　五行中水能生木，但不同性质的水生出来的木是不一样的，而且还得分是哪个时期生出来的。

　　此处的"水"也可以理解为口水，父母的唠叨、啰唆。而"木"就是麻木、不回应、逃避等特性。

　　只有把这个家庭的相生之道搞清楚了，才能想出相应的克制办法。

　　举一个例子吧，让话题回到我们这个系列一开始的那个家庭，回到那个说谎的孩子。（见

心/理/咨/询/师/札/记

《孩子撒谎，到底为何》）

在那一节里，我谈了三个要点。

第一，作为父母，你们对撒谎这个事情的重要性，在思想意识层面的认识是远远不够的。

第二，为何你的孩子会撒谎成性，在几乎所有人都指证他的情况下，他还不承认？显然他在家里撒谎经常能得逞。他是撒谎这个行为的既得利益者。

第三，就算你们发现他在撒谎，也无计可施，没办法去震慑、警醒、教育孩子。

那个孩子还小，还没到叛逆期，此时只要父母将上述第一、第二点处理好，惩罚到位，孩子的错误行为就很容易纠正过来了。

对于青春期前的孩子，我一般用的是"以其人之道，还治其人之身"的办法。孩子造成了多大的破坏，对别人造成了多大的伤害，同样的痛、同样的苦，都让他经历一遍，而且要一模一样！

具体怎么做，大家可以看看这位妈妈事后的记录。以下是妈妈的自述。

那天早上七点就看到学校老师发过来的微信，说我家孩子给两个同学的牙刷和漱口杯里倒洁厕灵，导致同学身体不适。我感觉头都要炸了！我的孩子怎么会这样？我的孩子怎么了？

我马上向小玲姐求助，她是个临床医生。小玲姐让我们准备大量蛋清，给那两个孩子生吞或漱口，减少强酸对身体的伤害。同时与学校联系，密切关注孩子的情况。

开车到学校的一小时，那才叫煎熬！

见到老师和受伤的两个孩子时，我才轻轻地松了口气。老师让他们单独讲述早上的情况。

根据两个孩子所说的，我们判断是我家孩子做的，但他不肯承认。

晚上与老师沟通，老师和小玲姐给了我们很多建议和方法。

怎么惩罚与教育，我初步考虑了一下，有一点很明确：不能轻易放过这个教育的机会。

然后我跟孩子分析这么做以及说谎的后果。

我严肃地说："若再发现你说谎，必须打。如果再做这样伤害他人的事，我们一定亲手将你送进看守所，不会让你长大了去危害社会！品质上的问题，我们绝不姑息！"

孩子最终向我承认了错误。他说在倒洁厕灵时，并没有想到后果，没有意识到事情的严重性。

小玲姐说要让他感受到切肤之痛，我就用黄辣椒酱和芥末惩罚他。孩子辣得想哭，但忍着眼泪，不敢吭声。

我说："你要好好记着这个滋味，张三和李四（化名）同学就是这么难受。"

他吞下去时，眼泪都要流出来了。然后我说："妈妈陪着你难受，这件事爸爸妈妈与你一起承担，所以我也陪你吃。"

　　因为我没吃早餐，吃了这两样东西，胃又痛又难受，有想吐的感觉。感受到孩子非常担心我，我就说："我们现在的难受还不算什么，毕竟我们吃的是食物。像洁厕灵这样的东西，吃了是会死人的。我们现在的难受与不适就是你两个同学当时的感受。"

　　这次的目的就是让他痛，这样他才能知道自己的问题所在。我也与他一起承受这个痛。他辣得流泪，我胃痛得想吐。

　　"我们都真切感受到了你同学的痛苦，还有老师当时的害怕和伤心，你也感受到了。"

　　孩子看到我肚子痛得蜷缩在一边又想吐的样子，露出心痛与不知所措的表情，我就说："我现在的感受就是张三同学的感受，你的心痛与难过就是老师当时的感受，好好记住！"之后他倒水给我喝，又帮我按摩。

　　我知道孩子能调整过来。孩子的爸爸也惊讶于孩子的改变。

　　PS：晚上与孩子一起做面包和腌李子，孩子非常高兴。他主动提出想和我一起做面包，让我陪着他。腌李子是我想做的，但我提出让他试试用他的刀来帮我削李子，这是他喜欢做的事，他还顺便帮我把厨台抹得光洁如镜。

　　他说不喜欢闻清洁厨台时呛鼻的醋酸味，开玩笑说道妈妈是不是又想让他试试这个味。我笑了一下，记住了这点，这是孩子怕的，然后回复他："不会，早上的难受你记住了就行。"

　　亲子教育的漫漫长路才刚刚开始！

孩子好调，父母难办

发生冲突的时候，有的家长赶紧过来护着孩子，并质疑我的教学，甚至帮着孩子来我这里讨"公道"。

"熊孩子"背后多半有"熊家长"。所以，真以为调整孩子就只是调整孩子？如果这样，就太简单了！

【有问】老师，对于已经进入青春期甚至已经成年的孩子，我们该怎么办呢？毕竟对没进入青春期的孩子的管教要容易些。

【有答】是的，显然你们也意识到了，管教已经进入青春期或者已经成年的那些失学、失业、啃老的孩子，确实非常棘手。

常见的，第一步要调整的是弥漫在这个家庭之中的绝望氛围。

一个家庭走到孩子失学多年、已经成年却依然没有多大变化的地步，可以想象，父母不可能现在才意识到孩子有问题。父母出来求助，也是因为自己已经束手无策，能试的方法都试过了，都没有效果。无奈之下，他们才出来学习，学习怎么教育孩子，学习怎么和孩子相处，学习怎么做父母。

所以，我接待得最多的就是带着这种心态的父母。

我讲的内容一旦和其他老师讲的类似，他们的反应就是"这个道理，某某老师也是这么说的啊"，于是就断定内家心理学不过如此，然后就不再来了。甚至有人根据我的某篇文章，对整个内家心理学做出判断。他不会深入思考，我那上百篇的《心理咨询师札记》是一个非常完整和庞大的系统；也不肯花费一点时间，去研究内家心理学到底能不能帮到人。

现在网络信息的碎片化，使很多人都习惯于那些精心烹制的"鸡汤"网文（或商业软文），对具有研究性、探索性、严谨性的文字，反而静不下心来阅读。所以，大部分人不会耐心地、仔细地阅读我们公众号上的文章。

一个显而易见的事实，就是有多少顽固的、问题一堆的成年人，经过我的长期咨询或者学习训练都转变过来，进入幸福的婚姻，开始有序地生活。只是我没有办法既专注做心理研究与心理教育，又做大力推广普及工作。

我多年来只是深入地、踏实地进行个案干预、个案研究，然后再把成果呈现出来。

父母看不到希望，就把希望全部放在孩子身上："老师，能不能把我的孩子调整过来？我这么大年纪了，还改什么呀，能把孩子弄好，我什么都愿意做。"

一旦我没有接管他的孩子，坚持要他们先跟着我学，他们无一例外地会一阵哀号："我的孩子等不起啊！"然后就立刻放弃了求助，继续去寻找愿意直接接收他们孩子的老师或教育机构。

这也是我和家长之间的怪圈。

我有这么多年心理咨询、心理教育的经验，做过那么多的案例，带过那么多的学生，这些学生的改变往往都是惊人的，但前提是：他们主动前来学习，愿意向我求助。

——这是一切改变的基础。

一些十八九岁、二十多岁的孩子，他们不会求助也不愿意求助，不想学习也不愿意学习，就是宅在家，对什么都不感兴趣，与父母进行对抗。

而家长，自己不想学，不想改变，更不相信他们的改变能促使孩子改变。因为那么多年的经历再三告诉他们——他们对孩子早就无计可施了。

所以，家长的求助目标很明确，就是看看哪个老师能直接帮到他的孩子。

说实话，这些孩子真的不难帮，说直白一些，不就是一些半大不小的孩子吗？他们没有任何社会经验，没有太多心机，也没有什么可以凭借的资本，更没有坚定的自信。唯一有的，就是控制家长的能力，能逼得家长疯掉、绝望、想死。典型的"家里横"，而"家里横"往往是"外面熊"。

这些孩子在我面前表现其实都还好，能和我交心。我可以影响他们，甚至管教他们。前提是家长不要帮倒忙，不要跟着孩子来拆台。

这些孩子，只要能引发他们主动过来求助，过来跟我学习，那已经是一个非常大的跨越了。只要老老实实地学习一段时间，他们就会脱胎换骨。

很多家长会觉得一年、两年太久了。好吧，那你就继续用十年、二十年的时间去等待吧！或者去寻找更快捷有效的方式。

事实上，这就是在调整这些孩子的过程中的又一个怪圈！

一旦我煞费苦心调理这些孩子，就会爆发各种冲突。这是很简单的道理，如果孩子"温良恭俭让"，那我们之间不会出现任何冲突。但这些孩子是带着各种不良德行、各种问题来的，需要我管教，所以必然会爆发一次又一次冲突。

发生冲突的时候，我往往是一个人战斗。有的家长赶紧过来护着孩子，并质疑我的教学，甚至帮着孩子来我这里讨"公道"。

本来只是学生之间的一些冲突，或是我教学当中必然发生的一些冲突，结果孩子告诉了父母，父母就觉得孩子在这里受欺负了，受到了不公平对待，就逼着我赔礼道歉。

家长这么一做，以后我还怎么管教孩子？如果我在孩子面前连这点威信都保持不住，那还怎么管教这个毛病一堆的孩子？

家长"保护"了自己的孩子，满足了自己的保护欲，那就请把他带走，继续保护下去吧！

我是管不了的，当然也不愿意再费这个心思去管教。

　　"熊孩子"背后多半有"熊家长"。所以，真以为调整孩子就只是调整孩子？这样的话就太简单了！

　　【有问】是的，我理解老师为何这么执着地先调整父母，而不愿意先接手孩子了。真是孩子好调，父母难办！谢谢老师！

严师难求，严师难当

> 遇到真正愿意帮你、愿意管教你、愿意协助你成长，甚至愿意救（骂）你的老师，你能否识别并珍惜？

【有问】老师，您上篇文章里面说的"'熊孩子'背后多半有'熊家长'"，听得我挺心寒的。当时我也在场，仅仅因为同学间的一些冲突，父母就来给孩子撑腰，非要把"锅"扣在老师头上，让老师"背锅"。最后，老师只能放弃对这个孩子的继续调理了。想想挺心寒的！

【有答】所以，我一直强调：父母先来学习，先来接受我的调理。有些父母从来不懂得是非对错（尽管他们认为自己做得挺对），他们不知道，孩子已经被他们的错误观念毁得差不多了，却仍不愿意利用其他机会把孩子管教好、整治好。

前几天看了一个笑话，挺有同感。

一日正在上课，一名学生要求上厕所，老师觉得影响课堂秩序，不准。结果，孩子尿于裤中。家长向教育局告状："该老师违反人权，剥夺学生上厕所的权利，应严惩。"

又一日上课，一学生要求上厕所，老师批准。谁知该生在厕所滑倒受伤。家长向教育局告状："上课期间该老师擅自让学生离开教室，导致学生受到伤害，未尽到监护义务，应严惩。"

又一日上课，一学生要求上厕所，老师害怕他在厕所滑倒，前往陪护。谁知老师离开课堂期间，学生们在教室打闹，多人受伤。家长联名向教育局告状："该教师上课期间擅离工作岗位，致使多名学生打闹受伤，应严惩。"

又一日上课，一学生要求上厕所，于是该老师带领全班学生一起去厕所。家长向教育部门告状："该教师上课期间不传授学业，工作态度有严重问题，玩忽职守，不务正业，应严惩。"

这是笑话吗？

其实不是。在我的咨询当中，类似情形已经不知道发生了多少次！"熊孩子"背后的"熊家长"真的是普遍的现象。

这个既是教育现状也是行业现状。咨询师在诊治当事人的时候，老师在教导学生的时候，永远都得提防着从暗处突然蹿出来的"熊家长""熊伴侣"。

他们会指责你错了，没有咨询好，没有教好，给他们造成了二次伤害！然后对你纠缠不休，要求你解释清楚，要求你道歉，不然就投诉、抹黑你！

比如各种巨婴症患者，自己的孩子都已经休学数年，自己的婚姻也走到了绝境，要我帮他们调整家庭关系，调理他们的孩子。来之前把我视为救命稻草，但第一次咨询结束之后就变了。夫妻俩回家又吵翻天，然后妻子迁怒于我。

最麻烦的是那些从小被溺爱、无法无天，成年后与父母关系恶劣的成年人。因为学过一堆课程，所以能将心理学原理讲得头头是道。一旦进入深度咨询，就会和老师对抗，还振振有词，老师得接纳他，无条件地包容他！一旦没有他想要的包容和接纳，那就是冷漠，就是老师职业素养低下！如果谁敢和他对抗，敢去逼他，逼他把焦点放到自己身上，逼他不要去管老师怎么样，只需要听话照做，甚至还斥责他……那他就会对咨询师暴跳如雷。

当然，"江湖"风险经历多了，我也淡然了。只有那些对我很信任，可以让我教训的学生，我才敢用"骂"的方式。

对于接纳、包容、爱，我太懂了，心灵圈子天天说这些。管教学生，批评学生，直接说出对当事人、学生的真实看法，对于现在的咨询师来说，确实风险太大了。

我经常说，真正愿意帮你、管教你、协助你成长，甚至愿意救（骂）你的老师，都被你亲手给掐死了。所以，作为咨询师的我，不做点防备还真不行。谁知道什么时候会有人打上门？

我在这个行业干了十年，太清楚职业风险了。当然，我也清楚如何规避这些风险。只要我永远不去碰触你的实质性问题，不挑战你，不和你针锋相对，永远心怀大爱，悲悯地看着你，然后告诉你"你要放下，你要去爱，要去宽容，要去接纳"，那我就是安全的。

简单说就是，永远不要介入。

这不是玩笑话，这是我曾经的导师对我的教诲。

我是个自由职业者，有接待或不接待当事人的权利。而且，面对这些"熊家长"或"熊伴侣"，我也有奉陪到底的能力！

我不知道这是我的幸运，还是不幸。

【有问】听了还是蛮难过的，不过确实很无奈。老师有心做一个"严师"，奈何当事人不要。有心真正地帮助当事人，奈何当事人也不要！

严师尚有，但需自求

我们是以"消费者"的心态来消费教育还是以拜师求学的心态来受教于老师？

当学生准备好了，老师自然会出现。学生要准备的，就是受教的心。无此，再好的老师，对你也是无效的。

【有问】老师，严师难求，那作为有心求学的学生该怎么办呢？

【有答】现在这个社会，好的老师是可以找到的，只是不被珍惜。网络上充斥着大量唾手可得的资讯，包括教育资讯，各式各样的"导师"恨不得把自己塞进消费者手中。似乎现在我们足不出户就可以获得想要的一切，连最好的"教育"都可以从互联网下载。

我们来看看"教育"两个字在《说文解字》中是怎么解释的——教，上所施下所效也；育，养子使之作善也。

仅仅"教"就得"上所施下所效"，更不用说"育"了，还得"使之作善"。这很明显地告诉我们教育是雕琢，是淬炼，也是锻造与磨砺，唯有如此，才能真正塑造出人才！

在家里固然可以下载到各大名校的课程视频，或者学习各种在线网络课程，戴着耳机，有一搭没一搭地听着，但那只是知识习得而已。

知识的习得固然重要，但人的品性、品格的塑造更为重要！

就好比你听一万遍马云的演讲，看再多阿里巴巴的创业史，知道再多华为的内幕，对"互联网+"、区块链、人工智能、资本运作如数家珍，又有什么用呢？这都不会让你成为马云或者任正非！

因为你缺乏一个东西，那就是被雕琢与被淬炼的过程！

《孟子》早就道破了这里面的秘密："天将降大任于斯人也，必先苦其心志，劳其筋骨，饿其体肤，空乏其身，行拂乱其所为，所以动心忍性，曾益其所不能。"

所以，想让孩子成才，必要的磨炼是不可少的。这些磨炼使他内心触动，性格变得坚强起来，增长他的才干。

现在市场上的老师，几乎有求必应，都变成消费导向型导师了。老师已不能按照自己的意志与计划和教学实践去践行自己的教育理念。

反正每个人来，都是一番赞美，你好我好大家好，就天下太平，各自欢乐。

所以，当我们困扰于自己，同时也困扰于孩子没有明师的时候，不妨反过来想想：我们是以"消费者"的心态来消费教育还是以拜师求学的心态来受教于老师？

简单说，就是你把自己放在学生还是"消费者"甚至"上帝"的位置上？

内家心理学也是如此，对那些行动力、执行力都很强的当事人，给他们咨询的时候，只需要一两句话就可以了。有一些当事人，他们基本上都会定期约我聊一聊，说是咨询，更多的时候是探讨。

他们本身已经具备极强的内省能力，但还是喜欢定期地找我聊聊。其实也没有什么特别的诉求，就是看看能不能从我的角度给他们一些建议。很多时候，我只是表达一两个观点，启发他了，他就认为足够了。

不可否认的是，有些人就算你费尽口舌，他还要责怪你没用他能听懂的话说给他听。实际上，每次都让他听明白了，并且确认他已经听懂了。只是一转身，他就否认你所做的一切，包括你给他做的心理治疗与各种解析。

实在没有借口可找了，他会说反正你没有办法让我变好，那就是你的不对！为什么你当时不逼着我去做？为什么不坚决地阻止我、要求我？

这样的学生一旦出现，就会逼疯老师。他们会因为自己心情不爽，否认你和他这些年来的所有努力，然后轻易地迁怒于你、归责于你！

这里有个共同点，改变巨大的学生，身上都有一个同样的特质，那就是能受教，也就是听得进话，把力用在自己身上。当学生准备好了，老师自然会出现。学生需要准备的，其实就是受教的心。否则，再好的老师，对你也是无效的。

【有问】明白了，谢谢老师。我终于明白了，为何有些当事人（学生）我们是帮不了的。

是老鼠圈，其所自觉

当整个家庭都陷入这些"老鼠圈"时，如果这个家庭识别不出这个怪圈，只是下意识地拼命做、拼命学，不去做系统性思考，不去做战略性思考，只顾着病急乱投医，结果当然是从一个坑掉进另一个坑里。

【有问】老师，关于家庭教育这块，今天要和我们讨论什么话题呢？

【有答】为了方便大家理解心理学的规律，今天我和大家讲述一个新概念。

在十年的心理咨询从业生涯中，我发现了一个心灵规律：人之所以没有办法把生活过成想要的样子，一定存在着某个非理性的信念，这个信念在其潜意识里深深地左右着他。或者说一个人之所以让自己的生活逐步陷入某种无力解脱的困境，必然有其偏执的核心信念在潜意识里控制着他，甚至带着他的整个家庭逐步偏离原本可以预期的幸福生活。

他本人对被这个信念左右的无意识行为，要么完全没有觉察，要么认为它理所当然，甚至为之辩解并竭力维护！

虽然这些行为是偏差错乱的，是非理性的，是明显有问题的，但因为这是他从小到大所熟悉的方式，甚至可以说是其原生家庭环境培养出来的最安全的行为模式，这也可能是其原生家庭的注意力所在，或是症结所在，而这个症结可以称为这个原生家庭的盲区。

人一旦长期身处这个盲区，自然就会适应这个盲区，随之形成潜意识的思维习惯，形成他的思维逻辑与行为模式。

一旦形成这个思维逻辑和行为模式，自然又会影响他的下一代。所以，这个盲区实际上在家族内部不停地被复制、被传递，身在其中的人却很难识别出来，更不用说跳脱出来。

这也就是"入芝兰之室久而不闻其香，入鲍鱼之肆久而不闻其臭"吧。信念如是，个人气质如是，家风亦然！

这里我想引入一个新名词，就是情商的"老鼠圈"。此处"老鼠圈"，是我借用财商里的一个概念。很多人会陷入越努力越贫穷的怪圈，或者只要不工作，整个家庭就会立刻陷入困顿。简而言之，人无法让财富为自己工作，自己终生被束缚在为财富而工作的枷锁中。这就是家庭财商上的"老鼠圈"。

　　同样，在个人成长、在家庭教育上，也存在着这样的情商"老鼠圈"。比如，当事人小茜，她很善良、朴实，长得也甜美可爱，有着广东客家人特有的勤劳。她的先生也是人人称道的谦谦君子，为人急公好义、乐于助人，两个人是自由恋爱结的婚，应该说有一定的感情基础。

　　但无论小茜怎么努力，夫妻俩的相处却是每况愈下，怎么都处不好。在小茜看来是先生冷落她，忽略她，甚至看不起她，后来开始对她使用暴力。曾经对这个儿媳抱以厚望的家公家婆，现在对她避之不及。最让她伤心难过的是，她自己的父母，也是能躲多远就躲多远，从来都只支持她老公，不支持她。

　　最终的结果就是夫家、娘家两个家族里面大大小小的人都在回避小茜，要么爱莫能助，要么敬而远之。

　　小茜在这个"老鼠圈"里不停地循环，不仅面对亲人如此，面对任何靠近她的人，她都会掉入这个"老鼠圈"。结果就认为别人都欺负她，她就是个受气包。实在受不了就开始反抗，而反抗又经常以剧烈的方式展开，最后弄得两败俱伤。她学不会和平解决问题，又不懂得有理有节地据理力争，更不用说化干戈为玉帛了。

　　这就是小茜的"老鼠圈"，也是她的苦难之所在。就像我在电影课《万箭穿心》里面讲的女主角李宝莉的"老鼠圈"，当她没有能力识别自己的怪圈时，她越是努力，整个命运就越往下坠，穿心的箭就一支又一支地直插心窝！

　　对于休学的孩子而言，无论父母怎么努力，上了多少课程，孩子就是不去上学，就是不出去工作。此时，孩子的常态就是拒绝，拒绝父母认为所有"正确"的事情——这是家庭里面的"老鼠圈"。

　　虽然这些"老鼠圈"看起来千篇一律，退缩、叛逆、休学、失学、失业、啃老……这些家庭都经历了从孩子进入叛逆期，父母对他的管教失去效果，失去约束，最终到完全失控，孩子处于某种负面状态之中，无法进行合理干预的过程。

　　孩子最终的状态就是消沉、萎靡、烦躁、暴力、对抗，等等，甚至产生各种心理疾病与精神问题！

　　这个"老鼠圈"持续越久，这个家庭就越绝望。因为他们始终没有发觉自己家庭的"老鼠圈"，不知道自己如何创造出了"老鼠圈"，更不用说找到改变的那个契合点了。每个家庭形成、滑入这个"老鼠圈"的过程都不太一样。当整个家庭都陷入这些"老鼠圈"时，如果这个家庭识别不出这个怪圈，只是下意识地拼命做、拼命学，不去做系统性思考，不去做战略性思考，只顾着病急乱投医，结果当然是从一个坑掉进另一个坑里。

　　本书的"父母篇"系列里，到目前为止写的大部分都是战略性问题，就是先把思路厘清，把原理说明白，让大家知道调理辍学孩子的思路是怎样的。你认可了，再谈具体做法。你看明白了，再谈细节。不然你东抓一下、西学一点，那是盲人骑瞎马，永远没有机会走出自己家庭的"老鼠圈"。

　　我们的工作就是找出这个关键的"老鼠圈"，并使之呈现出来。这个话题，我们下一节再细谈。

　　【有问】明白了，谢谢老师。

是老鼠圈，其无所效

他会一直很努力，因为"很努力"让他感觉非常好，非常踏实！他很喜欢"很努力"的感觉，甚至可以说，他在潜意识里迷恋上了"很努力"的感觉。至于问题有没有解决，于他来说反而是不重要的。

【有答】我们今天就举几个实例来说明什么是家庭教育上的"老鼠圈"。

就以一个被退学的孩子的家庭为例吧。小萍来找我之前，孩子已经失学了。这个失学有点少见，因为她的孩子才9岁，属于"被失学"。年龄虽小，"问题"却很大。

如果这些"问题"没有处理好，等孩子进入青春期，叛逆的劲头一上来，问题会更大。那时，孩子从公立学校被退学，去了私立教育学堂，却又被退了回来。

孩子在公立学校里不听话、不守规矩，在私立学堂里也是如此，老师怎么教都教不会，所以只能让他退学了。

看起来似乎是孩子有问题。但我经常会问家长一个很直白的问题，孩子是谁生的？是谁养的？既然是你生的，也是你养的，那你的孩子为什么会这样呢？

问题的根源在哪？小萍在孩子的叛逆期之前就发现"问题"了。那么多青春期出现问题的孩子，难道真的只有青春期到来时才出现问题？青春期不过是过去积累的问题的爆发而已！

小萍有一个"优点"，就是能很快地发现"问题"，然后在第一时间、很努力地去解决"问题"。所以，她的孩子在学校里面，老师一反应孩子有问题，她就立刻踏上求助的道路，踏上"伟大母亲"为了孩子去学习改变自己的道路。

从2014年2月开始，小萍就跟着某个心理机构学习。那时，她的孩子才4岁半。

学习了4年之后，她发现孩子还是那样。到了孩子9岁，问题更多了，她还是搞不定。然后就想办法，把孩子从公立学校转到外面的私立学堂，开始接受另外一种教育理念。最后又被退学，然后找到了我。

我这么说，大家可能听不出来有什么问题，会觉得这个妈妈很勤奋啊，为了孩子也够拼的，这样的妈妈有什么不好吗？

说实话，小萍到我这里求助的时候，整个人都绝望了。她不知道为什么会这样。从孩子那么小，自己就开始学习各种教育理念，怎么越学孩子问题越多，越学孩子成绩越不好，老师越不喜欢他呢？时至今日，孩子居然无学可上，这不该绝望吗？

好了，大家要注意了，小萍的"老鼠圈"也就在这里！

她非常难过的时候，会不停地到处求助，这看起来没有毛病。问题出在哪里？问题出在她不停地求助，但她求助的结果和她发现的问题没有一点关系。

这就很神奇了！

也就是说，她的儿子才9岁，能有什么大不了的问题？就算9岁的孩子有问题，那她最初开始求助的时候，孩子才四五岁啊，四五岁的孩子能有什么问题？为何她那么焦虑地到处去学习呢？

比如，孩子成绩不好，但毕竟才一二年级。如果她自己教不了，可以请补习老师，帮他补上来就可以了。这才是小萍最该做的事情啊！而不是舍近求远，去学什么心理课程。本来应该是解决孩子的成绩问题，最后变成"我不够爱孩子""我不够接纳孩子"这样一个"灵性"问题了。

因为"不够爱""不够接纳孩子"，所以要学会"爱"。又由"爱"的问题延伸出"我不会爱了""我承担了太多原生家庭的责任了""父母从小重男轻女""我从小背负太多的责任"等想法。

然后就很合理地开始跑偏：父亲的去世对我打击很大，因为我辜负了父亲的期待。我把全家都扛在肩膀上，现在压力太大了，我不行了。我要卸下负担，而我的老公又帮不上我，我老公没有能力。

于是诸如此类"原生家庭"的套路，就开始往自己身上"套"了。她就这样进了套子，甚至到了要和老公离婚的地步。

当然，像小萍这样的当事人，估计是很多心理咨询师的最爱。因为任何一个问题，都可以无限深挖到原生家庭里面，而且总能有所收获，于是当事人与咨询师皆大欢喜。

对于咨询师，她和当事人探讨了很多心理问题的"原生家庭"成因。对于求助者小萍，她又真的做了很多努力。

只是好像没有人记得，小萍最初是为了什么而来？她最初的问题是什么？解决了吗？

当事人和咨询师，有时候会很默契地演绎非常经典的"心理治疗"的戏码，然后各自在其中获得慰藉，至于问题有没有解决就没有人关心了。

所以，不懂得辨识当事人"老鼠圈"的心理师——充其量只是迷失在当事人的"老鼠圈"里的另外一只"老鼠"而已！

只要是务实的思路，这个问题就很简单。既然是学习成绩有问题，那就好好解决这个问题，找个好老师给他补上去。补习机构这么多，我就不信补不上去。这个老师管不了他，就找一个能镇得住他的老师。小学一年级、二年级的课程，有那么难吗？

如果是因为老师对孩子有偏见，这就不是孩子在自己的能力范围内能解决的事情，是家长的责任。这个时候需要家长出面和老师多交流，比如说经常去拜访一下老师，多沟通。找各种机会和老师接触，真诚地向老师请教，我的孩子该怎么办。人心都是肉长的，只要你的孩子不是非常调皮捣蛋的那种，我相信老师也会对你的孩子宽容点，至少不会厌恶孩子。

如果这些做完想再深入一些，那就应该去思考：我的孩子为什么会这样？他注意力不集中到底是因为什么？他是真的学不进去，真的教不会，还是我的教育方法不对？

如果他能在某些地方集中注意力，能学会别的东西，那他一定是没有问题的，只是家长教育方法的问题。这才是正常人应该有的思路，也是解决问题的正确方式。哪里需要舍近求远地上什么心理课，做什么心灵疗愈，去探讨什么"原生家庭"？

所以，我经常开玩笑说："不解决问题的心理咨询都是耍流氓！"

对于小萍来说，她这么舍近求远，原因就是她拘囿于自己的"老鼠圈"。

也就是说，她会一直很努力，而这个"很努力"会让她感觉非常好、非常踏实！她很喜欢这个"很努力"的感觉，甚至可以说，她在潜意识里迷恋上了"很努力"的感觉。

至于问题有没有解决，是不重要的。

她为什么会有这样的"老鼠圈"以及这个"老鼠圈"在生活的其他地方如何表现，我们下文再仔细探讨！

【有问】好的，谢谢老师，期待明天的分享！

破老鼠圈，对己用力

> 一个人的"老鼠圈"不仅会在一个地方呈现，还会在多个地方呈现，在对待每个同质性的事情上几乎都用同样的模式。

【有问】老师，我们还是继续讨论小萍的案例吧？

【有答】好的。我们上文说道，她会一直很努力，因为这个"很努力"会让她感觉非常好、非常踏实。她很喜欢这个"很努力"的感觉，甚至可以说，她在潜意识里迷恋上了"很努力"的感觉。至于问题有没有解决，并不重要了。

最开始我觉察到小萍身上有这个误区，是在她正式向我求助之后。

因为她的孩子已经从私立学堂退学，她正急着给孩子找下一个学堂。在第一次正式接待过小萍夫妻之后，我给他们的暂行方案是：让孩子跟着我师父一小段时间，小萍先过来跟我学习，我得把小萍调整到位，不然她的孩子会继续被退学。

小萍带孩子去见了师父，师父表示可以把孩子放在他那边练练拳。接下来好几天，小萍都没有动静。

说好的要她来找我，怎么没有动静了？结合小萍的咨询内容，我突然意识到，她肯定是觉得把孩子交给我师父，就没问题了，孩子就会被调教好，她也就不用过来跟我学习了。果不其然，我从小萍那里得到证实，她那几天的想法就是这样，认为"我的孩子有地方去了""问题终于解决了"。

小萍的这个行为就让我警觉到她的行为模式：只要有人背负她的责任，她就不用负责了。于是我立刻打电话告诉师父："这个孩子不能收，因为家长还没意愿学习改变。"

小萍的这条逃避之路一下子就被我掐断，她不得不乖乖地过来找我。

可见，一个人的"老鼠圈"不仅会在一个地方呈现，还会在多个地方呈现，在对待每个同质性的事情上几乎都用同样的模式。

小萍孩子的问题，实际上就在这里。本来就没有多大的事，只要好好教养、有问题解决问题就可以了。但她偏要舍近求远，绕了一大圈，最后没解决问题，反而使孩子的学习成绩越来越差，上课的注意力越来越不集中，越来越散漫自由、难以管教了。

那小萍为何会有这样的行为模式呢？我举一个小小的例子，可以很直观地看出她为何会如此。

当然，这个时候确实有必要探讨她的过去、她的原生家庭。在小萍上学的时候，有一个很有意思的现象。她念书一直都很努力，每天都学习到晚上十一二点。为什么每天都要学习到那么晚呢？因为父母很喜欢看到她努力的样子。她的弟弟不太努力，每次考砸后就总是挨揍。而她呢，虽然也总是考不好，但因为她真的很努力，就算成绩不好也不会挨训。

她的父母会这么想："我的女儿既然已经尽力了，那考不好，还有什么办法？""尽力了依然考不好，就不是她的责任了。"

好了，问题就在这里——"尽力了依然考不好，就不是她的责任了"。

他的父母可能文化水平不高，或者也不知道该怎么重视孩子的学习，只知道"努力了就好"。

父母的焦点是"努力了就好，结果不重要"，不去分辨孩子的这个努力到底是真的努力还是假的，不去思考为何孩子的努力会没有结果，也不去协助孩子改善结果；只是盲目地相信孩子在努力，盲目地自我安慰——只要努力了就可以，努力就应该被夸奖、被喜欢。

这就是小萍原生家庭教育的"老鼠圈"，从她的父母那里，形成了小萍的潜意识逻辑。

对于孩子的学习都是这个态度。那在生活中的所有面向，父母也一定都是这样的态度。小萍在这个原生家庭里面习得了这样一个逻辑：只要看起来很努力，她父母就会很喜欢她，不用管这个努力有没有结果。所以，她的努力可以没有结果。

很有意思的现象是，她现在的工作也契合她的心灵模式。她在某事业单位上班，每天都是忙忙碌碌，看起来很努力的样子。因为这样，她的领导也很喜欢她，总是夸她说："小萍就是标准的劳模，出不来成绩那也是没有办法的事。"

所以，她来我这里学习，也时时呈现出很努力的样子，但就是解决不了问题。

比如，我明明是这么教的，她却学歪了！前段时间我讲孩子有某些行为出现偏差，比如说撒谎了，我们要怎么调整孩子。结果呢，小萍只听到老师是支持惩罚孩子的，只记住惩罚的口诀是惩罚要对等，却完全忽略我讲惩罚之前，花了那么多篇幅写的其他家庭教育文章，例如《孩子撒谎，到底为何》等。

我明明教给她的是整个系统，或者说至少也是套组合拳，但她却只学了一招：孩子做错了要对等惩罚，而不是从整个系统去思考，从根上去纠正孩子的错误行为。

所以，你说，他们家孩子的问题，真的是孩子的问题吗？

如果父母一直无法跳出自己的"老鼠圈"，说实话，孩子被耽误几乎是必然的。

【有问】好的，谢谢老师。这样看来，"老鼠圈"不仅会造成孩子的问题，还会阻碍自己。

说老鼠圈，为何是我

> 我们都知道要培养孩子独立自主、迎难而上、克服困难的能力，但不少人根本做不到！你的意识焦点不受控地被困在这里，你孩子的意识焦点也一定在这里。

【有问】老师，请您继续给我们讲解"老鼠圈"。

【有答】好的，那我们今天继续这个话题——找出你生命中的"老鼠圈"。

当我们没有孩子或者说孩子没有出问题之前，大部分人都没有机会识别自身的"老鼠圈"。这和理财领域里面的"老鼠圈"是一样的道理。

很多人收入低，过得并不轻松，但他往往会告诉自己，"这就是命啦，有多大能力吃多少饭，这样挺好的"，或者"做什么不行，干吗要去受那个气"，又或者"健康最重要，千万别因为赚钱而把身体搞坏了"。

听起来都很对，可这只是因为还没有遇到事情。

比如小陈，她是做财务主管的。做财务的要求是什么？仔细、精确、有条理，什么都安排得井井有条。她做财务简直是太合适了，因为她完全就是这样的个性。所以，她一直愉快地工作着，并且认为这样的行为模式没有任何问题。

好，那我想请大家思考一个问题，为什么有些人做财务会做得特别好，有些人却怎么也做不好？

如果让我去做财务，我保证死给你看。真的，那些数字我一眼看过去简直一模一样。所以公司把报表给我，我从来不看，因为我看不懂，当然，对小陈来说这很简单啦！

我把小陈的这个个性，放在另外一些场景，她的问题立刻就出现了。比如小陈第一次来找我。

我所在的大厦是个老楼，她来的时候老式电梯已经坏了，一个刚刚更换的新电梯则时不时地来一个"电梯惊魂"——比如从7楼掉到4楼。进大楼一看，消防通道的标志都没有，更不用说消防灭火设施。

小陈一进入这个环境，就开始显得焦虑不安。在她的意识里，这里到处都是安全隐患。两天之后她终于忍不住说："安全责任没有小事，我一进入工作室就开始感到不安了。"

我承认我们确实没做到位，我马上把燃气热水器换成储水式电热水器，又买了两个灭火器放在工作室。我们确实应该整改，这个没有借口。安全问题处理完了，我们现在要问一个心理问题——为什么单单是小陈如此焦虑呢？这个焦虑甚至让她这两天都睡不安稳，连做梦都在害怕。

小陈身上的不安全感浮现出来了，她的这个不安全感会一直跟着她，明白了吗？非理性的、不受控的不安全感才是问题所在。

她的工作性质又掩饰了她的不安全感，她的每张报表、每个数字都要求非常精确，不能出错。

实际上她在生活中也是这样，有非常深的不安全感，这个不安全感就是她和她女儿的问题所在。

她的女儿从小到大，去哪里都让她不放心、不踏实；只有待在她的身边，她才放心。甚至在她的潜意识里，只有看到女儿甜美的睡姿，她心里才踏实。

所以她跟女儿在一起的时候永远把"安全"放在第一位，第二位才是女儿快不快乐，心情好不好。小陈刚来的时候，每天半夜三更都会打开手机，去女儿的QQ空间，看看女儿今天说了什么，状态怎么样。只要女儿今天的状态挺好，她就可以睡个好觉。

大家试想一下，如果你是她的女儿，你会怎样？

我们的"老鼠圈"就在这里。我们知道要培养孩子独立自主、迎难而上、克服困难的能力，但不少人根本做不到！

你的意识焦点不受控地被困在这里，你孩子的意识焦点也一定在这里。

每当孩子不快乐的时候，夫妻俩一定会想尽办法让孩子开心起来。孩子自然就养成了这么一个习惯：我心情不好，你们就得立刻把注意力放在我身上，就得立刻想尽办法让我开心！

所以，这个孩子缺乏解决问题的能力。"我心情不好了"应该去寻找心情不好的原因，找出问题，解决问题，心情自然就好了。简单说就是要解决问题，而不是处理情绪。

这实际上是孩子脆弱的根源，也是抗挫折能力低下的重要原因。现在很多打着心理学旗号的心理课程，却在此大灌心灵鸡汤。

小陈她一直有这个"老鼠圈"，又学了一套心灵鸡汤理论。那套理论宣扬要接纳、要悦纳、要满足，爱是所有问题的答案，美其名曰："爱宽容一切，爱接纳一切，爱平息一切。"

本来只要孩子不快乐，就会引发小陈的不安全感与焦虑感，又加上这样的理论灌输，她更是把所有的注意力都放在孩子的情绪上了。既然你把焦点都放在这里，那孩子不开心的时候你就会想尽办法逗她开心，给她煮顿好吃的，带她出去玩一下，跟她说个笑话，让她回去睡个好觉……

孩子就会形成这样一个思维模式，那就是：我只要快乐就好，我要想尽办法让自己快乐，快乐是第一位的，我面临的问题等心情好了再说！

明白吗？问题得等她心情好了再说。她不是不面对问题，而是把面临的问题放在了第二位。

当她总把面临的问题放在第二位的时候，更大的问题就会出现，她要怎样才能培养坚忍不拔的品质？怎样才能培养迎难而上的勇气？怎样才能学会长久地忍耐？

我们身上拥有的卓越品质，一般都是在逆境中锻炼出来的，都是违逆着情绪，甚至逆着我们的习性锻炼出来的。总把自己心情放在首位的人，是不可能被培养出卓越品质的。

孩子在生活中如果没有违逆自己情绪的"逆商"，没有积累卓越品质的能力，随着他的成长，面临的问题就会越来越多。而问题越多，他的情绪就越不好，越不受控，最终陷入恶性循环。

最后的结果就是，当他还想让自己保持好心情的时候，就只能加大爱（包容、接纳）的容量或者安慰剂的剂量。

这个安慰剂，对于女孩来说可能是网络聊天、看网络小说、买手办等；如果是男孩，可能是吃喝嫖赌。这不是我在危言耸听，而是已经发生的事实。

【有问】确实是这样，这样的现象我们已经见得太多了，真的是触目惊心。

孩子空心，父母无主

真正的问题是"不愿意""不喜欢""不渴求""不珍惜""没动力""没价值""没意义"，即目前社会上比较流行的"空心病"。

【有问】老师，我发现自己也有"老鼠圈"，可我不知道该从哪里入手去改变，请您再多谈谈！

【有答】好的，我用了四节向大家介绍"老鼠圈"，分析了"老鼠圈"是如何阻碍家庭的。我用了好几个案例来举证，父母是孩子问题的根源，这个根源的问题不解决，要去改变孩子是不现实的。

成年人因为自己的问题而来求助，说明他是有改变意愿的，或者说他苦于这种状态太久了，改变的动力比较强。因此，改变这样的当事人相对容易些。

最困难的是孩子不愿意改变，甚至不愿意直面自己的问题。

现在的家长过于关注孩子，太在乎他的得失，总是给他很多东西，导致孩子没有欲望，没有动力。这才是现代亲子问题的死结。这个部分我在《父母短视，教育必败》一文中已经做了部分阐述。

现在的问题不是你能给孩子什么，也不是孩子的心理疾病（抑郁、强迫、躁狂、焦虑等），不是浪费机遇，不是耗费时光，更不是孩子上不上学这些问题。

真正的问题是"不愿意""不喜欢""不渴求""不珍惜""没动力""没价值""没意义"，即目前社会上比较流行的"空心病"。

北京大学学生心理健康教育与咨询中心副主任、总督导，精神科主治医师徐凯文曾在一次演讲中谈道："30%北大新生竟然厌学，只因得了'空心病'。"

北大的学生尚且如此，不知道你的孩子能否逃脱得了？

徐凯文在演讲中提到了一个很重要的现象，节选一部分供大家参考。

在一个初步的调查中，我对出现自杀倾向的学生做了家庭情况分析，评估这些孩子来自哪些家庭、什么样的家庭、父母是什么样职业的孩子更容易尝试自杀，答案是中小学教师。

这是一个38名学生的危机样本，50%来自教师家庭，而对照组是没有出问题的孩子。教师家庭还是很成功的，其中来自教师家庭的占到全部家庭的21%，问题是为什么教师家庭的孩子出现这么多问题？我觉得，一切向分数看，忽视对学生品德、体育、美育的教育已经成为很多教师的教育观。他们完全认可这样的教育观，对自己的孩子变本加厉地实施，这可能是导致教师家庭的孩子心理健康问题高发的主要原因。教育商品化以后，北大的钱理群教授有一个描述和论断我觉得非常准确，叫作精致的利己主义者。

精致的利己主义者是怎么培养出来的？如果让我回答这个问题，我想说的是，我们这些家长和老师，也许就是精致的利己主义者，而孩子是向我们学习的。

徐凯文老师说对了，不过他说得比较委婉。

为什么说"也许父母就是精致的利己主义者"？大家可以用下面一些问题自我检视一下。

孩子在家做家务吗？基本的家务，如煮饭、做菜、洗碗、扫地，会做吗？自己的房间能否整理干净，保持整洁？

——如果不会，他凭什么可以不做这些基本家务？身为家庭一员他凭什么饭来张口、衣来伸手？

家里的东西坏了他会主动修理吗？看见父母做家务，会主动搭把手帮忙吗？父母下班回家会主动问候父母吗？会体谅父母吗？会为父母端茶倒水吗？

——这个家是大家的，父母那么辛劳他凭什么不帮忙？身为子女，问候父母、体谅父母，做自己力所能及的事情，不是他应该要做的？

他的脾气好不好？长辈的话能否耐心地倾听？父母的呼唤能否及时应答？父母明令禁止的事情能否自觉遵守？对长辈是否尊重？待人接物如何？与大家一起外出能否照顾别人？能否尊重别人？能否让陌生人对他有基本的好感？

——孩子有什么资格对父母大呼小叫？父母的管束他凭什么不要听？长幼有序，不然他到社会上能和谁相处？他知道做什么事情是合适的，什么事情是不合适的吗？难道社会上的人也得按照他的意图或者他的标准来适应他吗？而且给人基本的好感、观感，本来就是一个人的基本礼节，他凭什么可以不管不顾，肆意妄为？

他说话算数吗，答应的事情能做到？能否重视自己的承诺，做不到是否有愧疚的情绪或者歉意的表达？有守时的习惯吗，比如和别人约定的时间能否准时到达？没有准时到达能否主动告知并且道歉，还是任由别人在那里等待？

——人无信则不立，一个人如果连这些最基本的素质都没有，他能做成什么事？以为学习好就不得了，就是一切了？

对于不如自己的人，比如考试不如自己、运动不如自己、天赋不如自己、家境不如自己的人，是保持同情并且施以援手，还是以把别人比下去而沾沾自喜？对于弱者或弱势群体是厌恶、恶心、嘲讽还是同情悲悯并施以援手，或者至少愿意靠近他们并不以为高人一等？

——人可以不优秀，但不能不善良。善良不需要你有多大爱，说得多好听。善良就在你对待不如你的人的态度上、言行里。

有没有自己解决问题的能力，比如对于遇到的困难（学习上、生活上）是自己想办法解决，还是在那里等待父母，要求父母帮自己解决？如果自己实在解决不了，能否主动求助，求助于同学或老师时能否自行沟通并解决好？

——人不必能力很强，更不必面面俱到，但遇到问题要学会自己想办法，去行动。不会也没有关系，求助是一个人最起码的担当和责任，也是智慧与能力的来源。我们往往会把某些天赋、小聪明当作能力，当作成功的要素，有能力却没有智慧，再强大也只是书呆子。

上面这些问题都很难吗？不就是我们自己以及孩子应该具备的品质吗？

如果上述事情，你的孩子多数做不到，那你得问问你自己，为什么你的孩子不具备这些基本素质？你为何允许你的孩子这样？如果我一直逼问下去，你可能会很难堪。

再直白一点，上面我说的这些，其实就是我们传统文化里的"仁义礼智信"，这是身为中国人骨子里该有的品质！

如果这些都没有，孩子就算获得了所谓的"成功"，也不过是精致的利己主义者，他的空心是必然的！

只是现代人都不怎么谈"仁义礼智信"，觉得说这个就好像古板、老套、陈腐。这不仅仅是语言的腐败，更是思想的堕落。

如果我把"仁义礼智信"用内家心理学的语言进行一番诠释，你还会认为是古板和过时的吗？

仁：恻隐之心，也就是悲悯心，同理心。

义：该做的事情要做，不该做的事情不要做。

礼：规则意识、懂规矩、守礼仪。

智：解决问题的能力。

信：说到要做到，守诺重信。

这个版本的"仁义礼智信"我们还会认为不重要吗？我们在孩子的养育当中是否落实过？中国几千年的儒家教育都在塑造这五个品德，它能不重要吗？

所以，各位父母如果还找不到自己的"老鼠圈"，或者说找到了但不知道怎么突破，那么今天这个主题就是你真正应该为之努力的方向，让自己往这个方向努力，也这样去教导自己的孩子！

这个主题也是我常说的家庭的核心价值观。把这个立为这个家庭的本，这个家自然就会往好的方向走，自然会越来越顺！

【有问】明白了，谢谢老师！

父有底线，子有价值

做人难道不应该坚守一些基本的底线吗？

只要这个基本的价值观深入自己的信念，你的孩子就坏不到哪里去，我们所有的调整也有了主心骨。

有了底线之后，孩子才有向好的可能，才谈得上慢慢调整。不然就算孩子继续去念书并考上了大学，又有何用？

【有问】老师，我们在生活中确实没有注意孩子的这些问题。我一直以为等他长大了自然会好，自然就会懂事。我真没想过，这些是很重要的。

【有答】是啊，其实这点我已经提醒你很多次了，但显然你没有往这个方向去内省，去警觉，去用力。

之前你是如何对待孩子的？在"为了孩子好"的名义之下，你干了多少溺爱孩子、把他当"小皇帝"的事？

孩子宣称自己睡觉怕吵，在他睡不着觉的时候，你就警告全家人都不要发出声音。甚至奶奶要过来看一下，你都拒绝了，因为孩子不喜欢见奶奶，嫌她的动静太大！

还有，在你孩子趴窝、休学的那段时间里，你是怎么做的？极尽可能地宠溺他！他早已是青春期的大孩子，你却一句重话都不敢说！他对客人无礼，对长辈无礼，你以他有抑郁症为由给予包容，给予接纳，而且要求周围的人都体谅，因为你的孩子趴窝了。

他吃完东西把饭桌搞得乱七八糟，客厅到处都是垃圾，他也无须顾忌，更不用说收拾。对于来到家里的客人，他都无视，完全不搭理，更不用说其他礼貌了。

孩子不会建立关系，没有朋友，你居然费尽心思请他以前的同学来家里陪他玩。你们不在家的时候，都要找个亲戚朋友过来陪他。你知道他都多大了！

只要他喜欢上什么，你们就高兴得不得了，难得他还能喜欢什么，所以只要他想买的东西，哪怕是几千元甚至上万元的单反镜头，你们眉头都不皱一下就给他买了。还有上次他一个人去欧洲旅游，一趟下来大几万元也就没了。

在他情绪低落的时候，打电话给你，你再忙都要接他的电话，甚至还费尽心思地理解他，宽慰他。实际上你接他电话的时候常常紧张焦虑，甚至不耐烦。

一言以蔽之，就是因为他休学了，有病了，他才这样，因此要体谅孩子。这根本就是本末倒置，你把孩子培养成这样，他才会动不动就趴窝、抑郁、想死，像纸糊的一样，一点抗干扰、抗挫折的能力都没有。正因为他没有这个能力，所以才什么都过不去：情绪过不去，别人的打扰过不去，学习的压力过不去，人际交往的困难过不去，反正什么都过不去。所以，他不趴窝谁趴窝？

我从事心理咨询这么多年，抑郁症的案例我见多了，心理问题严重的当事人我也见多了，这些心理问题都可以被干预、被治疗。

有病咱就治病，有心理问题咱就干预。但是做人的基本规矩、基本礼数或者说做人的基本素养，这跟心理问题并没有什么关系。难道因为他有心理问题，有抑郁症，就可以对人无礼了？因为他有心理疾病，就可以狂妄自大、目中无人？因为他受伤了，全世界的人就都得来爱他、都得让着他、都得呵护他？因为他受伤了，连奶奶都要忍受他的无礼？因为他有心理问题，这个家就与他无关，他爱干啥就干啥？因为他要死要活，就可以为所欲为，这不就是"我弱我有理"吗？

所以，我一直告诉你，你孩子的问题，休学只是结果，不学习只是结果，抑郁症也只是结果。问题出在家教上，更出在你们骨子里的价值观上！是什么让你们的认知这么狭隘和功利？是什么让你们任由孩子发展这些行为？是什么让你容忍孩子的无礼、狂妄、蛮横、冷漠、自私、脆弱？

当然，你会回答我，因为你爱孩子！可是谁不爱孩子？你找到了一个理由，你爱孩子，你怕孩子会死。所以，你竭尽所能纵容他、溺爱他。在你的逻辑里，只要不这么做，孩子就会生病，就会不开心，就会想死，就会……可是生而为人，真正重要的是什么？做人难道不应该坚守一些基本的底线吗？

我告诉你，我爸爸当年是怎么做的。

我记得很清楚，那是我即将去城里上中学的前夜，正是我青春期的时候，我爸爸把我叫过去，和我进行了一番非常严肃的谈话。

我是1993年上的初一，那个年代的社会变化非常剧烈，在港台文化冲击之下的小城镇，到处都有歌舞厅、游戏厅、录像厅、发廊等，诱惑着我们这些从农村初来城镇的中学生。我们这些农村娃，有很多在去城里上学之后就开始失控。学坏的，不念书的，打架斗殴、夜不归宿的比比皆是，早恋现象也屡见不鲜。我熟悉的同村孩子，在那个年纪都离开了学校，很少有能继续读书的。

我父亲当年的那一番话，至今依然镌刻在我的心上。

他非常明确地告诉我："你学习好不好我不管，你想学就学，不想学就回来跟我去做工。但是你做人得给我做好，我不允许你学坏，不允许你和那些流氓打交道。如果你学坏了，那我今天就告诉你，我不会像你某某伯那样，教训儿子结果儿子居然敢还手打老子。我是不会给你机会还手的，我会亲手把你送到公安局！"

我非常清楚，爸爸是认真的，因为他一向是这样的人！他一直都要求我们做好人，不要给家族丢脸。所以，从那天晚上开始，我就牢牢记住了我爸给我画下的红线。

"我不允许你去歌舞厅、游戏厅、录像厅，我要是看到你去了，你哪只脚跨进去的，我就打断你的哪只脚！"

从此，爸爸的这些话成了我一辈子的铁律。我也把我爸爸的这番教导，送给大家。

一个很简单的道理，如果你的孩子学坏了，不服管教了，要他何用？满足你的爱，你的包容心？让你看起来是个好妈妈（好爸爸）？

这些很难做到吗？我爸爸他只是个农村人，并不懂得什么高深的教育理念。但就是他这样一个很朴素的观念，让我受益至今。

只要这个基本的价值观深入自己的信念，你的孩子就坏不到哪里去，我们所有的调整也有了主心骨！有了底线之后，孩子才有向好的可能，才谈得上慢慢调整。不然就算孩子继续去念书，考上大学了又有何用？

反正你今天骄纵的，明天社会会教训他的！

【有问】是的，谢谢老师，我得好好想想！

合道而行，进入关系

根本立住了，再训练他的学业、专业等能力，才有了稳固的基础。不谈自己的道，回避自己的良知，试图通过大爱与包容、自由与接纳来对待孩子的教育，或者只是单一地重视孩子的学业，认为只要提高学业成绩，孩子未来就会有出息，那真是舍本求末了。

【有问】老师，请您再谈谈关于底线以及"父母有底线，孩子就有价值"这个话题。

【有答】好的，其实，我反复在讲这样一个主题——做人的底线原则，人应该具备的基本的、起码的道德准则，或者说伦理原则——儒家说的"仁义礼智信"，因为这是人与人之间建立关系的基本守则。

如果要用心理学的语言来解释，其实就是中华民族在几千年的时间里沉淀下来的、人与人之间默认的、也都会遵守的心灵契约。遵守了，在潜意识层面（包括集体潜意识层面）代表你是有利于这个社群的生存的，社群自然会接纳你，视你为同族。违反了，就代表你是不利于这个社群的生存的，社群自然排斥你，视你为异类。

现代父母匆忙地接受西方心理学的那些东西——爱、自由、包容、接纳、感恩、平等，还有一些心理学的新概念——原生家庭、伤害、创伤，以及各种心理问题，唯独忽略了中国传统文化中做人基本的道德准则与伦理原则。结果就是捡了芝麻丢了西瓜。看起来都是非常努力的父母，也很爱孩子，结果却让孩子与这个社会格格不入，导致孩子在社会化、成人化这个关键阶段的停滞与缺失，最终出现退行现象与各种心理问题，出现心理疾病自然也就不足为奇了。

西方心理学的这些理念是很不错，但它毕竟没有完全融入中国的文化，没有融入集体潜意识，没有成为我们的共识，更不是必须遵守的心灵契约。

其实很多人都不明白传统文化重要在哪里。他们解释不清楚，但从潜意识研究的角度，我们可以深刻地明白"仁义礼智信"的重要性。

当然在新时代下，传统的"仁义礼智信、温良恭俭让、忠孝勇恭廉"也即传统的伦理规则、道德守则，它应该是与时俱进的，这也就是我们当前社会的价值标准与规范，即社会主义核心价值观。

不谈自己的道，回避自己的良知，试图通过大爱与包容、自由与接纳来对待孩子的教育，或者只是单一地重视孩子的学业，认为只要提高学业成绩，孩子未来就会有出息，那真是舍本求末了。

问题就出现在这里，所以根治也得从这里开始。

我调整失学少女小雪（当然包括成人），也是从这里开始的。前几天有位休学孩子的家长来找我咨询，看到小雪在工作室里忙碌，悄声和我说："老师，您要是能把我的孩子调得像小雪那样，我就知足了。"

那小雪现在怎样了？她看到小雪在阳台洗、收、叠工作室的被褥，看到小雪礼貌热情，还去市场买了菜回来做饭给大家吃，手脚麻利得很。

可是在孩子休学之前，大家不都觉得自己的孩子智商高、学习好、前途无量吗？我这里接待了好多从名校里退学下来的、没有动力的孩子，还有从名校毕业包括从外国留学回来后就啃老在家的"老孩子"。实在是触目惊心！

这些父母来找我的时候，只剩下最后一个要求："老师，您能让我的孩子出去吗？只要他能出去就好了！"

我经常告诉这些父母，要从小事上调整孩子，从小事上拿回主导权，要在小事上练习。练习什么？练习把他缺失的这些基本品格、道德守则、伦理原则重建起来，用儒家的标准就是"仁义礼智信"。当然，我也将传统文化里的儒家五德用现代的语言进行了诠释，这样方便大家在生活中落实。仁，恻隐之心，也就是悲悯心，同理心。义，该做的事情要做，不该做的事情不要做。礼，规则意识、懂规矩、守礼仪。智，解决问题的能力。信，说到要做到，守诺重信。

事实上重建儒家的五德是有步骤的，其中比较好入门的是礼，如礼貌、礼仪、规矩、规则。只有重建好这些，他才能被这个社会、被关系重新接纳，而后才有"成人化""社会化"的可能。

我们的重点不是围绕念书和学业，重点是品格，是道德守则和伦理原则。

道理非常简单，根本立住了，再训练他的学业、专业等能力，才有稳固的基础。现代家庭其实都本末倒置了，也就是上文讲的"空心病"产生的最根本原因。

你们现在看到的小雪手脚麻利、面带微笑、脾气温和，不管你认不认识她，也不管她到底有多少本事，但至少你对她的印象不错，甚至还挺喜欢她。如果只是简单地交往，至少她不会让你不舒服，你还愿意和她交往。

你知道这对小雪有多重要吗？这对一个曾经失学（休学）的少女，一个完全在溺爱中长大的孩子，一个曾经缺失社会能力的少女，有多重要吗？

她之前从来不知道，为何自己失学之后会屡屡碰壁。她以为自己可以走入社会，可以在社会上创建一番事业与功绩，她完全不知道问题出在哪里。

她现在体验到，原来问题出在这里。以前别人和她交往的时候，自然而然地就不想理她了，就会冷落她甚至不尊重她。这些让她特别受伤，最终就不想和人交往了，这也是她休学在家，拒绝和人接触的一个重要原因。

之前，小雪不知道为何大家自然而然地忽略她，都看不到她的努力，看不到她很认真地想融入集体，也看不到她在讨好身边的这些人。

为什么？因为她身上散发着自私自利的气息，不会去考虑他人需要什么，不会去体会别人的辛苦，不会主动帮助别人。更不用说她出现的时候，总是给别人制造麻烦。

之前我要求她，见人要打招呼，要微笑，同学来了要指引，要协助有需要的同学沟通情况。她嘴巴上答应得很好，但很快就会推托：我今天心情不好，我昨天没睡好，我还没吃完晚饭，我等下要洗头，我今天晚上要和妈妈打电话……反正一堆的理由。

试问，这样的小雪，谁愿意靠近她？就算她再聪明，再漂亮，学习再好，那又怎样？

一个人身上如果没有形成这种自发的、为他人考虑的习惯，与人方便的思维，以及看不到别人的需要，感知不到别人的不容易，不愿主动去助人，她的人际关系必然是糟糕的。

真以为这些道理，只需要教，只需要说，然后孩子就会了？如果这样，未免太简单了。

【有问】明白了！谢谢老师！

成才关键，自主意愿

> 学习的效率、吸收内化的效率，和自主意愿、主动意识成正比。决定一个人成就的高低或者能否幸福，其实就是看这个人能否终身学习，能否真正学以致用，而不是能否应付考试。
>
> 所以，过于功利性的教育和家教，看起来很重视学习，却是以抹杀孩子学习的主动性为代价的。

【有问】老师，您还是再多谈谈父母的功利心与孩子的"空心病"之间的关系吧，我发现我们家确实就是这样的。所以，请老师放开来说！

【有答】其实就如徐凯文老师所言，孩子若得了"空心病"，几乎都是因为父母身上精致的利己主义作祟。

如果不是这种利己主义行为，怎么会不先培养孩子这些最普通、最基本的道德品格、行为规范？怎么会让孩子养成那么多劣习？

问题的关键是，这些基本的教养、素质，你为何视而不见，只奢求孩子回去学习就好？甚至一心想着孩子还要考大学。最后绝望了，认为孩子能出去工作就好了。很多父母到最后绝望了，只求孩子能出去工作，别窝在家里就可以了。

我有时候挺挺生气的。我每次都明明白白地告诉大家，对于我们的孩子，对于我们个人来说，这一生到底什么才是最重要的。我每次在课程上都和大家论述核心价值观，而核心价值观实际上都在对人对事的态度当中体现出来。但很多家长就是不以为然，他们更关心孩子的分数。

核心价值观才是最重要的，而不是孩子明天怎么学习、怎么上学、怎么补习、怎么考试的问题。为何大家的思维都陷入如此境地呢？我觉得这是教育的悲哀。

这实际上也让我们的教育陷入了悖论。

学习的效率、吸收内化的效率，和自主意愿、主动意识成正比。而被动式的学习，无法激发自主意愿、主动意识，那真的只是知识的搬运工而已。决定一个人成就的高低或者能否幸福，其实就是看这个人能否终身学习，能否真正学以致用，而不是能否应付考试。

所以，过于功利的教育和家教，看起来很重视学习，却是以抹杀孩子学习的主动性为代价的。孩子不知道自己为何而学、要学什么、这个学习与他的生活有多大关系。

这里的不知道，不是指孩子头脑的不知道。道理孩子都知道，这里是指你的行为、你的回应决定了孩子无意识中对这个事情的判断。这点未来会论述到，即身教重于言传。

"空心病"的孩子为什么会厌学？因为他从小到大被要求的次数太多，在学习上已经过于饱和了。或许他从小到大都是苦熬着学习，因为他知道他必须学习，必须考上大学。这是父母的要求，也是社会的要求。

但这个学习目标真的内化为他的动力了吗？

并没有。孩子在浪费他的天赋，白费他的心血，日复一日地把他的青春和精力都耗费在他不知道有何意义的学习上。

大家不妨扪心自问，自己在离开学校之后，还有多少学习动力？还花费多少时间提升自己？对于跟自己成长有关的学习，你还有多少动力、多少兴趣、多少自发的内驱力呢？

我看现在的成年人，其实都未必有多少学习的内驱力了！我们不妨自问自答一下，这些问题就会明朗了。

只有少部分人，在走上社会之后，依然能保持动力继续学习。那是因为他在学习或者在自我进修当中品尝到了快乐与价值，这部分人最终会成为社会的中流砥柱和社会精英。

而另外一部分人，可能是因为生活境遇，逼迫自己不得不努力学习。但这个学习也仅限于与自己谋生有关的内容，无关的就没有兴趣了。

当然更多的是出了学校之后，就不再自我学习了，更不用说在学习中获得快乐了。这部分人占比最大，也即芸芸众生。

往往这部分人，也是利己主义者，因为他们没有体会过，自然就不知道什么是自发、自主的学习意愿与成长动力。

利己主义者其实都是短视主义者。只有短视的人，才只看到那么狭隘的成功范式，才会把成功狭隘化为"你什么都不用管，什么都不必会，只需管好你的学习就可以了"。

一个人的人生怎么可以只有一条通道呢？而且还是一个单行道！

所以，只有狭隘的、短视的、精致的利己主义者才不关心别人的死活；不关心公平与否；不关心孩子是否诚信守诺，是否老实本分，是否同情有爱，是否文明礼貌，是否独立自主，是否坚韧不拔。

要知道，人是群居动物，人是在关系之中的，人与人的关系定义了人本身。没有一个人可以与别人无关，一个只关注自己的人，必然被他人抗拒与抛弃。

短视的人、精致的利己主义者，必然在关系中被抗拒，被抛弃，被冷落。

所以，我们要知道什么才是最重要的！

在关系中就要适应关系，遵循关系的守则，与人形成互为滋养的关系，这样才是真正的利己。

而狭隘的、精致的利己主义者培养出来的孩子，是无法在关系中得到养分，或者说是无法进入关系，无法被关系滋养的。

如此，他不出问题才怪。因为他是不快乐的。

从小父母就教育我们，到别人家要勤快，嘴巴要甜，要有礼貌，不要大呼小叫，要尊重别人家的习惯。在别人家里，我们是客人，要懂得客人的分寸，不可以随便翻别人家的东西（礼），等等。

这些东西太重要了！这是一个人最起码的教养。如果一个人没有这些基本的教养，他以后如何与人互动？

现在出了问题的孩子，基本上都是在这些地方先出问题。因为他会发现，无论如何都很难和人相处，和谁都没有办法成为好朋友，与谁都没有办法深入交流。

这样一来，他百无聊赖，生活无趣，精神不抑郁才怪呢！一个人连基本的社会支持系统都没有，他如何能开心，如何能有价值感？

一个孩子在日常生活中，没有朋友，没有人和他互动，没有地方释放自己的精力，他晚上能睡好觉才奇怪。

当一个人的社会支持系统都是支离破碎的，他学习成绩再好，又能支撑多久？一旦他进入需要关系的年龄，就会发现生活如此不舒服、如此不愉悦，甚至是艰难的。

所以，出问题一般也都是在青春期。固然有荷尔蒙上升、成人意识激荡的缘故，但更有进入更多关系的诉求。

这些问题都不解决，他就算复学了，考上大学了，那以后呢？还不是一样困难重重！

这才是问题的实质啊！

【有问】明白了，谢谢老师！

少予方得，一多就惑

想毁掉你的孩子，最好的办法就是拼命地给予！

【有问】老师，您前面说了，一个人成才的关键是自主意愿，我非常认同。那要如何才能让孩子有更多的自主意愿、学习动力呢？

【有答】好的，这里我得强调一下，学习是重要的。我也认同孩子在学习的年龄，最应该做的就是把学业搞好。

但对于一个人终身的成就或者幸福来说，更重要的是终身学习的习惯，或者说是自主学习的意愿。只有拥有了这些，他的成长才是可持续的，才是真正高效的。被动式的学习，只是为了短期利益，肯定难以持续，结果自然是考完就忘。

问题实际上就是出在这里，为了短期利益而学习，自然内化程度也止步于此了。更不用说去实践、检验、突破、修正、完善，并能最终建构成自己的、稳定的价值经验系统了。

当然大部分人终其一生也不会有意识去建构这样的价值经验系统。

如果没有完成这些过程，知识就只是知识而已。而在这个"互联网+"的年代，死板的知识太容易获得，很难让你真正具备竞争力。只有对知识的应用与实践，才是成为卓越人才的关键。

当然，如果要有意识地培养孩子的自主学习意愿，你需要极大的定力与耐心，还要有智慧对抗社会上的种种急躁、功利的教育形式。

这个部分，其实也是从我父亲身上体悟到的，虽然他只是一个不懂教育的普通农民。

我们家几代人都是靠上油漆这门手艺讨生活的。从我曾祖父开始，都是靠走街串巷给大户人家或寺庙上油漆赚钱来养活一大家子的。早年在我们当地还有蛮多油漆工人，都出自我曾祖父与祖父的门下。这门手艺不仅养活了我们一家子，也让很多徒子徒孙的家庭有口饭吃。我父亲年轻的时候也带过一些徒弟，那些徒弟后来也都发展得不错，在我父亲去世的时候，他们还以徒弟的身份扶灵。所以父亲身上工匠的思想是根深蒂固的，工匠要讨生活，一则凭本事，二则靠口碑！

本事我们家传的就有，口碑却要靠整个家族子弟一起去树立和维护，所以我父亲从小就非常重视我的人品与为人处世的培养。

他的教育观永远都是："你学习好不好我不管，你想学就学，不想学就回来跟我去做工。但是你做人得给我做好，我不允许你学坏，不允许你和那些流氓打交道。"

这种教育观也并非什么家学渊源或高风亮节，只是一种朴素的劳动智慧罢了。因为那个年代比较贫穷，不做老实本分的手艺人哪里讨得到生计？只靠种田养不活一家子老老少少。

也正因为这样，我父亲还真不太在意我的学习成绩。教训过我几次，都是因为我在学校里闯了祸。

记忆中有一次闯祸，父亲气得直接把我的书包甩出门外，课本文具飞得到处都是，他厉声怒喝让我以后不要再去读书了。

那个午后，我站在那里手足无措，半天也不敢挪动一下。直到父亲去午休，我才在母亲的示意之下，蹑手蹑脚地把四处散落的书本文具收拾起来。第二天一早就避开父亲，背着书包赶紧上学去了，生怕被他发现真的不让我去读书了。

那个年代的我，怎么可能用不去读书来要挟父母？哪里需要父母像"小祖宗"一样供着才能学习？因为我太清楚了，要不要读书是我自己的事。我从来没有怀疑过父亲的话，我明白只有做好人、品行端正才可以读书。

而现在的父母，其实从一开始就搞错了顺序。眼巴巴地盼望着自己的宝贝孩子能对学习感兴趣，能好好学习，能专注学习。用尽关系，费尽财力，把孩子送去各种培训班，就为了一件事——让孩子把学习搞好！

父母不知道的是，他们已经把孩子的心搞乱了，束缚住了，他对学习就不感兴趣了。

所以，孩子厌学是很自然的。

《道德经》云："五色令人目盲，五音令人耳聋，五味令人口爽，驰骋畋猎令人心发狂，难得之货令人行妨。是以圣人为腹不为目，故去彼取此。"

最蠢的父母就是不停地给予！你的孩子有眼睛也不会自主看，有耳朵也不会自主听，有嘴巴也不会自主体会（品味），天天痴迷于游戏厮杀的虚拟世界，心灵不发狂发乱才怪。孩子每次都能轻易得到父母给的一堆贵重物品，最终结果就是他永远失去了创造和行动的能力。

所以，想毁掉你的孩子，最好的办法就是拼命地给予！

看了《道德经》的这段话，就应该明白如何学习了。就是不慕这些浮华的东西，不满足于感官的刺激，只需"无为"就好，具体方法就是"去彼取此"！

什么叫"去彼取此"呢？去掉五色、五音、五味、驰骋畋猎、难得之货，自然就取到了真正的东西，孩子的眼睛就会去寻找，耳朵就会去听，嘴巴就会去品尝，心自然就会静下来，创造力、行动力自然就出来了。

用《道德经》里的另外一句话总结就是，"少则得，多则惑"！

从这个角度来说，其实我是幸运的。我父亲毕竟还是重视教育的，不像其他人那么功利，也不像有些人那么短视，早早地让孩子退学出去做工。

父亲的信条永远都是"只要你想学，爸爸就全力支持"。

父亲一开始就告诉我，他不懂我学习上的事，我想要什么，想学什么，得自己想办法；但只要是合理的，他都会全力支持！

我父亲从来不会主动给我什么，所以我从小到大都很独立。我想要的，必须自己去找。而对于我的探索，我父亲都会尊重并且支持。

父亲馈赠我两份重要的礼物，一个就是学习永远是自己的事，也即自主学习的意愿；另外一个就是独立自主、独立探索的能力。

这两份礼物让我受益终身！

这个部分后面会再细细展开，这次就先讲到这里了。

【有问】明白了，谢谢老师！道理都很简单，做到却不容易！

断食疗法，心理亦然

> "空心病"本质上是源于自我体验的缺乏。真正的主见、自我意识源于自我体验，或者说源于自己的身体体验，而身体上的体验是最深刻、最实在的。

【有问】老师，您前面说了，现在父母的最大问题是给孩子太多，导致孩子没有自主意愿，不会自行探索，没有行动力与创造力。您甚至说"想毁掉你的孩子，最好的办法就是拼命地给予"。可是，我已经给孩子太多了，他已经那样了，现在该怎么办呢？

【有答】你若自行检视到自己的行为，也观察到孩子身上的种种问题，那么我下面的比喻你可能比较容易理解。

实际上给太多，就类似于给孩子"吃"太多，远超过他在自行"觅食"情况下的实际所需，结果就会造成"积食"。

在孩子小的时候，我们经常看到只要是老人单独带的孩子，孩子一定没有食欲，甚至都不爱吃饭。孩子越不爱吃饭，不好好吃饭，他们越是在孩子后面追着喂。每次都趁孩子不注意，就把一勺饭塞进他的嘴巴里，或者费尽心思为孩子做点什么好吃的。越是这样，孩子就越不喜欢吃正餐。

当然，因为我一开始就意识到这个行为的危害，所以想办法纠正了这个行为模式，这个是后话了。

这样的行为，其实破坏了孩子正常的饥饿感，最终破坏的是孩子正常的进食动力。这样追着喂的孩子，他不知道自己到底饿了没有。没有了饥饿感的孩子，如何知道自己是否需要吃饭？如何知道自己要不要吃呢？

如果长久缺乏饥饿体验，他自然就缺失进食的动力了。

吃饭的时候大人尚且如此，学习上这些大人也一样会"喂食"太多。为了孩子能好好学习，想尽了各种办法，甚至许诺各种条件来满足孩子，就如同一个追在孩子后面喂饭的奶奶！

大人一个简单的行为，破坏的却是孩子的自主本能、自我意识——从此他不会自己"觅食"了！

很多父母认为自己的孩子很有主见或者很有自我意识，但我只能遗憾地告诉你，你孩子的那个根本不是主见，而是因抗拒生发出来的反叛，或者是因为没有了自主体验后的人云亦云，要么是无知，要么是自以为是。更严重的是被骄纵出来的颐指气使、骄骄之气。这个和真正的主见没有半点关系。

真正的主见、自我意识一定源于自我体验，或者说源于自己的身体体验，而身体上的体验是最深刻、最实在的。

最初始的体验就是进食体验——也就是吃饭这件事！

随着年龄的增长，在每个阶段孩子尽可能多做力所能及的事。这是一种难得的自身体验，要趁早多做。总而言之，要让孩子多做事。

"空心病"本质上是源于自我体验的缺乏。明白了这点，那么给太多就很好解决了，跟"积食"问题的解决办法一样——断食，让孩子饿着，饿到他自己想吃再给，并且只供应正餐。从此以后要养成习惯，他不饿就不给吃，不主动吃父母就绝对不要主动给，让他饿着。就算他想吃，也是吃多少给多少，宁可少给也不要多给！

保持适度的饥饿感，对孩子其实是好的，他会更健康！

孩子不吃饭，很多家长就是各种担心，担心孩子饿坏了、饿病了、饿瘦了等。家长宁可喂坏孩子，也不愿意让他有一点点饿。于是，孩子偶尔肚子饿了，也是吃各种零食或者外卖。

因此，当你已经给孩子太多时，你要做的就是相应地"断食"，当然得根据实际情况慢慢地断。大原则就是保持孩子适度的饥饿感，引发他自行觅食的本能。

【有问】明白了，原来这就是老师所说的"装死"，谢谢老师！

积极被动，断不是弃

> 断开不是放弃，不是失败，更不是盲目逃跑，而是带有意图的沉默，带有观望性质的沉静，是为了发起进攻的后退。表面上看起来什么都不做的，实际上却是积极的被动。

【有问】老师，为了纠正我们家这种已经偏差的教养模式，除了"断食"之外，我们还需要注意些什么呢？

【有答】其实就是我之前一直说的，要断开父母和孩子之间的"Wi-Fi"。同样都是断开，"断食"的目的是恢复孩子自主学习、自主求助的意愿，利用孩子向好的本能，减少父母过多的人工干预，从而恢复孩子的天然本性。

"断Wi-Fi"的目的就是，减少父母自身的偏差错乱或者"老鼠圈"对孩子的影响。

我经常比喻父母就像一个Wi-Fi发射器，而孩子就是那个接收器。孩子只要进入父母的信号范围，就会自动弱化、退行，出现失常，而孩子若是单独来到我的面前，往往是个很正常的孩子。这个现象屡见不鲜。父母身上的无意识（"老鼠圈"）就像万有引力一样，吸引并改变着靠近他的至亲。

在父母没有检视并修正自己无意识行为的情况下，还是先断开为好。因为每个孩子都有自我修复、向好的本能。正如我十年来接待的案例，多数是孩子自己前来求助的，并不是因为父母要求而来的！

如果父母教养孩子的模式一直是错的，又无从知道错在哪里，那么断开"Wi-Fi"是相对明智的做法。

另外一个要断开的原因就是，到我这里求助的父母往往都懂得很多育儿理念，在病急乱投医的情况下试过各种老师和课程，对孩子采用过太多的教育方法。

对父母来说这可能是必要的试错过程，但对孩子呢？很多情况下孩子对父母的教育理念都已经具有免疫力或者说已经疲劳了。这类家庭的孩子常挂在嘴巴上的一句话是"你不要再学习了，反正你一点改变都没有""你学这么多有什么用""这些课程的老师都是骗人的""没用的，你们都帮不到我的"。

在教育孩子上父母折腾得太多，仅仅从这个角度来说，这个家庭的教育也需要休养生息了。

就算是一块钢板，如果总是掰来拗去，也会因为金属疲劳而折断。所以前来找我的休学（含辍学、失业、啃老）家庭，我第一步都会要求他们先"装死"。

我不是一接手就给父母一套操作方案、指导意见，急于让他们把孩子带过来见我，好像我只要一出手，孩子就会立刻变好一样。

在孩子已经拒绝和父母交流，父母给他的任何建议都无效的情况下，还试图再做点什么只会再次引发孩子的逆反情绪。不管你有多爱他，有多想为他好，如果孩子无自主求助的意愿，见了咨询师也没多大作用。

当然，断开Wi-Fi或言"装死"，大家可不要理解成对孩子置之不理、漠不关心或针锋相对。这样就容易从一个极端走向另外一个极端。

断开的目的是休养生息，恢复孩子的自主意愿，给自己时间面对，重建父母和孩子沟通交流的方式，恢复孩子对生活的热情与信心，最终进入学业、事业与家庭的关系。

所以，断开不是放弃，不是失败，而是带有意图的沉默，带有观望性质的沉静，是为了发起进攻的后退。表面上看起来什么都不做的，实际上却是积极的被动。

如果大家能理解我的"断开Wi-Fi""装死"策略，在后面执行的过程中，方能不落入教条主义的陷阱。

要明白断开的目的，是争取时间和空间来好好面对自己、修正自己，积攒做父母的正向体验，并且在生活实践中慢慢收回家庭的主导权，恢复对孩子的影响力，并最终能协助孩子向好或成才。

只是这条路需要时间，要做好打持久战的准备，更需要面对自己的勇气与决心。最终改变的核心是把力用在自己身上，或者说改变的核心是父母得穿透自己的"老鼠圈"。只有破解了这个，这个家庭才会真正地改变，孩子的改变才是真正有效的。

这个部分，也是本书贯穿始终的核心内容。

【有问】明白了，谢谢老师，我回去好好体会一下今天讲的内容！

不会学习，两手空空

因为"内省"与"致良知"的训练，不是一开始就教你做对的事，而是让你从过去的痛苦、困扰或错误以及不想面对的事件入手，把你目前的问题和困扰进行聚焦、放大、深入，最终得以解决。在解决问题的过程中，始终把力用在自己身上，才能得到解脱、释怀与洞见。

【有问】老师，我的孩子已经辍学在家，该怎么办呢？我看到同样的家庭在学习之后的改变是巨大的，可我为何总是不知道该怎么做呢？

【有答】我明白，其实本书就是特意为你们写的。对于很多人而言，学会前面的那些文章都够用了。你总是认为，你的家庭情况比较特殊，所以老师得专门和你讲讲该怎么办才行。就像有些人认为，那些以问题家庭为对象的文字和他们（孩子没有出问题的家庭）无关，然后就不看，其实这是不会学习。

这一系列文章，看起来都是写给家长的，可其中的思想和理念始终是一致的，只是应用在家庭教育领域而已。

"内省"与"致良知"始终是内家心理学的核心思想，这是我们一以贯之的教学理念，也是我自己奉行的理念与追求。首先，它在我自己身上验证过，是行之有效的；其次，在我这十年的个案咨询与教学中验证过，也是行之有效的；最后，在家庭教育这个领域里得到验证，依然是行之有效的。

所以不管你们是因为什么问题，因为什么样的初心而来到这里，大家要记住的是：在解决问题或完成初心的过程中，千万别脱离了"内省"与"致良知"，不然真的就是买椟还珠了。

我做案例的策略千变万化，教育孩子的具体指导方案也是根据每个家庭的具体情况而制定的，大部分情况下只对当事家庭适用。所以，方案背后的思想、理念若不好好研磨、消化，就算我暂时帮你解决了某个问题，也没有治本。

关系永远是相对和互相演化的。你改变了，孩子也会相应地改变。而孩子的改变，又会相应地影响到你。再加上家庭中还有非常重要的夫妻关系，还有你和父母的关系，都是同样的道理。如果不往前推进到自己满意的程度，就会有掉回旧有模式的可能。

只有学会解决问题的方法和思路，你才能自己教孩子，才能自己推进夫妻关系。

这是"鱼"和"渔"的关系。

关于"内省"和"致良知"，大家要用心去体会这个最核心的、最珍贵的东西。这个恰恰不是我能强塞给你的。

最近谈的都是关于人的自主意愿、主动意识以及对学业、事业的渴求。如果你不渴求"内省"与"致良知"，就算再说一百遍，你也拿不走！

父母们都想把最好的品质传给孩子，但有些孩子身上就是没有。比如热情、开朗、自信、勇敢、坚毅、仁慈、忠义、规矩、智慧、守诺等，我相信这些品格都是为人父母最想给自己孩子的。

实际上孩子之所以厌学、休学、辍学、失学、失业、啃老，根本原因就是他们不具备这些核心的品格或核心的价值观。

你们身为父母，没能把孩子教育好，让孩子出现各种问题，确实是因为大家都处在各种盲区里，处在各自的"老鼠圈"里。

那为何你会处在各种盲区中？为何你会处在各种"老鼠圈"里？不就是因为你没有掌握真正有效的内省能力吗？

更关键的是，因为你的人生当中缺乏以良知为权衡的尺度，所以你才会随波逐流，在自己的人生中，在各种关系中进退失据总是出错，并无从检视自己、调整自己，让自己的人生回到正轨。

"内省"和"致良知"是我最想要你们拥有的核心能力，唯有如此，幸福、快乐、安康的人生才是可期的。

所以，我也只能以身作则甚至以自己为样本，跟大家分享我"内省"与"致良知"的经验和体会。

在学习过程中，我会以大家目前遇到的困扰和问题（或者说你来的初心），作为出发点和归宿，我用的全是"内省"和"致良知"的方法！

有部分学生眼前的困扰和问题是解决了，但对于什么是"内省"和"致良知"却完全没有概念。在当事人的咨询中，限于时间关系，几乎都是以解决眼前的问题为主，不可能进行"内省"和"致良知"的训练——尽管我的咨询方法和指导思想就是这个。

所以具体到每个个体时，我只能说："你要自己渴求才行。唯有如此，'内省'和'致良知'才会到你的身上来，成为你生活的习惯和思维的模式。"

因为"内省"与"致良知"的训练，不是一开始就教你做对的事，而是让你从过去的痛苦、困扰或错误以及不想面对的事件入手，把你目前的问题和困扰进行聚焦、放大、深入，最终得以解决。在解决问题的过程中，始终把力用在自己身上，才能得到解脱、释怀与洞见。

既然这些问题构成你生活的困扰，甚至困扰你十几年、二十年或更久，那对你而言，你肯定不知道问题的症结在哪里，或者说凭你自己无法客观理性地审视这些问题并采取有效措施。

所以，这个时候回顾你的潜意识（无意识）就是一个相当有效的方法。关于这个部分大家可以参阅之前的相关文字。

　　"致良知"必须从你的非良知行为开始，特别是从种种隐瞒行为入手，这样的学习必然是需要勇气的。但也唯有有对自我开战的勇气，我们才能翻转命运，这是内家心理学一再验证的事实。

　　如果你还不知道该怎么办，那就是你到现在还不知道自己要的是什么。你每次都只要一个答案，而不寻求问题的本质是什么；或者每次只关心自己的问题，从来没有真正检视过到底是哪里出了问题，为何会出问题；或者只是不停地做却不管这样做到底是不是有效，只是想当然地认为别人都这么做肯定是有效的。

　　你的学习也是这样，始终是在本末倒置。这才是问题，也是你家的问题，更是你孩子的问题。

　　【有问】好吧，好像是这样，谢谢老师！我得好好想想了。

一以贯之，无处不在

"学以致用"这四个字实际上是不分先后的，不是这边学了那边才用，实际上是学用一体的，不要有先后之分或者将之割裂开，如此的学习才是最高效的。

【有问】老师，请您再讲讲我的问题！我现在真的想解决怎么学习的问题。虽然我一直为了我的孩子，为了家庭教育而出来学习，但我确实不知道该怎么去学习。

【有答】好的，你能这么问，就说明你开始反思了。

你的孩子已经出现了问题，你确实要解决怎么学的问题，不然一直是断章取义或者教条式学习。

其实这可以用学以致用来解决。

这么说吧，"学以致用"这四个字实际上是不分先后的，不是这边学了那边才用，实际上是学用一体的，不要有先后之分或者将之割裂开，如此的学习才是最高效的。

学是为了用，为了有效地用或者说解决问题。学不是盲目地学，无目的地学，不是记一堆知识和道理。学习始终要联系自己的生活，联系自己的家庭，如此才是有效的。

要懂得学以致用，而不是学的时候是这么学，用的时候还是按照老方法和旧习惯。如此学习就是无效和无用的。

你的言谈举止、所思所想是否和你所学的一致一体？你是否认为内家心理学只是在老师这里管用，在工作室、在课堂上管用，回家后就不灵了？

如果是这样，那你依然不会学！

本来你是为了解决问题而来的，照理说你的学习应该更迫切、更高效，但很显然我讲课的内容以及我给你的指导，尽管得到你的认同，可对你们家是无效的，或者说你们家的情况比较特殊，和别人都不一样。可我也一对一给你做了咨询和潜意识沟通，并根据你的具体情况给了你非常个性化的指导意见。

但你只要离开工作室，回去之后几乎不会与我联系，就算我偶尔问候一下，你也是寥寥数语就结束了。所以，除了上课时间，我很难和你保持联系，更难给你进一步的答疑或指导。

往往等到数个月之后，你回到课堂上才跟我讲，自己好像没有进展。

这就是你学习上的问题，同时也是你家庭的问题。其根源是你不会求助，也不懂得求助，有没有效果都不会及时反馈给我。

所以，你跟我学习也仅仅做到了上课听讲，下课回家做作业这个基本要求。但咱们学习是以解决问题为导向的。再直白一点，你们来学习就是为了解决自己家的问题，不是来应付考试的，当然老师这里也没有考试。

你在过往的生命中，一直是孤单无助的，从来没有人帮你（在你的信念里是这样，虽然这未必是事实），都是你独自扛起重担。所以，时至今日，你还在为了孩子而到处学习。你还想再努力一点，这样你的孩子就会改变。

"只要我努力，没有什么问题是解决不了的！"

"我只要再努力一下，事情就会不一样！"

这是你事业成功的基础，更是你这么多年来解决问题的信念所在，但同时这也是你的"老鼠圈"。

你努力的内在动力是拯救孩子，是对孩子的内疚，更是对他受苦的于心不忍，所以宁可自己来努力与奋斗！

你从小没有被人支持过，虽然会变得很顽强、很努力，但你的内心是焦虑的，很难踏实。

所以，你根本停不下来！甚至你根本做不到客观理性地看待你的孩子，更不用说做到我要求的"心狠"了。

你的孩子已经二十多岁了，他现在需要的不是你有形的努力，而是你的放手、你的信任、你的被动、你的无为，甚至是你的认输。

你要记得，你的儿子曾经说过，他再怎么努力都赢不过你。

实际上，男孩子都想赢过妈妈。

所以，我上次才这样告诉你，你要学会看见自己的失败，学会承认失败，学会对这个无效努力死心，要停下"无效努力"的步伐，学会让自己休息，学会把焦点放在自己身上，要装死，要让自己快乐，要让自己有价值。

你甚至可以给自己来一场说走就走的旅行。而且这个旅行中你要试着把手机关掉，就当自己死了！

我这个建议，是根据你如此明显的焦虑做出来的。你无时无刻不盯着你的孩子，永远是一个围着孩子转的焦虑妈妈。虽然你现在看起来是少做很多了，但那也是强忍着，并不是享受，更不是正向体验。那你的儿子自然就什么都不做、什么都不动了。

所以，我上次建议你去旅行，出去放松一次，至少要为自己快乐一回，但你到现在都没有落实。

你得尝试一次和孩子"断开Wi-Fi"的体验，你得体会一次不把注意力放在儿子身上后他的改变。这样，咱们才可以从容不迫地使唤孩子、推动孩子！

你的"老鼠圈"、你家的"老鼠圈"才有可能变慢直到停下来！

我说了那么多让你这么做的原因，你都忘记了，只记住了老师让你不要学习了。你只记住我说你是个懒汉，却忘记了我说你是身体上的行动派、思想上的懒汉。

我说的是，你不停下脚步来观察你的孩子，不仔细去思考对策，不去想孩子为何会有这些想法，以及你要怎么样对峙他思想上的种种问题，只是不停地想做点什么，根本不反思你所做的行为是否有效！

几个月下来，你真的什么都没有学进去，什么都没有吸收。看着儿子趴窝的样子，你就急了，于是胡乱做点什么，又不知道下一步该怎么办了。然后等到上课的时候，就跑过来告诉我，你做了什么。但你所做的根本不是我指导的，我根本不知道你为什么要这么做，你的考虑是什么，这个过程是怎样的……然后你就告诉我这么做了，还问我下一步该怎么办。

我能体谅你的心情，我也会换位思考，可你这样的学习真的是无效的！

我每次对你的指导，你都没有真正地消化。我点出的问题，你都没有仔细琢磨、内化。我一直在提醒你，你的焦虑，你不受控的努力情结，以及你的孤单无助感，这些才是问题所在！你要想各种办法去对峙自己的问题。但实际上，你一次又一次被那种非理性的力量带着走，一直身处"老鼠圈"而不自觉！

你甚至认为老师也在否定你的努力、否定你的学习，认为你都做错了。如果不是因为孩子还没有什么改变，你可能早就放弃向我求助了。

实际上，我一直在帮你呀！我一直在用各种方式来协助你真正内省，真正把力用到自己身上，真正跳出"老鼠圈"。这是从你的无意识当中解脱出来的根本办法，也是你要学习的内省之道。

这才是学以致用，要这么学，也要这么用！

你若是搞明白，确认问题是在这里，再带着目的来学，那么学习效果就不一样了，你会发现人生处处皆文章。

为何别人没有这样的"老鼠圈"？别人是怎么回事，别人是怎么学习的，他们学习为何有效？到底我怎么了？老师是怎么对待休学孩子的，老师是怎么教学的，老师是怎么应用的？原理又是什么，这个原理我可以验证吗，与我的生活、我的孩子是不是一致呢？如果是，我们家怎么了？如果不是，那是哪里不一样？不一样的地方是我认为的，还是有什么特别的原因是我没有找到的？那我要怎么做？

如果你能这么思考，其实你就学对方向了。

【有问】明白了，谢谢老师，我会努力的！

绝望之处，于之生焉

你要"死透"，死透了就甘心了，死透了就绝望了。绝望了才好，绝望了就会放弃一直以来顽固的自救模式，那个挣扎就会停下，停止填补恐惧的黑洞，不再对着焦虑抱薪救火。

【有问】老师，请您再讲讲我的问题！关于我的"老鼠圈"，我的学习以及无处不在的"无效努力"！

【有答】好的，我们继续上次的对话。

你得看出自己的"老鼠圈"，看出自己的"无效努力"，看出自己下意识想为孩子做点什么，看出自己无时无刻不在的这些念头。

你要警觉自己的这些冲动，要在生活中看出这些"无效努力"是如何把这个家、把孩子带进泥潭，让整个家螺旋向下的。

你只要切实有效地看出自己的努力——总是把焦点放在孩子身上的无效努力及潜意识深处的不自觉——压制孩子的努力，打击孩子的积极性。

你的努力让孩子越来越没有价值，让孩子的生命之火越来越微弱。

如果你能看出这些，你的体验足够深刻，这个体验就会阻止你的非理性行动，阻止你去"爱"你的孩子。

你的问题始终是内在体验不够，外在又做得太多，也即自苦得不够！

你永远都在忙的路上，当然是盲目地忙。就算你现在退休了，仍然不是为孩子忙，就是在为父母忙，你从来没有真正为自己好好活过一天！

时至今日，你都不知道活着的滋味是什么。你总寄望于明天——等孩子好了，等父母安康了，等一切都好了，然后你就可以去旅游了，就可以去休息、度假了。

这个度假旅游的梦，从什么时候开始有的，我不知道，但对你恐怕永远只是一个空中楼阁。当然我指的是为自己出去旅游，你真正喜欢的、放松的，做自己想做的事并且放下孩子的旅游！

我看到你在这个"老鼠圈"里打转，却无力唤醒你。

实际上，现在全家人都围着你的这个无意识在转，谁都挣脱不了，谁都不得自由！

囚笼中心的人是你，作茧自缚的人更是你！

所以我要你看到这个绳索，看出它是如何让你窒息的！

每一个当事人，每一个家长，甚至每一个孩子（指大孩子），其实都是这么被唤醒的——看出自己潜意识中的绳索是如何一次又一次地束缚住自己的。

你一辈子都要警觉这个绳索（潜意识的力量）。

这也就是我经常说的，你要"死透"。死透了就甘心了，死透了就绝望了。绝望了才好，绝望了就会放弃一直以来顽固的自救模式，那个挣扎就会停下，停止填补恐惧的黑洞，不再对着焦虑抱薪救火。

断开，就是断开你一直"喂食"的那个无意识、偏差错乱的非理性作用力。

你不能再"喂食"它了。你越是"喂食"，它就越强大。你只有彻底给它断食，你的旧有模式、旧有冲动，才会慢慢地剥落。

等它没有力量了，那个真正的、理性的、母性的、让良知起作用的力量才会生起来。

你对孩子的爱才会回到正轨，你的家才会有序。

很多人往往是被现实逼到濒临绝境，历尽无望和痛苦，才不得不开始反思。

"我怎么这样了？"

"我怎么把我的家庭搞成这样？"

"这不是我要的生活。"

"我到底是怎么了？"

只有在绝境中发出哀号，这个人才可能被拯救。因为他痛醒了，他想救自己了！

也即旧有的思维路径走不通了，那个负隅顽抗的非理性力量死透了，理性的教导才能入得了你的心。不然，恐慌、焦虑这些负面的感受会永远大于你的理性力量。

所以，如果不想让生活把你逼到绝境，你就得逼自己一把，让自己"死透"。这个过程也是内省，就看你敢不敢这么做了。

这就是我今天想告诉你的，你得做到这些，才能破开"老鼠圈"！

【有问】明白了，谢谢老师！我回去好好体会！

绝望之后，才有希望

> 　　父母要对自己的思维路径绝望，不敢再轻易去改变孩子，然后才能真正地看见孩子内心的希望，看见他的自主意愿，看到那个不可限量的未来！

【有问】老师，请您再谈谈《绝望之处，于之生焉》吧！

【有答】好的。你记住这句话就好："囚笼中心的人是你，作茧自缚的人更是你！"

你"死透"了之后，就不敢再轻易给孩子建议什么，也不敢再轻易去教导孩子。因为你必须再次体验这个过程，重复体验无效的行为模式，还要时时刻刻警惕自己的"老鼠圈"，警惕自己想帮孩子的冲动。

你要真正冷静地观察孩子，看见孩子真正的内核动力，或者说看到孩子也是渴望成长的、希望改变的。但要观察到孩子的每个细节，特别是心理活动上的（这看起来很难，但这是为人父母本该有的）。尽管他表面上看起来都是拒绝、捣乱、放弃、混乱或者退缩，但一个人只要活着，其实永远都有向上的动力。很多麻木的成年人，是因为在他的世界里找不到出路，在他的生命体验里又没有可供选择的其他经验与可能，所以他只能选择麻木。

这就像一直生活在井底的青蛙，我们在指责它见识狭隘的时候，根本不能怪它，因为它本来就终年生活在井底。它怎么会知道世界之广大、可能之无限呢？要让它不局限于井底之见，最简单的办法就是带它离开，而不是试图告诉或指责它。

人当然复杂很多，不仅会受困于自己的环境，受困于目前的现实，还会受困于自己的经历、经验、知识与体验，也就是受困于自己的头脑。这个时候就要明白头脑世界、人的潜意识是如何构成的、如何起作用的。这也是心理学的用处，也即是我让大家一直沉浸在课程当中，一次又一次地体验自己（包括看见他人）受困于潜意识、受困于盲区的目的。

父母要做的，就是带领孩子离开他的潜意识盲区，离开他自以为的无望之地。但前提是父母得先学会离开"老鼠圈"，离开自己的盲区。

在这之前，父母需要做的就是等待，等待孩子的动力出来，也就是所谓的"静待花开"。

当然，"静待花开"的前提是"静待"，能否让自己烦乱的心静下来才是重要的，而不是表面上装作什么事都没有，心底下却暗流涌动。

所以，"静待"不是两眼一抹黑。这个"静"要求你在心底观察你的孩子，不断发现他心中的小火苗以及他想改变的意愿。

迄今为止，我还没有见过一个完全不愿意改变的人。当然，他们表现出各种无望、绝望，或者各种偏差错乱的非理性行为，但本质上没有人不愿改变。

所以，孩子改变的关键节点其实就在这里！他想改变了，他有改变意愿了，他自己去寻找了！

这里的悖论就是父母要对自己的思维路径绝望，不敢再轻易去改变孩子，然后才能真正地看见孩子内心的希望、看见他的自主意愿。

这也就是我常说的"你若不绝望，孩子就没有希望"。

看见孩子心中的小火苗之后，你只能心中暗喜，别做任何动作，也不可透露半点口风。

目前也不需要去肯定孩子什么。很多父母都迫不及待想去肯定孩子、欣赏孩子、鼓励孩子。这当然是好的，但也要看是在怎样的关系中。如果是不信任的关系，你的肯定、欣赏和鼓励，只会让孩子看轻和笑话。

只有父母和孩子都回到正确的位置，孩子对你有敬畏之心，这个时候你才能肯定和欣赏他。

你迫不及待地肯定他，往往只会适得其反。因为你还没有学会如何做好妈妈，用好女性的力量。

说白了，就是你骨子里还不会欣赏他，所以还是闭嘴，承认自己很笨。

如果非要做，那就先学会欣赏你的爱人吧！先去爱他、肯定他、欣赏他和鼓励他，这是你可以做的，并且不会反弹，而且还能让你练出感觉。

如果你能这么对待你的爱人，而你的爱人又甘之如饴，那你就可以这样对待你的孩子了。

【有问】明白了，谢谢老师！

主动退却，输即是赢

母亲就是母亲，不言不语又宽广包容，同时又是坚实厚重。母亲主动地退下，主动地示弱，主动地让步，让孩子有赢的感觉，能把握自己的命运，那孩子的心里就一下有了空间。而这样的母亲对孩子其实是一种福气！你是不是那个给孩子福气的母亲呢？

【有问】老师，请您再多谈谈"你若不绝望，孩子就没有希望"这个话题。

【有答】其实这句话还有一个更深层的意思，今天我想单独谈论一下这个话题，特别是针对那些孩子已经是半成人或成人的家庭。

如果从潜意识心灵的角度去看待一个人的成长，其潜意识心灵也终究要经历婴儿期、童年期、少年期、青春期和成人期。

而青春期的孩子是半成人，这时候的最大特征就是叛逆。

叛逆是什么呢？叛逆就是孩子自认为已经成人了，应该以成人的姿态来处理事情，甚至也应该以成人的心态和父母平等对话，却又因为自己在事实上还未成人，各方面都无法真正独立，越是这样越会下意识地把父母视为对手。当然也因为他的跟前只有父母这一对成人，所以衡量的尺度也只能是父母。因为想在父母跟前成为一个"成人"，所以就特别想证明自己不比父母差，想要有自己的声音，想要和父母不一样，甚至一再和父母对抗，以显示或感知自己的力量。

对于孩子而言，他潜意识里对父母形象的期待是不一样的。

对于父亲的要求是打不败，对于母亲的要求则是赢得过。打不败的父亲才是父爱如山，赢得过的母亲才是大地母亲（这里的"赢得过"是一种心理自信，不是真正去打败母亲，去打败是一种攻击的心态，这是两码事，要去领会其中的区别）。

所以，最愚蠢的母亲就是输不起的母亲，最愚蠢的母亲才会在孩子面前追求永远正确。这是在成人身上，特别是休学家庭身上观察到并验证了的事实，也是很多孩子（包括成人），只要母亲一开口就总能激怒他的原因（男孩子比较明显），有些孩子甚至拒绝和母亲交流。

当然，愚蠢还在于母亲一直下意识地贬低、否定孩子的父亲，也就是自己的丈夫。这对于男孩子来说就是最大的否定。因为父亲的形象就是男孩子的未来，同样也是女孩子心中的脊梁。一旦有这样一个妈妈，父亲又无法真正顶天立地，这个家庭就必然问题百出了。

所以我一再地告诫各位妈妈，做母亲要学会示弱。那什么是示弱？

示弱的前提是要看到自己的弱，真的认为自己很弱，然后才能展示你的"弱"啊！示弱不是装弱，是"示之以弱"，再说了，一家人之间谁骗得过谁呢？

所以，这就是为何你要绝望，也就是为何"你若不绝望，孩子就没有希望"的深层用意。你若一直认为自己很强大，你会停下脚步吗？你甘心去托举你的孩子、承认你的丈夫吗？你必须真的看见自己的无助，知道帮不到孩子，也无从左右孩子按你设定的路线去走，你的任何举动只会让孩子更抵触，是自己把整个家庭都拖入泥潭之中。

而你的装弱，孩子能感受得到，那就意味着你还在试图干预他、控制他，这是青春期孩子潜意识里都无法忍受的。

而事实上（指的是社会行为层面），一个孩子或者一个成人，他是无法打败母亲的。说到底，每个孩子心中（潜意识心理）想的其实是母亲像大地一样托举着他，无声、厚实地支撑着自己，让自己可以在大地上自由驰骋！

这才是孩子心灵深处真正想要的。但又因为孩子在成长，力量在增长（生理层面的事实，他已经强大于母亲了），所以当他潜意识里的期待，变成了行为上的要求，变成了合理化自己行为的借口——要求母亲成为自己心目中的样子，他其实已经在严重地对抗了，从家庭秩序的角度来说已经是错位了。因为孩子怎么可以要求母亲改变呢？

就算母亲真的按孩子的要求改变了，也只会增强孩子虚幻的控制感，让他以为只需要去要求，父母就会围绕着他转。进而他会以为这个世界也应该是这样的，他不满意的地方，只需要去要求，要求父母改变，要求别人改变，要求世界来围着他转，来适应他，而不是他来适应父母，适应这个世界。什么是"巨婴"心态，这不就是了吗？

对于很多休学孩子的家长来说，他们无法理解的就是这段话："母子一旦对抗，孩子永远是输家。"

因为如果孩子真的打败了母亲，那他将会狂妄自大、目无尊长、自以为是；而孩子若总是赢不过母亲，那他会一直愤愤不平、四处挑衅，要么就是软趴趴、再无斗志了。

所以，这就是家庭序位一定要导正的根本原因。父母在上，并不是因为我们需要在上，而恰恰是孩子需要。因为父母不在其位，孩子就会六神无主、内无依托，终将把人生过得乱七八糟。

所以，对抗、错位的关系才是问题。孩子需要母亲在其位，需要母亲支持自己、爱自己、包容自己。而对抗状态下，青春期的子女会有一个错觉，以为自己很有力量了，可以打败母亲，甚至是看不起母亲了。孩子一旦形成这种错觉，那就是灾难了，他从此失去了约束、管教，更失去了受教的可能。常说的"没有家教"说的就是这个。

对孩子而言，最终他有机会超越母亲的可能就是，自己成人，也就是说真正地强大，强大到无须再证明自己或者真正看到、体谅到母亲的脆弱、无助或眼泪，由此发现了母亲的弱，进而无须再去证明自己了。

第一点得孩子自己去完成，谁都替代不了；第二点，是母亲可以为孩子做的。

　　当你明白其中的逻辑之后，作为母亲的你真的忍心让你的孩子永远输给你吗？

　　主动地退下，主动地示弱，主动地让步，让孩子有赢的感觉，有把握自己命运的自由，那孩子的潜意识里就一下有了空间。

　　这样的母亲，对孩子来说其实是一种福气！

　　所以，主动地退却，表面是输，最终是真正的赢，而且是大家都赢的那种！

　　【有问】明白了，谢谢老师！

成年巨婴，冷淡待之

> 对于近30岁的成年人，你只能把他当成年人对待，当社会人对待！用沉默、冷淡、拒绝的方式，一次又一次地把他推进社会，让家不再成为他的安乐窝、避风港！如此，他才不会一直蜷缩在巨婴的世界里！

【有问】老师，我前几天看了那个"儿子留学归来，'啃老'七年不工作"的报道。其实我们家也好不了多少，他们的儿子已经48岁，而我的孩子也马上30岁了。其他情况都很类似，我们家的孩子一直是我们的骄傲，也是"985"名校毕业的，现在却成了这样，每次想想我就很难过。

【有答】难过是必要的，难过也是好的，我就怕你不难过呢！我经常说，孩子的问题越大，也就意味着父母的问题越大（某个盲区、固执的想法越难以撼动）。你的孩子快30岁了，可想而知一定是积重难返，不要以为来学习了，他就能改变，怎么可能？

对于你们这样的家庭，我最怕的是你们看到孩子有一点点改变，就开心了！当然这个"怕"，主要还是怕你们再次掉以轻心，自己最近跟着我学习，懂的道理多了，知道自己错在哪里了，好像就有底气了，然后就回去对孩子说教，以为他能听进你的话，学习就有效了，就忘记之前的痛苦了，以为他能按照你们的意愿变好！对于近30岁的完全成人，你还是继续绝望比较好，你还是继续痛苦比较好！

别想着你还能为他做点什么，他还能听你说些什么！别再妄想他还是孩子，你还可以改变他。他已经是社会人了，完全成熟了，你过去的教育已经失败了，剩下的就让社会去管教他，越彻底、越惨痛对他越好！

你要听清楚的是，我不是说人不可以改变，也不是说你的孩子不可救药。改变当然是可能的，但前提是他得吃够苦头，先被社会暴打，然后自己愿意求助才行。

就像你一样，实际上生活的危机、孩子未来的无望都已经是事实了，但你还是视若无睹，想当然地认为他会好的，认为孩子没有那么大的问题，他还是善良的。

要是没有外界的强烈刺激，或者没有孩子的强烈刺激（暴打父母），你就会继续这样装睡。你自己尚且如此，还指望你的孩子会因为你的一点点改变就醒悟，愿意痛改前非，变成一个积极向上的好青年？怎么可能！

所以现在的重点是，身为父母的你，要意识到单靠你不可能教育好你的孩子，唯一能教育他的就是社会！

这样说有点残忍，但我必须这样告诉你。要不然你总不死心，总想再看到你孩子的进步，总以为你的努力是有效的。而实际上这个侥幸心理才是最大的麻烦。这背后的潜意识逻辑始终是把他当宝宝对待，不是成人，更不是一个具有完全民事行为能力的社会人。他永远是你的宝宝，所以才一直需要你的爱和关心！

你们的互动模式永远是婴儿和妈妈的模式！因此每次你的孩子在外面受一点苦，他就会回头对你好一点，然后你就以为孩子变好了，是善良的。于是你就迅速地原谅了他之前所有的忤逆行为，然后继续给他支持、安慰和生活费用，允许他继续在家啃老，反正只要他不闹你就可以了。而不是以成人的标准对待他，他想要的任何东西都应该自己去创造、自己去努力、自己去争取，而不是从父母那里索取！

直到下一次，他把你逼到无路可退时，你又出来学习，又向我求助，被我一阵痛斥，于是清醒冷静了那么一小段时间，又知道怎么对付你儿子了，然后他就消停一段时间。就这样无限循环。

你们就这么互相填补着彼此的心灵黑洞！

直到有一天，你也像新闻报道里的丁阿姨一样，等到80多岁，自己得了尿毒症，完全绝望之下，才想起来要去状告48岁的儿子。

这个时候就来不及了，社会也管教不了她儿子了！

虽然她的儿子是名牌大学（同济大学，加拿大滑铁卢大学）毕业的，虽然他曾经具备某些优秀的能力，但谁也无能为力。

我们先来看看新闻报道的内容：丁阿姨买了房子后，只写了大儿子一个人的名字，这遭到女儿和小儿子的不满。女儿认为母亲偏心，大哥不但不赡养老母亲，还要老母亲贴钱养着。而远在日本的小儿子也很气愤，他寄给母亲的钱等于都给大哥用了，小儿子干脆也不再寄钱了。

因为有了房产，大儿子更有了不去工作的念头，平时吃饭母亲也会管着，因此整天浑浑噩噩。

看到儿子这样，母亲终于决定状告他不赡养自己，想要逼迫他去工作。

丁阿姨一个月3500元的退休工资，每月要支付2000多元的医疗费，还要养一个48岁的儿子，她感到身心俱疲，却还是放不下儿子。

报道里的这些细节就够了！

当丁阿姨把房产留给大儿子的时候，就是在行为上彻底支持他啃老。上海的一套房足以让他舒服地过一辈子了。对于啃老一族来说，平时所需又不多，能上网，有饭吃，对他们来说可以一辈子这样逃避下去，虽可耻但很舒服啊！

另外，当丁阿姨选择把房产留给大儿子，而不是留给自己，更不是三个孩子平分的时候，她就完全放弃了对大儿子可能有的一丁点儿制约力。

从她把房子给大儿子的那刻起，他就再也不可能改变了。因为他的退路，这辈子的保障，丁阿姨已经全部给他了！

逃避那么舒服，干吗要去工作呢？与任何人接触都是有压力的，都得顾忌他人的脸色，在家啃老多舒服啊！

等到丁阿姨80多岁，得了重度尿毒症，才"终于决定状告他不赡养自己，想要逼迫他去工作"。就算法院有心帮她，可是怎么帮？年近半百的儿子都无力养活自己呢！

就算她求助到我这里，我也帮不了！怎么帮？房子都是儿子的，他可以很舒服地、低配地活着！

所以，我也一再地告诫你们，告诫溺爱孩子已经溺爱到让他们啃老的父母们，如果还有那么一点点机会，千万不要把房产或财产过户给你的孩子！我知道中国的父母，仅有的那么一点点财富，不留给子孙都会睡不着觉，好像愧对子孙一样！

当然，如果你的孩子是这样的，已经在家啃老，而你又有丰厚的财产可以给他继承，我建议你早点把遗嘱立了，早做打算，绝了他的退路甚至是觊觎之心、非分之想！

如果实在不舍得那些财产（如果财产数量够大），那我建议你把所有的财产设成托管基金。在你死后，每个月由这个托管中心给孩子一些生活费就好了。反正你就继续养着他，养到他死为止吧！

如果你还没有老到像上海的丁阿姨那样，你的财产还没有过户到你孩子的名下，那你还是有机会让孩子好好受苦的。当然，不是你主动给他苦吃，这样就会引起对抗乃至爆发家庭战争。

在大部分啃老的家庭关系中，如果和孩子爆发对抗或者冲突，能威慑得住孩子，能让孩子改变，我早就劝你这么做了。但现在孩子年轻力壮，而你却逐渐老去，你手上已经没有什么东西可以威慑得了他，仅剩的就是对财富的支配权！

所以在这种特殊情况下，只能斗智，你要采用被动的方式，也即非暴力不合作方式，用沉默、冷淡、拒绝的方式来对待他！

之所以选择非暴力不合作的方式，是因为在身体上你是弱势的，而孩子现在已经是强势的一方了。另外要把他当成年人对待，当社会人对待，用沉默、冷淡、拒绝的方式，一次又一次地把他推进社会，让家不再成为他的安乐窝、避风港。他想要的，他必须自己去创造，自己去努力。任何他想从你这里索取的，全部不合作、不给予！用这种方式逼他去外面工作，去受苦，去建立关系！

逼他去外面的世界建立关系，因为这个世界不可能围绕着他转，总有人不会让他如意，总有人让他痛苦并成长起来。

如此，他才不会一直蜷缩在巨婴的世界里，这是你家仅剩的机会了。

【有问】明白了，谢谢老师及时提醒！

两难之间，面对自己

待在苦里面最重要的意图就是，不被苦所牵引，不被苦所驱使，不做苦的奴隶，要做苦的主人。

【有问】老师，我儿子有一些问题，我还想请教您一下。在学校，老师还是把他当作一个特殊孩子对待，不让他参加考试。他的学习也跟不上，还会去骚扰同学。另外，他有咬手的习惯，老师让我带他去检查一下是不是多动症。我有一些焦虑和害怕，不知道他这些动作、这些习惯是心理的还是身体的，还是可以不去关注他。最近我都没怎么理他，我想过一段时间再说！

【有答】这样啊，那你的内省有没有继续做？

【有问】内省自己？内省自己应该有点少，因为前一段时间刚刚搞定了我儿子，所以我就不想继续内省了。

【有答】你不持续地把心思用在自己身上，不去琢磨你的那些负面体验、痛苦经历，你就不知道怎么教你儿子。你不能每次都期望老师给你一个答案。

【有问】那我还要怎样把力用在自己身上？都那么痛苦了！

【有答】一说这个，你的焦虑就上来了啊！

【有问】是的，我甚至做梦都在担心。我就是不能很淡定地相信我儿子没有问题。

（所以，实际上这个妈妈的焦虑是无处不在的，只是她假装不去看见儿子，让自己忙碌起来。唯有如此，她才能不去硬逼自己的孩子。）

【有答】所以你不把心思转向自己的焦虑，不去对峙你的焦虑，你就会被焦虑驱使着去盯你的儿子，自然就回到无意识的而且是非理性的怪圈上来。

也就是试图把儿子搞定，并以此来减轻自己的焦虑。而实际上，你把儿子搞定的动力本身就是这个焦虑。而在焦虑的驱使下，你根本不能客观、理性、细致地分析你儿子的情况，你只会放大他的问题。并且他真正进步的地方，你都会看不到；就算看到了，也不认为这个进步有什么用。你只会盯着他的作业与考试成绩，然后用高压的方式来逼迫他，于是你们母子俩又回到猫捉老鼠的旧有状态之中，最终他对学习完全丧失了兴趣，也丧失了主动性。

【有问】是啊，我这段时间也有意不去关注他的学业，所以他老师给我打电话（谈论孩子的学习成绩）的时候，我认为，这些也不是什么大问题，但心里还是会有一些怀疑，有一些害怕，感觉好像自己该做的事情没有去做。

其实这也是我这次过来咨询的原因，我既然对他的学习毫无办法，那是不是可以把他的学习给放弃了？

最近在看一部剧，剧里面说，一个人不需要全面优秀，只要有一方面出类拔萃就行。然后我就想，他的学习这么难搞上去……

【有答】不可以放弃。这是你的问题，不是他的问题，他是有能力学习的！是你对学习有恐慌和焦虑，实际上是你导致他不爱学习，造成他在学习上的落后。没有孩子是不愿学习的。对于一个孩子而言，大家都在学的东西，他一定是愿意学的。但他学习的动力，以及在学习上的乐趣，都被你抹杀了。

你的孩子才9岁，还来得及，但我要求你在这段时间里不要关注他的学习。听清楚了，这里的"不要关注"不是让你完全不去管，是不允许你在焦虑的情况下督促他学习。实际上，你还是要时时留心他的学习。而你刚才说的"不关注"，实际上却是放弃，就算老师提醒你，你也假装不去看。

这不行，这是在逃避。

我要你时时留心孩子的学习成绩，把它放在心里面，但不要去对孩子做什么！

【有问】我一想到孩子的学习，就会焦虑，就会忍不住逼他学习。这种焦虑一上来，我就会用强迫的方式。如果强迫没有任何效果，我就会想，干脆就不要学习了嘛！

【有答】也不可以放弃，因为这是你的功课——对峙自己的焦虑，但不放弃孩子的学习。是你自己过去的学习体验太糟糕了，因为你自己的负面体验，导致你儿子学业的失败，你觉得对孩子公平吗？

【有问】可是您让我盯着他的学习，又不能用我旧有的方式督促他。我想放下，你又不让我放下，还不能完全不管他的学习。这好难啊！

【有答】确实很难，但在这个两难的中间，你的焦虑就会被放大，会被捕捉到，而你的功课就是捕捉这个焦虑，然后解构它，并最终瓦解它。只有瓦解了这个焦虑，你对孩子的学业才会起正向作用。

【有问】我还是在那个"老鼠圈"里转。

【有答】因为你在逃离问题的核心——焦虑。

【有问】对，其实从孩子四五岁到现在，我都用一种压迫的方式去要求他学习，在这个过程中我儿子很痛苦，我老公很痛苦，我也很痛苦。孩子学习不好我就逃，告诉自己这个学习不重要。

【有答】所以孩子就会疯掉，你老公也会疯掉。学习这件事它不可能不重要，学习的重要性再怎么强调都不为过。

【有问】那老师，您要我去关注他的学习，我一关注他的学习，就又焦虑了。

【有答】所以这个焦虑才是问题，问题始终在这里。

【有问】所以我对峙自己的焦虑就是让自己不要动，不要去管。

【有答】也不是这样的，你误解了我说的"待在苦里面"的这个概念。

待在苦里面最重要的意图就是，不被苦所牵引，不被苦所驱使，不做苦的奴隶，要做苦的主人。那要怎么样才能做苦的主人？就是借由被激发起来的苦的感受，进入苦的体验，顺着这个感受溯源而上，寻找苦的根源，到底这个苦的感受是怎么形成的，它是怎么一直驱动着我们，让我们的人生不自由。去了解苦的构成，最终解构这个苦的感受，不再做苦的奴隶，反而做苦的主人，进而让我们的人生恢复自由。

今天就把"苦"理解为你的这个焦虑。也就是说，我经常让你们对峙自己的焦虑，意思是，你不要被焦虑所牵引，不要被焦虑所驱使，不要做焦虑的奴隶，要做焦虑的主人。那要怎样才能做焦虑的主人？不就是借由你每次被激发起来的焦虑的感受，不停地、细细地去品味这个焦虑，然后顺着这个感受溯源而上，去寻找焦虑的根源，了解到底这个焦虑是怎么形成的？

只有借由不断被激发起来的焦虑，我们才能一次又一次地回溯起过往经历中的那些焦虑事件，那些潜藏在我们潜意识深处，以为早就忘记了的生命感受。所以，你们每一次回溯出来的是什么体验，就把它复盘下来，一遍又一遍地复盘，直到那些记忆中的负面体验被解构为止。

我至今都记忆深刻的是，你曾经在初中的那段糟糕的学习体验。那就是需要你一次又一次去感受复苏的，去唤醒过去的负面体验。

而我们只有把心理焦点由被焦虑驱使，转向顺着焦虑溯源而上，寻找焦虑形成的根源，甚至借此解构曾经的负面体验，如此才能"破镜重圆""覆水可收"。

而且重中之重的就是，直面焦虑的能力。不被焦虑驱使，转而直面焦虑，乃至溯源而上这个动作本身就是意义之所在。因为那会训练出我们强大的、不被情绪控制的能力。

当你一次又一次地有意识这样训练的时候，你就会慢慢成为情绪的主人。

而你不就是被焦虑阻碍了？然后你以为是孩子太难教了，是孩子学不会，乃至都要放弃他的学业。如此才是对孩子最大的不公平。

当你向内慢慢地练习做自己情绪的主人时，你再去落实我教给你的"如何与孩子互动""如何应对孩子学习"这些指导思想，才会用得正确，才会收获你想要的结果。

【有问】明白了，谢谢老师，看来是我一直在用自己习惯性的逃避来学习老师所教的内容。

既然失控，以柔化刚

如果这个家庭已经失控了，那现在要做的就是恢复父母对这个家庭的控制权，恢复这个家庭本该有的秩序。

【有问】老师，我发现您经常给休学家庭的妈妈们讲"非暴力不合作"的方式，您经常教妈妈们用这个方式来调教孩子。请老师把这个话题讲得更细一些！

【有答】好的，目前我接触的休学家庭（含各种"家里蹲"的现象），都有其共性，那就是父母已经无法管教子女了，子女也在用各种方式对抗父母。

从家庭教育的角度来看，不管是溺爱孩子，还是无法树立起父母在孩子心目中的威信，或者因为孩子受到一些心理压力、创伤而父母无法有效支持、化解，或者其他各种原因（包括受心理学、咨询师、导师的影响）都会导致孩子处于受害情绪当中，对父母有很多的怨恨与愤怒。总之子女不再把心理焦点放在自己身上，也即是他目前遇到的问题，不再立足于自己要如何（想方设法地）去突破，而是把焦点放在父母身上，认为是父母害得他这样，把时间和精力都花在和父母对抗上。"父母要我做什么，我就偏不做什么；父母期待我怎样，我偏反着来。反正父母想要我达成的，我偏不。"同时伴随着各种合理化这种行为的心理动因，形成心理观念，乃至各种心理问题、心理症状。

当然也可能是先有心理动因、心理观念乃至心理问题，而后有各种对抗的行为。

其实这都不是重点，重点是父母对子女失去了管教能力，父母在孩子心目中的威信荡然无存。

而父母往往意识到问题的时候，都是因为孩子休学或退学回家，在他本该上学的年纪不去上学，或者在他本该工作的年纪不去工作。同时大部分父母前来求助的时候，关注的也是怎样让孩子复学，怎样让孩子去工作，好像孩子只要上学、工作了，问题就解决了。

但实际上，真正重要的是解决"失去管教"的问题，解决父母威信荡然无存的问题。如果父母始终主导不了孩子，子女失去管教，那他们就算暂时去上学、去工作，后面还是会退下来，蜗居在家继续啃老。

所以，但凡这样的家庭，要想解决"失控"这个问题，首先要做的就是恢复父母对这个家庭的控制权，也即父母对孩子的主导权，恢复这个家庭本该有的秩序；其次再对这个家庭进行深入的、全面的干预与调整。

恢复秩序，恢复主导权，"非暴力不合作"对休学家庭来说是一种相对温和的方式。

中国人骨子里有对家的眷恋与对"家和万事兴"的信仰，为了"家和"，大部分中国父母会选择回避冲突，宁可压抑自己的诉求也要息事宁人。正因为如此，大部分中国家庭的问题、冲突的核心是没有机会被讨论与检视的，更不用说被有效地解决了。

更因为"家丑不可外扬"的传统思想，孩子就容易抓住父母的软肋。往往父母怕什么，孩子就来什么，结果就是孩子咄咄逼人、肆意妄为。各种心理问题、心理疾病乃至生理疾病，都会成为孩子（无意识中）控制父母的手段。

现在普遍是"小家庭"模式，每个家庭最常见的是一对老人、一对工作繁忙的父母，以及一个或两个孩子。一旦父母对孩子的教养出现偏差或失控，就很难及时得到族系（血缘、亲缘）内其他人的支持和纠正，而左邻右舍就更加陌生了。也就是说，现代父母背后的社会关系本身就是很薄弱的！

当然，更重要的是父母的原生家庭经历，现代亲子教育问题的根源，几乎都可以溯源到父母自身的原生经历上。因为原生家庭的经历，导致了自己在教育子女上的无意识误区。总的来说，我们都在无意识地模仿父母并成为父母，不管我们是对抗还是接纳自己原生家庭里的父母关系。反抗、抵触父母，实际上依然是认同父母的一种举动，没有认同的前提，何来反抗、抵触？而无意识才是问题之所在，因为无意识就意味着不加选择、不加分辨地继承。

基于以上这些事实，初次求助的休学家庭，父母其实是弱势的一方，虽然他们实际上就是（孩子）问题的根源。对内无法管教子女，夫妻立场无法一致；对外无法用各种社会关系来干预自己家庭里的小系统。所以，这不是父母的弱势又是什么呢？

很多父母宁可选择相信无限包容、无限接纳、无限地给予爱与自由，也不敢对自己的孩子有一点点的要求与约束。就算有心管教与约束，也管教不了、约束不了，只希望孩子在这种爱与包容、接纳与宽容中幡然醒悟，自行走出来或成长起来。

人不是植物，只需要阳光雨露就会自行生长；人也不是动物，只要吃饱喝足就会相安无事。人之所以为人，就是因为人具有社会属性。人最特殊的地方就是动物性与社会性并存，而且必须在社会关系中被社会化，如此才是一个完整的、健康的人。一个人如果长期脱离关系，不在社会中，其思想、行为、能力必然退行，进而滋生出各种问题。

人是需要学习的，也是需要被管教的。从来没有不需管教就能成才、成事的人！这么简单的道理，却总被视而不见！

有些父母如果只是一时误入歧途，看了我的文字，就会改变自己的行为逻辑了。也就是本来对家庭、对孩子都有主导权、控制权，只是一时相信了不用管教的"神话"，这样的家庭自然不必采用"非暴力不合作"的方式。但对于一些已经深陷"失控"泥潭的家庭、问题一堆的家庭，"非暴力不合作"是目前可以选择的较好方式。

这是你可以主动推进，不停尝试的方式，可以在孩子没有机会反弹、对抗的情况下，缓慢推进，潜移默化地改变孩子。而且，你也可以给自己时间和空间去修正自己，修正夫妻关系，修正三观，修正潜意识里的偏差错乱以及掌握调理孩子、推动孩子的各种理念与具体做法。这一切都需要一个长期相对安宁的家庭氛围。

至少，这个家是你可控的，如此其他改变才有可能发生。

【有问】明白了，谢谢老师！原来"非暴力不合作"还要考虑这么多因素，如果不仔细领会这些内涵，真的就变成机械式执行了。

父母不动，孩子归位

"非暴力不合作"背后真正的用意就是阻止孩子继续堕落，恢复父母的权威，让父母拿回主导权。从潜意识心灵的层面来说，就是让越位的孩子退回原来的位置。

【有问】请老师再谈谈"非暴力不合作"。

【有答】好的，这里想再次和各位父母强调一个基本观点，那就是父母的管教要想起作用，前提是你能主导得了孩子！简而言之就是孩子得听话！孩子若不听话，你和他说再多都是耳边风，都是唠叨，都起不了作用，甚至还会起反作用。

大部分的休学家庭（含各种"家里蹲"的情况）都或多或少失控了，溺爱孩子的家庭无一例外都是"小皇帝"当家，父母和孩子基本上都是主次颠倒，较好的情况是彼此能相安无事，谁都不碰谁。而"仆人"想要改变"皇帝"，那怎么可能？失去了约束的"小皇帝"，他会反思，会自省，会自律，会自行改过，会自行成才？他从来没有被训练过的能力，现在自行就会了？

各位不妨去看看爱新觉罗·溥仪所著的《我的前半生》，看看这个真正的"小皇帝"是怎样生活的，看看他那薄情寡恩、残忍无义的个性是怎么养成的，看看这个末代皇帝最后是怎么被改造成一个自食其力的劳动者的，这或许更有借鉴意义。

任何时候，子女操控父母、打骂父母，甚至有些暴怒的子女居然想和父母拼命。这样的孩子，事实上都已处于堕落中了。若不赶紧导正，成年后将会给社会带来巨大的问题。

所以，我建议"非暴力不合作"，它的真正用意就是阻止孩子继续堕落，恢复父母的威权，让父母拿回主导权，让越位的孩子退回原来的位置，让孩子恢复本性，而不是任其演化、变形、恶化。失序的、失去制约力量的孩子，事实上已经处在变形、恶化的状态之中了。他会误以为自己很有力量，因为他能打败父母了，能控制父母了。失去外在的制约力量，失去对规则、对权威的敬畏，那人要靠什么自我约束？靠自律？自律的前提是他得学会啊，得先被约束住，而后成为自觉，才有自律，也即是先有他律，而后才能有自律。

未成年子女打败了父母，失去了管教与约束，也意味着他内在秩序系统的崩溃，所以，他潜意识里的约束力量也会相应崩溃。这个状态下的孩子，非常容易出现各种幻觉，被迫害妄想、幻听、幻视是常见的表现。

这其实就是内在秩序崩溃的表现。

偶发性的幻觉是人的一种正常心理反应，就算是心理健康、情绪稳定的成年人，也难免会出现一些妄想或者幻听、幻视的现象，比如，我们耳熟能详的草木皆兵、风声鹤唳、杯弓蛇影的典故。但心理稳定的成年人，心绪宁静下来的时候，他能分辨清楚这些不是事实，只是自己心境的反映。

但未成年人却未必。特别是当他的这些妄想、幻听、幻视能获得益处时，他就很难从这些幻觉中醒来。常见的益处是，可以让父母继续围绕着他转，可以继续控制父母，让父母的情绪围绕着自己波动。

这是孩子常见的一种控制父母的手段。类似婴儿通过哭闹就能获得父母的关注和爱抚一样。只是这个行为，在成长的岁月中被另外一些形式替换了，比如生病、痛哭、痛苦，比如有心理问题，强迫、抑郁、自杀……

当然，这里千万要注意的是，我不是说生病、有心理问题、自杀的孩子都是为了控制父母。我只是说，在失序的家庭关系里面，这些症状非常有可能成为孩子控制父母的有效手段。

实际上最难处理的也在这里，生病是真的，心理问题也是真的，自杀的痛苦更是真的，只是这个真，会被无意识地用来控制父母！

这就类似于孩子摔倒了，身体磕破流血了，那他的疼是不是真的？当然是的。但他摔倒后不肯起来，非要赖在地上打滚，并且一定要父母抱他才肯起来，这就是耍赖了。

身体磕破流血是要被安慰和照顾的，但耍赖不行，这就是原则。孩子有现实的困难和痛苦，这可以被理解；但借病耍赖、借问题来控制父母，一定是不允许的。

在各位父母无法有效判断孩子问题成因的情况下，我担心你们采用冒失、激进的方式来管教孩子，加重孩子本来就有的困难和痛苦。所以，我才一再地提出，用更加温和的"非暴力不合作"的方式来拿回主导权，重整序位，避免造成二次伤害。

用潜移默化的方式改变孩子，不仅安全，而且是最有效的。

有位妈妈最怕孩子在外人面前表现出种种幼稚、乖张的行为，因为这总会让她觉得很丢人。所以，每次她都怕带孩子出门。孩子多年休学在家，她又不得不经常带着孩子四处求助于各个老师、上各类课。而她的孩子，又总在各种场合表现出幼稚、乖张的行为。一旦孩子出现这种行为，她就情不自禁地想制止孩子，但她知道自己若是制止多了，孩子肯定会做出更加过分的举动来让她颜面尽失。所以，妈妈每次都极力控制自己的情绪，尽可能让自己不做出引人注目的举动。

妈妈越是这样的心态，孩子就越是搞出各种各样的幺蛾子来，并以此为乐。

妈妈确实被孩子牢牢地抓住了软肋，而妈妈之所以有这个软肋其实是有深刻原因的。在妈妈的原生家庭中，从小，她的母亲都是用羞辱或让她在大庭广众之下出丑的方式来惩罚她。这种长久的被羞辱、被出丑的伤害性记忆，牢牢地控制了这个妈妈的人生。为了不丢脸、不出丑，妈妈在工作中极其认真和负责，力求把每个工作细节都做到尽善尽美。在找到我之前，她可能从未意识到自己有问题，因为她毕竟取得了相当大的事业成就。

　　女儿现在的行为，对应的就是妈妈的这个创伤记忆。也即妈妈特别在意女儿会不会给自己丢脸，或者女儿是不是给自己争脸了。在孩子没进入叛逆期的时候，尚且能遵从父母的要求，按部就班地学习，取得良好的成绩。一旦孩子进入叛逆期，突然发现自己不学习、不听父母的话，父母居然拿她没有办法（或者父母居然默许了她这个样子）！而且她的一些行为尽管让母亲非常不自在或者让父亲暴怒，但他们依然对自己无可奈何。

　　而父母的无可奈何，其实是因为在母亲的潜意识里，她非常抗拒被约束，非常抵触管教的行为，甚至可以说妈妈才是那个不服管教的人。只是妈妈的成年人身份，以及非常出色的工作能力，掩盖了其底层的任性、固执与偏执。而这些底层的无意识最终通过对女儿的纵容表现出来了。

　　孩子之所以能突破你的底线，是因为你根本没有底线。

　　而她的孩子就在这样的互动中，摸索出了控制父母的套路，并在出格的道路上狂奔。

　　父母也只能干着急，却无行之有效的方式来制约她（制约不了其实就等于潜意识里默认、默许了）。

　　在孩子那里就有一个很直观的体验："你们拿我没有任何办法，而我却总能让你们难堪、暴跳如雷。"表面看来父母好像还是强势的一方，尚能管着孩子的金钱，偶尔还能揍她一顿。但显然孩子的手段更多，做出各种出格的行为，出现幼稚乖张的言行以及生各种病，反正她总会拿一堆麻烦来整你，而你却一点办法都没有，只能被耍得团团转。

　　在母亲没有好好面对自己，没有心甘情愿突破自己之前，特别是自己的不服管教、任性、固执、偏执被意识到之前，她是管教不了这个孩子的。

　　而孩子目前已经成年，抓住妈妈的软肋，操控妈妈早就驾轻就熟了，随意一个行为都可以让妈妈陷入失控的反应模式。

　　这就是我之前讲的这个家庭里的"老鼠圈"！

　　但这个孩子的行为模式并不难破解，而且完全不需要暴力，更不需要强压，只需识破她的这些伎俩，让她的伎俩无处施展并一次次失效即可。或者她玩腻了，不玩了，她也会收心，好好养活自己。

　　当然要记住，这并非她头脑层面的故意，而是她在原生家庭里养成的习性。

　　在我和她的几次交锋中，她也习惯性地呈现了十八般"武艺"，天真无邪、无知可怜、无礼乖张、胡说八道、胡言乱语、受害受伤以及种种心理疾病的症状，各种心理师的咨询套路她都纯熟无比、信手拈来。

　　每次交锋之后我都惊叹，看起来那么老实本分的父母，怎么会养出这么一个孩子呢？当然，了解之后其实也并不意外，这些年父母带她四处求助，经历了太多专家，见识了太多"爱心人士"，每个人都想办法帮助她。她在这个过程中自然学会了如何应对这些人，因此升级了自己的技能，然后顺便选择一个她能驾驭的"爱心对象"进行沟通交流，而对方也沾沾自喜于自己能很好地陪伴她。

　　大家都没有真正识破这个孩子的伎俩，所以就一次次地掉入她的陷阱。而我呢，只是不上当而已，毕竟我没有她父母的那个软肋（"老鼠圈"），也不怕丢脸，更不在意她怎么无礼。

而且我总是警告自己不要掉入助人者的思维陷阱——很多时候是医生需要病人，而不是病人需要医生。

而她呢，从最初见我时的胡说八道、肆意妄为，到现在能好好地和我说话并讨论一件事情，和她的约定也能初步遵守，这已经是一个很可喜的变化了。

这中间经历了什么？其实说破了很简单，就是我不受她的行为干扰，稳定地按照自己的步伐不停地推进关系。我只是温和地坚持自己的立场和行事方式，对她不迎合、不讨好，但也不拒绝，更不厌恶。在整个过程中，我没有任何说教，没有任何道理讲给她听，因为我知道讲了也没用，她不会听的。我就是这么做的，按照我的步伐和规则。

在这个过程中，她的一些心理问题，比如被迫害妄想就自然而然地消失不见了，而我实际上并没有针对这个问题做任何处理，恰恰相反，我还给了她几次当头棒。当然，实际上的心理博弈是非常复杂和精彩的，这里限于篇幅就不展开了。

这个过程其实就是我一再说的，用新的体验去改变她原生的体验，也即用潜移默化的方式来影响她。

当然，前提是你得是个正确的模板，至少三观得对，而这并不容易！

【有问】明白了，谢谢老师，这个孩子我也见过，确实是叹为观止。

再谈威信，如何重塑

> 从建立权威的角度，真实是非常好的一种方式。那什么是真实呢？就是袒露自己真正的想法，不隐瞒，不掩盖。

【有问】老师，父母在拿回主导权的过程中还需要注意些什么呢？

【有答】曾经被打倒过的父母——实际上大部分都是自行放弃父母威信的，一听说要建立父母威信，总会迫不及待地想用压制、惩罚、控制、强权的方式来对待孩子，却很少认真思考过，曾经行不通的方式（孩子小的时候你肯定用过），难道现在突然间就有效了？特别是在孩子已经进入青春期，或者已经是成年人的情况下，如果真的被压制住了，其实也有问题，因为不会反抗的孩子，未来是没有力量的。

每个家庭要立足于自己的实际情况，慢慢尝试适合自己家的方式，不要突然间觉得哪种教育方式好，就完全采用那个方式，这是最不明智的做法。

从建立威信的角度，我认为真实是非常好的一种方式。那什么是真实呢？就是袒露自己真正的想法，不隐瞒，不掩盖。这是我对真实最基本的理解。

很多父母以为，父母得有威信啊，得是孩子的榜样，所以不可以不会；父母得很有能力，什么都能做到；父母得有爱心，什么都接纳，什么都允许。他们觉得这样才是好的父母形象，这样才会让孩子有依靠。

但事实却不然，在孩子进入青春期之前，这种"完美"与"强大"或许能引来孩子羡慕与崇拜的眼光，但对于已经进入青春期的孩子，这样基本无效，而且只会起反作用，因为他一眼就能看穿你。

要记住，孩子大了，他自己能思考，能分辨，能看懂事情的来龙去脉，也能感受到真实的你是怎样的。

而麻烦的其实也在这里，真实的你明明是这样的，但你又竭力给孩子表演出你"理想"中父母的样子。

比如，明明就斤斤计较，半点亏也不肯吃，但非要满嘴的"与人为善""慈悲为怀"；明明怨气冲天、牢骚满腹，却非要在孩子面前扮演一个贤妻良母的形象；明明看不起伴侣，但为了夫妻和睦又会刻意去讨好对方；明明心肠狭小、刻薄寡恩，却非要显得自己有情有义、宽宏大量……

这些矛盾本来就是人生的常态，也基本上不会有人承认自己是那个知行不合一的人。人都想展示给孩子最好的"形象"，但问题是，真实的你到底是什么样的？

所以，无意识的父母是什么样子的，就会带出什么样的孩子。

不真实的父母，他试图展示给孩子的形象，也是孩子愿意相信的。因为每个子女心目中的父母都是"完美的"，而分裂就是这样产生的，父母展示出一个"完美""强大"的形象，而孩子也愿意相信自己的父母就是这样的人。但实际上父母又不是，孩子体验到的也不是。

所以，身心分裂是从家庭里面开始的。这样的孩子成年后，当别人嘴上说的，和他实际体验到的不一样，他就分不清到底该相信哪个。

而不敢真实的父母，也即是不会真实表达自己内心诉求与感受的人，他在生活中的常态要么是压抑、憋屈、退让、忍让，要么是被情绪堵塞、裹挟。

父母日常处理问题的模式会被孩子无意识地模仿下来。虽然有可能他在行为层面完全相反，就像上文中的母女，女儿看起来乖张、任性、无礼、无知，而母亲看起来老实、本分、压抑、不善于表达，但女儿表现出来的样子不就是母亲默许的吗？所以，母亲心灵深处的真实意愿就是女儿表现出来的样子，只是母亲从来不敢像女儿这样肆意罢了。

而这也是我一开始的疑惑，为什么知书达理的母亲会养育出这样的孩子？最后才看懂，那不过就是母亲内心深处的自己罢了。

而很多看起来正常的家庭（没有出现休学情况的家庭），孩子成年后，无法用自己的内心声音（实际上是良知的声音）去分辨他所接触的人事物。因为他从来不知道什么是内心的声音，就算知道，也不会听从，也不知道怎么听从（因为发出自己的声音不等于肆意妄为、张狂无度）。因为在他的原生家庭里面，他从来没有体验过。

这就是我建议各位父母一定要学着真实的深刻用意，因为唯有真实，才能打开知行合一的大门，至少不会给孩子分裂的人生体验。

而且唯有真实，才能让孩子的潜意识心灵与理性意识合一。他体验到的父母的喜怒哀乐、价值倾向，也即是父母底层的世界观、人生观、价值观，这些会让孩子有意识地继承下来。他能体验到，而且也知道，所以他才有选择的机会。

而这些真实，会给孩子踏实感和安全感，而所谓的边界感其实也是这么建立起来的。

甚至你的无能为力、短板、缺点、负面情绪都不需要掩盖，都可以让你的孩子知道，如此他才会打破每个人都会有的"完美父母"的刻板印象与刻板需求。如此，"父母应该……"的心态也会被消融。

而实际上，当父母真的弱下去时，孩子也就会成长起来了。因为他知道自己没得逃避，没有退路。而且父母真的弱下去了，往往也能激发起孩子拯救父母的情结。当他试图去拯救父母的时候，他就能迅速地从受害者意识中脱离出来，从巨婴的状态中成长起来。拯救父母的情结，虽然不是最有利于人的身心健康，但至少是非常不错的生存动力，这没有什么可以被指摘的。

从另外一个角度来说，只有内心真正强大的人，才敢真实（注意区别，真实不是肆意妄为，不是张狂任性）。真正强大的人，才会时时检视自己，承认自己的不足与无能为力。真正强大的人，不需要证明自己的强大，更不需要扮演强大。

举一个常见的例子，有些父母在看到孩子落后或者做得不好的时候，总是习惯性地说："你怎么这都不会，你怎么这么笨呢，你爸爸（妈妈）当年……"

这种比较式的说教，实际上是把自己降低到和孩子一样的位置了。因为只有同龄人（同层次的人）才会比较，长辈和晚辈有什么好比的呢？

很多父母以为用比较的方式可以让孩子生出羞愧心，然后奋发上进；在过去这或许行得通，但现在很难了，而且往往会起到相反的作用，只会激起孩子下意识地寻找父母的不足与缺点，并从他的角度佐证父母其实也不怎么样，并且更不尊重父母了。

所以，父母的威信不是通过打压孩子来树立的，更不是通过刻意表现自己的强大来让孩子尊重。真正的威信，可以说是你对自己的接纳程度，也即你有没有接受现在的你。你认为现在的你让自己满意吗，值得你的孩子学习吗？你愿意让你的孩子成为像你这样的人吗？你愿意让你的孩子像你一样生活、工作吗？如果这些都不是，你的威信就很难建立了。

换个说法就是，你的孩子认为你的工作值得他效仿吗？他愿意和你一样吗？或者他认为你值得他学习、模仿吗？他认为你的工作是有意义的吗？他愿意像你一样活着吗？

如果孩子回答"是"，那你就是最好的榜样和威信了。

这里分享一个案例给大家。

有一个休学孩子的妈妈前来找我咨询，咨询的是孩子的休学问题。在接待她的过程中，我优先处理了他们夫妻间沟通交流的问题。因为先生职业的特殊性，夫妻俩长年两地分居，孩子几乎都是妻子独自抚养的，夫妻的感情难免会有些隔阂，妻子心中难免有很多的不满与怨恨。

我花费了一些时间，先打开他们夫妻的心结，教他们如何更好地理解对方，如何满足对方心中的期待。

夫妻关系的问题解决了，他们家孩子的问题也自然解决了。毕竟妻子被丈夫理解了，自然也就有力量和能力面对孩子了。再怎么说孩子这么多年也都是她在带，她当然更懂得怎么协助孩子了。

她来的时候，很明确地告诉我，实际上是她不想动了，所以她的孩子也不想动。她已经没有力气去推动孩子，所以，必须先重建他们夫妻俩的情感关系，让她能重新复苏，有动力、有活力去经营这个家，而不是让她一直处于"牺牲"的状态。

为了推动孩子从舒适区里走出来，就需要重建孩子的动力。而重建孩子心目中的榜样，其实是最有效的一种方式。实际上，我发现他们家并不缺乏这样的榜样，孩子的爸爸就是一名非常卓越的科学家。这么多年来，他为国家作出非常大的贡献，只是因为工作性质的原因，在社会上声名不显。但家里的奖章、荣誉证书如实地记录着这位父亲的荣誉，也因为太多了，更因为保密的需要，所以都被妈妈收到一个箱子里藏起来了。

孩子呢，只知道爸爸是个科学家，但从来不知道爸爸的优秀跟她有什么关系。在孩子眼中，爸爸就是个缺失的概念，甚至是不称职的爸爸，再加上妈妈的怨气，所以孩子实际上对爸爸是有怨的，并没有那么认同爸爸。

而我呢，协助他们重建夫妻关系，重建父亲在这个家庭中的地位与荣誉感。当这个荣誉感被重建起来，她的孩子，自然就对父亲心生崇拜了。父亲形象的重新树立，立刻带动了这个孩子对父亲的向往。

于是，父母只需要轻轻一推，孩子就立刻重返课堂了。通过半年高强度的补习，去年孩子顺利通过了中考，就读于本地一所相当不错的高中。

之前这位妈妈也求助了非常多的心理平台与机构老师，他们给的各种爱与自由、接纳与静待花开的理念，导致这个孩子长年"宅"在家。

而来了我这里，做了几次咨询之后，父母做对了事，不需要费劲，孩子就出去了。

当然，大部分的父母可能不具备这位父亲的光荣履历，甚至大部分父母是庸庸碌碌，完全不知道自己为何所来，所去何方，只是应付着生活。

"人生的价值，生命的意义"于很多人来论都是一句道理而已！

父母威信的实质是什么？绝对不是野蛮、霸道、不讲道理、强词夺理。

【有问】好的，谢谢老师！好像现在的家庭都蛮缺这个的！

父失权柄，子欲何归

就算父母没有改变，就算父母很差，就算父母什么都不如别人，难道这些是孩子可以不上进、为所欲为、自暴自弃，乃至对父母恶语相向、拳脚相加的理由吗？

【有问】老师，请您再多谈谈关于父母威信的话题。

【有答】好的。其实父母的威信里面还有一个很重要的内涵，那就是父母具有天然的、不容置疑的管教孩子的权力！

时代的变化日新月异，现在的孩子拥有更多的信息接收渠道。他们很小就懂得质疑父母、反驳父母。父母老一套的"说教"已经落伍。

所以，大家得出的结论自然是父母必须与时俱进多学习，要学习做对的、好的父母！

多学习当然是好事，但是有些专家在这里就开始带偏了，为了强调父母学习的必要性，就把孩子的所有问题都归咎于父母，比如说"孩子的问题都是父母的问题""父母是原件，孩子是复印件"……

这些话，其实只说对了前一半（对父母的要求），还有后一半（对子女的要求）无一例外地被忽视了。

那就是，就算父母没有改变，父母很差，什么都不如别人，难道这些是孩子可以不上进、为所欲为、自暴自弃，甚至是对父母恶语相向、拳脚相加的理由吗？

要知道，在个体诉求之上还有更高的利益存在，那就是秩序，也叫作序位。所谓秩序是为了种群、集体的利益而发展出来的。养子不教父之过。父母拥有天然的、不容置疑的管教孩子的权力，这是几千年来的传统文化赋予的，根植于中国人的潜意识深处。

父母本来就没得选择，既然你是这个家庭的孩子，那你就得认。尽管他们可能并不如你的意。嫌弃自己的父母，嫌弃自己的出身，在任何文化里都是不被接受的。

现在很多专家、老师只片面强调父母要学习，父母要改变，父母要上进，唯独没有对孩子提出要求！

我接待过一个很可爱的孩子，这个孩子明目张胆地要求父母赚到上亿元的资产，否则就说明父母不上进。父母自己都不能跨越阶层，那他就没有上进的动力，就不愿意考进班级的前几名。

因为他觉得自己是复印件，父母是原件，只有自己努力，父母不努力，最终也是没有用的。这个家得大家一起努力、一起上进。

这听起来好有道理啊！

这对父母知道以自己的能力是做不到的，所以没有答应，但他们居然也被儿子说服并认同儿子的想法，这真是荒谬！

什么时候父母要改变、父母要上进（而且是按孩子的标准）成了孩子要挟父母的借口，变成孩子自己要不要上进、要不要学习、要不要努力的理由了？

更荒唐的是，居然有那么多的家长是非不分、毫无立场！他们搞不清楚，父母可以这么自省，但孩子不能这么要求。

所以，我一直说三观混乱，才是教育出现问题的根源。如此荒唐的现象在现实生活中一再上演，还比如"你没有能力养我，你生我干吗""生了我，你就得对我负责到底"……

我知道有些专家和老师，用各种方式谴责父母，甚至鼓励孩子直接公开控诉父母的种种行为（而父母就坐在现场，像个罪人一样被控诉），美其名曰让父母了解孩子，让父母看到自己是如何残害、压制孩子的，而实际上却是以爱之名打倒父母！

孩子被理解了，舒服了，可是结果呢？没有人关心后续如何！这个家后续还能正常吗？父母看到孩子不合适、不恰当的行为，还具有说服的威信与惩戒的权力吗？父母还能理所当然地管教自己的孩子吗？

按照专家的说法就是，父母必须先接受教育，成为合格的父母，而后才有管教子女的权力。那谁来判断父母是不是合格的父母？是不是都要去考个证书，才能生儿育女？

如果连父母管教子女的正当性都被质疑了，都要在情理上被剥夺了，那这个家就从根本上被动摇了！

当父母管教子女的正当性被质疑之后，父母说什么，做什么，任何批评、指责都可以被讨论、被质疑，甚至可以怀疑他们的行为是暴力的、压制的、错误的。若是如此，孩子自然可以不听父母的教导，不服父母的惩戒了！

请问以后谁来管这个孩子？谁来教这个孩子知对错、明是非呢？人不能只要父母养育、爱、支持自己，却不要管教与惩戒。

一个人在青少年时期就对父母失去了敬畏，那他又怎么去敬畏社会上的规则呢？他该如何建立自己心中的那条底线呢？他凭什么去立身处世，凭什么去判断是非对错呢？

从社会学意义上说，约束的强制性、秩序的天然性，其实都根植于对权威的敬畏，也即从对父母的畏惧开始建立的。

人必须心怀畏惧，然后才能有规矩，才能有安全感，大家才能安居乐业。

当我们失去对父母的畏惧，其实就是为整个社会的失序做了心理上的准备。

前几天，我在新闻里看到某小学还郑重其事地开调研会，调研老师是否可以惩戒孩子。我就知道麻烦大了，老师本来就具有惩戒学生的权力，现在居然需要通过调研，征求社会意见，征求家长意见，才敢、才能对学生实施。这不是乱弹琴吗？

【有问】明白了，看来，我们都要好好检视一下，自己是否就是老师说的那样。

立住根本，分清主次

血脉之亲本来就是第一序位的！要不同、要相异、要个性、要民主、要独立思考，也是在这个基础上，这其实也即是中华文明很重要的一个特点，就是"和而不同"。

【有问】老师，我突然想到了一些事情，和您这几天讲的主题有关。从我孩子上小学开始，我就很不满意学校给孩子布置那么多的作业，总觉得学校这种填鸭式的教育实在是太残害孩子了。所以，从孩子一年级开始，写不完的作业都是我代她写的。后来我直接对他们老师说，只要她考试能考好，就不要去管她的作业了。当然，我家闺女当时也聪明，她不做作业也总能考高分。后来她就很不喜欢学校布置作业了。

现在想来，我这个做法是有问题的。

【有答】确实有问题。有问题的不是写不写作业，而是你给孩子做了一种错误示范，那就是学校的方式是不对的，我们的才是对的；老师的行为是不对的，是不够高明的，我们的才是对的。

这是很多自作聪明的家长经常会犯的错误。

因为你这么做，其实就是在告诉孩子，我们不需要去适应学校教育，不需要去适应老师，因为学校是有问题的，老师是有问题的，而我们是没有错的。

更有甚者，认为这是"众人皆醉我独醒，众人皆浊我独清"，因为大家都苟且，只有我特立独行，所以我不服，我要走出自己的路来，我不要跟众人一样，我不想走主流道路。

处在叛逆期的年轻人这样认为还算是有个性，但作为已经为人父母的成年人还这样想，只能说是不负责任了。

为人父母，我们已经不再是那个做事情只图自己痛快的青少年了。我们怎么想、怎么做，不能只考虑自己的感受和需要，因为你是父母，就得考虑你的一言一行会对后代产生什么影响，你要带给孩子什么样的世界观、人生观、价值观。你要考虑的是，你的言传身教，时时刻刻都在塑造你的孩子。

一旦为人父母，就是不自由的，就不能随心所欲地"潇洒走一回"，要以父母的责任为先。这是很多心理"未成人"的父母所无法接受的。毕竟自己都还没有享受过年轻的自由与绽放，更没有挥洒过自己的青春，突然间他们就成了别人的父母。也即"还没有年轻，就已经老去"，这才是很多人担不起父母这份责任的心理学真相。因为自己还没有"心理成人"，所以，他还不服气，不愿意遵守规则，还处于"叛逆期未完成"状态。

"叛逆期未完成"状态下的父母，就要担起养育子女的责任，就要成为子女的榜样，出问题几乎是大概率的事情了。因为叛逆期的主体情绪、感受，就是不爽、不服、看什么都不顺眼、喜欢挑他人的错，甚至还是易激惹、敏感、多愁善感的阶段。

问题就出在这里，父母自己还处在这个阶段，然后又生儿育女。等子女一出生，又在模仿父母对世界的观感。在孩子的三观还没有建立的情况下，对世界的观感（世界观）、对人生的看法（人生观）、对是非曲直的衡量标准（价值观），都是以父母这个时候的观感为主。

父母处在什么状态，那孩子模仿到的就是什么。

在青春期之前，孩子尚没有能力去忤逆父母、老师、学校、社会，但父母已经给他储备足了不服气、不爽、叛逆的三观，一旦他进入青春期，出问题就会特别严重。

所以，重点是主次、序位问题。重点是身为父母的你对学校教育的直觉是好感、尊重、认可、重视、敬畏，还是不服、不爽、抵触、否定、不屑，也即学校教育在你心目中的重要性是不是第一位的，是不是由心而发地拥护学校、支持老师。站稳了这个立场，再去讨论学校教育的不足。

血脉之亲本来就是第一序位的。要不同、要个性、要独立思考，也是在这个基础上，这也是中华文明很重要的一个特点——"和而不同"。一国之内以和为主，但大家可以各不相同，兼容并蓄。一家之内亦然，所以有"家和万事兴"的说法。

这才是人类社会、族群存在的根基。人类本来就是以血缘为纽带联系着整个家庭、族群、国家。

你可以在这个立场上批评、建议乃至反抗。但在这个立场之外，那就是"敌我关系"了，比如已经不认父母，甚至是威胁、谩骂、攻击、殴打、诋毁父母的子女，那还是子女吗？

现代家庭关系紊乱的原因，很多时候就在这里。立场不对了，又试图去爱"敌人"，试图去调和"敌我"关系，这怎么可能？

【有问】我有点明白了，怪不得孩子每次和我探讨什么社会现象，我总被她绕进去。她就特别看不惯社会上的种种现象，包括学校的卫生检查活动、创建文明学校，特别是领导检查，等等，她都特别反感。现在对于学校考试、测试、课程的安排，她都有意见，而且总能说出一堆的道理，我还真说不过她！

她也质疑学生要参加高考。她说："参加高考就是为了去大学混吃等死吗？没见那么多大学生在学校里面也是打网游，就算不打网游又有几个真正学有所成呢？有几个能学到自己真正喜欢的专业，又有用武之地呢？就算能毕业，还不是一样得从头干起？有几个人能将大学学到的知识应用到工作中？既然用不上，为什么又要用那么多时间去学呢？难道只为了那一纸无用的文凭，你们就要逼我浪费那么多年的青春？"

老师，我还真辩不过她！

【**有答**】所以，我说你主次不分，立场不对。在道理上辩肯定是不行的，她一个小孩家，哪来那么多质疑社会规则的底气？

她只是道听途说，就视之为真理，并且振振有词，以此逃避她该承担的责任和义务。她如果真的质疑规则，就应该好好地研究规则的起源与制定缘由。你让她去检视一下，如果中国没有这样大规模的义务教育，没有现行的教育体制，那她现在在哪里？她的父母在哪里？我们绝大部分人，都是现在这套教育体制的最大受惠群体。人不能拿起碗吃饭，放下碗骂娘。

你再让她去检视一下，人类若没有规则，社会会变成怎样？她要追求自由，追求个性，有本事她现在就去追求啊！吃父母的，喝父母的，不从事任何生产劳动，不创造任何社会价值，凭什么对社会规则评头论足？

她这个态度，我是不允许的，因为太轻慢了！小小年纪，没有任何社会经验，道听途说，听到某些观点，就振振有词、高谈阔论，这本身就是非常不端正的态度。

当然，她有评论、抵触的权利与自由，但请她做做调查研究，先从事劳动生产，再来发表意见。如果不劳动，不生产，对社会没有任何贡献，那她就没有权利对进行劳动生产的人评头论足。

【**有问**】老师，我还真说不出您这样的话！我的观点同孩子的其实是一样的，看来还真是我的三观有问题。孩子休学，还真的不能怪谁。

谢谢老师！

家国同源，以小见大

以小见大，你现在怎么培养你的孩子，你的孩子现在怎么对你，就决定了他未来会是怎样的人。

【有问】老师，请您再谈谈关于序位的问题。

【有答】好的，上次谈到"血脉之亲本来就是第一序位的"，这是很多人都认同的。既然它是第一序位的，那么事情也就简单了！

我们的导向始终是家庭关系，也即儒家所说的"亲亲之爱"。从关系层面来说，"亲亲之爱"好像很现实，有关系才有爱，越远的关系越陌生。这本来就是现实，恰恰尊重了人身上动物性的那一面，这是本能之爱！

儒道思想始终是同根同源的中华文化，从这里就可以看得出来。

中华文明立足于自然，在这之上进行了升华。如"老吾老以及人之老，幼吾幼以及人之幼"或"先天下之忧而忧，后天下之乐而乐"，就具有十足的可操作性了。

所以，血脉之亲始终是第一序位的，就是很自然的事情。

从与父母的关系来说，人应该下意识地维护父母、爱父母、尊重父母，乃至以自己的父母为荣，这是中国文化中子女的第一立场，而这个立场则是立身处世的首要原则。偏离了这个，再多的冷静思考，再多的独立意识，都不是好事。

现在很多人实际上是失去了立场，在那里空谈道理。

若是身为父亲，看见妻子儿女身处危险之中不去拯救，甚至弃家人而逃，不管他怎么为自己辩护，都会受到人们的谴责和鄙视。

虽然法律没有明文规定，他必须先保护妻子儿女，但良知上有要求，人类共同的文化诉求里有要求。

社会（或法律）有宽容的必要，但如果以社会（或法律）的宽容作为自己不道德的借口，那就是在践踏社会的宽容。公民有自由表达的权利，但如果滥用权利来伤害公众的感情（公序良俗），那也不应该被允许。

那些人类不约而同、不言而喻、不需要明文规定的社会秩序，是沉淀在人类集体潜意识里的共同契约，也称心灵契约，也可以说是道德良知。

什么是主次？这就是主次，这就是根本。

从这些现象回到家庭教育上，子女是下意识地维护、尊重、敬畏、爱戴父母，或者以父母为荣，还是下意识地指责、挑衅、谩骂、攻击，乃至殴打父母？

这其实就是家庭教育的分水岭！

父母不仅代表着爱、包容、接纳与支持，更代表着力量、权威、管教、约束与惩罚。一个人在家庭里怎么和父母相处，他在社会上就会怎么和那些"父母意象"的外延（比如领导）相处。

这也是中国人"家国"文化的心理学意涵，中国一直就有"家是最小国，国是最大家"的传统。从一个人成年之后怎么对待"父母意象"的外延，也即各类权威、法律、社会秩序、公序良俗，几乎可以反向推断出他在原生家庭里和父母的关系是怎样的！

所以，以小见大，你现在怎么培养你的孩子，你的孩子现在怎么对你，就决定了他未来会是怎样的人。

【有问】明白了，老师，看到那么多家长，他们的孩子的基本做人底线都一塌糊涂，真是令人又气又急呢！

是等不起，得慢慢来

老师不是在和当事人说道理或者空谈心理。这么多年，老师陪伴了一个又一个人走出他们生命的泥潭，并手把手带过很多缺失了生活能力、缺失了生活动力与激情的人。所以老师很清楚，一个生命的重建需要哪些工程！

【有问】（孩子宅在家里数年且已经成人）老师，您这一系列课程的主题，我也深深地认同。和我同来的几个家庭，我都看到了他们的改变。他们的家庭都开始向好了，甚至几个家庭都发生了实质性的变化。

可是一到我这边，看着已经成年的孩子在家里长年"宅"着，我就情不自禁地着急起来。

特别是很多妈妈会和我说，"你改变那么慢，孩子等不起啊"。而每次"孩子等不起"这句话都会让我再次着急起来。说实话，这也是我每次在焦虑的时候无法安静下来，无法像老师说的那样面对自己的很大一个原因。

【有答】是啊，我自己一不小心也会被你这句话带入坑里。"孩子等不起"，这句话看起来很对，而且这句话总是能轻易地把父母推到"是否没有及时救治孩子"这样一个道德审判柱上，乃至我也一不小心就会被你的这句话给牵引，觉得是不是我做得再多一点，再努力一点，你的孩子就会更快地改变。

所以，我也情不自禁地思考我的局限性，看看我怎么做可以协助大家改变得更快一些。

事实上，我们的目标从来不是把孩子送出门学习，或逼孩子出去工作。因为这么多年下来，我接待过太多"宅"在家里的成年人，见识了太多成年人的心理问题或能力问题，或从根本上说是自身局限的问题。家长们对于失学、休学、退学的原因一个都不去检视，却急着把孩子推出去复学，怕孩子等不起，错失最好的教育机会、教育资源，这是否本末倒置了呢？

把一个宅在家里的孩子送出去上学，逼出去工作，其实真的不难，只要父母心狠点，做到断粮断钱断网，乃至暴力相向，一定可以把孩子逼出去。然后在孩子每一次退缩的时候，能再次狠心地把他逼出去。如此，孩子没有退路了，他会不会改变？在他吃过社会的苦头，又没有退路的情况下，改变是一定会发生的！

这样多快啊，也确实缓解了父母对于"孩子等不起"的焦虑。孩子是等不起的，所以父母就只管拼命推？管他呢，推出去就是了。反正大家说他一定会改变，那就这么做吧！但是这样做真的对吗？

与当年孩子还小的时候，大家奉行的"不能让孩子输在起跑线上"是一样的道理！你的孩子当年不就是"别人家的孩子"吗？不就是所谓的"鸡娃""牛娃"吗？不是已经赢在人生的起跑线上了吗？

然后你现在又怕输了，又怕来不及了，又怕孩子等不起了？

好吧，既然你认为其他导师的方法快，能快速地推动孩子出去复学，那我真的建议你和那些导师好好学。

我从来不反对你们和哪个老师学习，应用哪一种方法来落实你的教育。但作为你今天的老师，我会建议你，认真去研究，去思考，去鉴别。别人有效的原因是什么？那有没有无效的人呢，无效的原因又是什么？有效的人又做对了什么，是怎么做的，他们家庭如何，夫妻关系如何，孩子现在如何？你都要和他们面对面地深入交流，去看看，然后去总结，想一想这些是不是你要的。

如果是，那我建议你也认真地做，认真地执行，如此方能保证你也获得同样的结果。

或者用大白话来说，如果我在你的位置上，我是孩子的父母，由我来推动这个孩子，那我一定能让这个孩子改变。因为我立场清楚、是非分明，又不为自己的情绪所困，我没有你的焦虑，更没有你的急功近利，我对成功没有你那么狭隘的体验和认知，我知道人生有无限可能，并且我自己的人生也有无限的可能，我更能看到孩子的人生有无限的可能，并且我也能协助他们找出自己人生的无限可能。

所以，我不会动不动就绝望，觉得孩子的人生已经无望。我不会认为，他现在"宅"在家里是多么可怕的事情。对于我而言，那只是他人生路上的一个挫折而已。实际上，我的观点一向是，人在青少年的时候，就应该多受挫。年轻时受挫越多，到人生后半场时，才能少犯大错，才能少入歧途。

所以，就算孩子现在是受害也好，受伤也罢，或者折腾、作妖，我都可以和他们斗智斗勇，我会允许，但不纵容。我能理解青少年的心声和他们的诉求，他为何会这么叛逆、愤怒、对抗，这些我都能懂。

同时，我也不怕他们的这些叛逆、愤怒和对抗，因为我有能力和手段应对他们的各种折腾。我更懂得，这些青少年因为被满足得过度了，被给予过度了，他们最缺的恰恰是饥饿、疲劳、困顿、受挫的生命体验。所以，我会在生活的每个细节中，通过自己的被动、"装死"，通过对孩子的使唤，令其补上人生中最重要的功课。当然，这些都会通过我和孩子的互动来完成，并且我不会说教他们。

我只会在孩子们有问题的时候、有需要的时候，顺势推动他们去行动起来。就像打太极拳一样，让孩子们在完全没有警惕、没有对抗的情况下，自动地被推动，去成长，去前进。在这个过程中，也能建立起我在孩子心目中的威信和地位，让他们在尊重我的同时，知道在他们需要的时候，我总是会给他们合适的指引，包括必要的心理支持和解决问题的建议。

因为我不会在欣赏孩子的时候又弱化他，不会在肯定他的同时又把他当作巨婴对待。

在我这里，我永远相信，人生任何时候都来得及。这些年轻人都有无限可能，只是因为家庭教育的原因，因为思想没有出路，所以就困在那里了。

那么在这些孩子的成长路上，缺什么，我就会给他补上什么。因为我知道对于一个人的成长，到底什么是重要的。

而这些实际上在每次课程当中，随着大家家庭问题的不断暴露，其实我也在不断地给大家分析，并且引导大家该怎么去解决，这些不都是具体的做法吗？

而问题是，这些为什么你都没有学到，在你那里为什么只剩下干着急，只剩下"等不起"呢？

你想赶紧推动你的孩子，你认为孩子等不起了，但实际上，你却花费了大量的时间在焦虑，在团团转。你孩子都休学这么多年了，这不都是你浪费的时间吗？而且你也求助了这么多机构，你学到了吗？一个又一个地换导师，并没有见你自己学会了什么。

所以，是孩子等不起，还是你等不起？

【有问】……

盲目疲惫，如何有望

> 从来没有改变过的人是你，一直都在用无效的方式对待孩子的人是你，而你却希望盲目的方式能带来好的结果。你若继续这样盲目地做，最终等待你的就是绝望！

【有问】老师，请您继续上一篇的话题！

【有答】好的。我继续展开说，你可能又要绝望了。这么多东西，你哪里有可能学得会，那不是更来不及吗？还不如让别人来介入，直接推动孩子出去。等你学会了，黄花菜都凉了。所以，"孩子等不起"就更契合你的心灵底色了。于是，你就更不思考、更不分辨了，再也不对自己下手，再也不内省了。别人怎么说，你怎么做。最好是老师去你家里，把你的孩子打出来，拉出来，逼出来，或者陪出来，带出来，爱出来。这样当然最省心。于是，你只会机械地推，然后却希望简单、机械、教条式的行为，能带来一个好的结果！而事实也已经证明了这种方式的无效。

在你的孩子休学之前，你也只是盲目地带他，随着自己的习性、想法去带孩子。总之，在孩子小的时候，你就没有认真去观察他的每个细节，没有真正了解过孩子到底要什么，更没有从孩子的日常行为中预测到他在未来可能遇到的障碍。比如，他是否过于心高气傲、自以为是，是否眼高手低、脆弱敏感，是否争强好胜、不肯服输，是否肆意妄为、狂妄自大，是否自尊低下、易受打击。这些本该在他小的时候就观察到然后加以修正的，实际上你却一直用无效的方式调教孩子，还不知改变！现在亦然，在孩子小的时候"别让孩子输在起跑线上"，长大之后"孩子等不起"，反正总能击中你心中的焦虑。

所以，从来没有改变过的人是你，一直在用无效的方式对待孩子的人还是你，而你却希望盲目的方式能带来好的结果。我实在不忍心告诉你，继续这样盲目地做，最终等待你的就是绝望！因为事实上你的内心已经疲惫不堪，某种程度上你只是强撑着，只是不敢不努力而已。你认为"我不努力，不救孩子，那谁来救他呢""只要我还能努力，那孩子就还有希望"！

这个信念在道德上会给你很多的力量，却掩盖了太多真相！

首先，这个信念是怎么形成的？事实真的是这样吗？真的严重到了需要救他的地步吗？他是重病不起，奄奄一息，还是命悬一线？而且孩子必须由你来救吗？孩子真的需要你来救他吗？孩子有跟你求助过吗？或者你的拯救有效吗？还是你以为有效，你以为有希望？如果你的回答都是不确定的，那这个信念主导下的行为怎么可能带来正面的效果？（当然，这个信念是怎么形成的，也涉及你的"老鼠圈"是怎么形成的，这个前文讲过太多，这里就不予赘述了，反正你始终得好好面对。）

其次，在你这个信念底下，还有一些"刻板印象"是你不敢看见的！虽然它未必构成你的信念，但这些体验会让你"无望"。在孩子出问题之后（其实问题在更早之前——在你的原生家庭里就已经埋下了），你这些年为了让孩子能复学，让孩子能出去，你做了多少努力？在你本该退休的年纪，却不得不为了已经成人的孩子四处奔波！

关键是你一再地努力，孩子却无动于衷、麻木不仁，甚至更加颓废、沮丧、无助、退缩！请问这些经历给你的体验是什么？反正什么体验都可能有，但绝对不是愉快的，绝对不是正向的！

试问，你要有多努力，才能让自己忘记每一次的无效、每一次的负面体验，还能笑着给孩子"爱""欣赏""允许""接纳"？强颜欢笑真的好吗？真的能给孩子你所期待的正能量——"爱""欣赏""允许""接纳"吗？

我看到的却是一颗几近枯竭的心，至少是个疲惫不堪的灵魂。他年轻力壮，而你本该颐养天年，那么到底该先救谁？到底是谁等不起？

看到你的时候，都已经能给我如此强烈的感受了，那么请问，在这种状态下，孩子和你互动，他的体验会是什么？虽然你的愿望是美好的，但我想你的孩子的体验绝对不会是正向的！而你的孩子无力摆脱你给他的这种负向体验，那他怎么办？只能是和你隔离开来，要么拒绝，要么冷漠，或者怨恨等。如此，自然是你越努力越糟糕！

而你们一家人都会在这个负向的体验中，一直往下坠落，一起无望！所以，我得用尽一切方法来阻止这个往下坠落的轨迹，这依然得从你身上入手。因为你的累、你的疲惫、你的枯竭、你的无望才是你的家庭亟须摆脱的心灵背景。要记住，你就是你孩子的原生家庭，你就是你孩子的心灵底色！一个无望的妈妈，怎么可能带出一个健康、积极向上的孩子呢？

我协助过不少刚刚休学的孩子的家长，让他们的孩子成功复学。但复学之后，孩子就会一直健康、积极向上，就再也没有烦恼了吗？当然不是。只要孩子曾经休学的原因，即这个问题产生的根源没有解决，虽然老师的及时干预可以使这个家庭免于坠落，但如若家长不深刻地反思自己、检视自己，问题依然会随时爆发！这也就是孩子复学后，家长依然需要在这里学习的原因。因为他们必须彻底地、完整地面对自己的"老鼠圈"、思维盲区、非理性的执念，乃至曾经在原生家庭里缺失的约束与管教，这才是重点，而不是怎么教孩子。孩子永远来得及，就算孩子已经20岁、30岁，只要他有求助意愿，只要他还想向好，那么我们就可以帮到他。

如果人无法改变，那整个教育界就不需要存在，所有的心理咨询师也不需要存在了。要相信，人一定可以通过学习来改变与改造自己！当然，你得先有这个体验，不然相信也是假的。

【有问】好的，谢谢老师！

拯救的心，害人的刀

如果你不知道怎么做，就什么都不要做，也远远好过乱做一气。孩子不需要你的拯救，因为他真的不是病人，他只是遇到困难而已，只是因为一些无法解决的问题引发了心理反应而已。

【有问】老师，上文你说过，"我不努力，不救孩子，那谁来救他呢""只要我还能努力，那孩子就还有希望"！这样的信念会给我们带来道德上的力量，却会掩盖太多的真相！为什么这么说呢？这个我想不明白！

【有答】好的，正如我上文所问的"他是重病不起，奄奄一息，还是命悬一线"，他为何需要你用拯救的心态来对待他？

要知道，"拯救"在人类的语境中，必须是对方处于危难之中，同时也意味着对方没有能力通过自己的努力改变现状，他需要外界强力的干预，来摆脱自己的危局！

所以，当你的心态是拯救的时候，你实际上已经在潜意识深处默认你的孩子就是这样的状态，不然你救他的心也不会那么急切。

那么，你知道这意味着什么吗？意味着他怎么努力、怎么改变，在你的意识里面都是没有用的或者都是无意义的，根本就不会被你认可。

事实上你的孩子根本没有那么差，他一直在寻找，在自己摸索，只是由于年纪不大、习性重、能力弱，暂时还没有找到很好的出路。这个是需要时间的，父母在他需要的时候给予一些协助即可。

很多父母不知道，自己这颗想救孩子的心最终会把孩子的努力给吞没，让他窒息。这可能是很多父母都难以理解的。因为他们总觉得，我都是为他好啊，怎么反而害了他呢？

可能在孩子没有遇到困难的时候，大家都还知道，孩子需要的是教育、是管教，可孩子一出问题——往往就是孩子情绪不对劲了，易怒、暴躁、消沉、低迷、抑郁、失眠、焦虑等，一旦专家说他是心理出问题或精神出问题了，家长就全部慌神了！因为家长确实不知道这个心理问题、精神问题到底是什么！特别是有很多专家动不动就给这个年纪的孩子下诊断，比如双相情感障碍、抑郁症、广场恐惧症、强迫症、焦虑症、被迫害妄想症、钟情妄想症，乃至各种精神分裂症等。这些名词都足以吓死家长，而且专家还给他们开药，既有诊断又有药方，这孩子不是病了又是什么呢？所以，家长能做的自然就是好好地呵护、照顾这个病人了。而孩子呢，很无奈，他根本对抗不过外界（老师、同学、家长、专家）对他的判断，不得不成为需要被关照的"病人"。

本来就已经身处困境而无法摆脱的孩子，又得面对周围人异样的眼光以及特殊的关爱。他如何有能力抗过这些呢？他不退缩谁退缩呢？而这样又反过来坐实了专家的诊断！

所以，这真的是令人气结的死循环。其实不过是孩子在成长的过程中遇到问题了，而这个问题孩子不知道怎么解决，所以就会出现各种情绪反应。

家长如果不知道怎么做，就什么都不要做，也远远好过乱做一气。孩子不需要你去拯救。他真的不是病人，他只是遇到困难而已，只是因为一些无法解决的问题引发了心理反应而已。

人的情绪状态其实都是对内外情境的反应，正如雷达是因为发现了异常情况才发出警报，虽然警报有可能过度敏感而乱响，但正常的做法应该是先找出引起雷达报警的原因，而不是直接把警报按下去，不让它响了。这不是掩耳盗铃又是什么？当然难的是，引发警报的原因往往是家长与专家都无从知道的（因为专家和家长未必有能力从孩子的情绪化信息中抽丝剥茧地去了解孩子到底怎么了），所以大家都只能用掩耳盗铃的方式处理孩子的情绪。

说到这里，如果你什么都不知道，你也不是专家，那你可以做的事情就是：正常地对待孩子，不要给予不一样的关注、特别的关心。就算要关心，也请暗暗地、悄悄地，不要让孩子知道！从潜意识暗示的角度来说，不一样的待遇，会暗示他是不一样的人，也就是突然把他从人群中剥离出来，而这会让孩子非常恐慌。

在文学语境下，"从众"可能是个贬义词，会让人看起来很没有个性，没有独立思考的能力。但是从群体心理学的角度来考量，特别是对于孩子，从众会让他很有安全感。从众本来就是根植于人类潜意识深处的一种生存本能。和大家都一样，才说明自己是属于这个群体的。在人类几万年的进化记忆中，也代表着我会被这个群体保护，我不会落单，我是安全的。而特立独行，其实也暗示着自己离开群体，对于我们的潜意识，特别是群众心理而言，这就意味着，我被群体剥离了、被远离了、被抛弃了，乃至会被攻击，而这最终都意味着死亡！

排除异己可以说是群体的本能！所以，就算是成年人，他想要和别人不一样，不管这个不一样是卓越还是落后，都需要强大的心理能量来支撑自己这个不一样的状态。或者说，一个人要花费很多时间和精力来为自己构筑起这样一个心理壁垒，如此才能在与别人不一样的环境压力下生存下来。

就算是现在这个社会，能与众不同并且生存得很好，还能让自己很满意，同时也不在意周围人的眼光和评价，试问有几个成年人能做到？成年人尚且不容易，那么孩子就更扛不住自己和别人不一样这种无形的、群体性的压力。从这里延伸出去，在孩子小的时候，做个和周边的孩子都一样的普通人，走大家都在走的路，其实是最安全的、压力最小的。先做好普通人，把普通人该做的事情都做好，然后我们再追求卓越。而且事实上人生的卓越与否其实都是在后半场，前半场所谓的卓越，真正能一直保持下来的，少之又少！

从发展心理学的角度来说，就是一个人要在社会关系、生活能力、家庭背景、社会地位、周围人对他的认可与支持，等等，各个维度上都匹配起自己的这个特异性，或有过硬的心理素质来支撑自己的这个特异性，这谈何容易？事实上，在我接待的家庭里面，休学的孩子或者出了各种问题（含心理问题）的孩子，往往在他出问题之前都是非常优秀的，在天赋与成绩上超越于常人的大有人在。甚至很多孩子，在休学多年之后，依然可以考出很好的成绩，乃至考上很好的大学。

而父母也总是在扼腕叹息，多么优秀的孩子，就这么荒废掉了；多么卓越的孩子，就这么浪费了才华！那么到底是谁害了孩子？电影《心灵捕手》里面讲述的，也是这样的一个故事。天才少年威尔最终能走出心理困境，就是源自心理学家尚恩以极其淡然和平常的态度对待他，只是视他为一个普通的孩子。该对他的无礼予以反击就立刻反击，该对他的胡说八道予以冷淡就给予冷淡，仅仅以一个平常心对待，最终引发了这个孩子所有的情绪释放，乃至使他走出人生困境。当你能看明白这点时，那事情就好办了。

归根结底，你想拯救孩子的心有多强烈，你对孩子心理健康的摧毁力度就有多大！所以，该面对的人是你自己，只有你真正不为孩子而努力学习了，你的孩子的改变就自然开始了。

【有问】所以，还是老师一直说的，我们要"死透"，就是这个意思！是我一直没有领悟老师的用意。

若不一样，会很恐慌

本文根据督导小组学员的分享整理而成，这会让身为父母的我们认真思考：究竟该如何对待只是暂时处在困境中的孩子？对于一厢情愿的关心，孩子到底是怎样的感受？

【有问】您刚刚说孩子最不希望的是把他当成病人，我高中的时候只是有一点点抑郁，就很怕别人把我看成是不正常的。我只是稍微释放一下，就感觉跟别人不一样，我很怕别人以不同的方式来对待我。

【有答】是的。特别是青少年时期，跟别人不一样会让孩子很惊恐。为什么别人都把《当怪物来敲门》里的那个男孩当隐形人？其实背后有一个很重要的原因，学校里面所有人都知道，他妈妈生病了，他家里发生了重大事情。每个人都想呵护他，都想照顾他，但又都在回避他，他无形当中就被孤立了，所以隐形人是隐喻这个。特别是周围的人，都把他当作受到严重伤害的一个孩子，家庭出现重大变故的一个孩子，大家都小心翼翼地回避他，因为大家不知道该说什么好。但这个小男孩收到的信息是什么？是大家都疏远我。

【有问】嗯，包括后面一系列的，老师让我家里人来接我，我都感觉不正常，不太对劲。这些事情都会加重这种感觉，自己不一样了，自己不正常了。包括说我压力太大啊，睡不着啊，要吃安眠药啊，然后还有人回来陪我聊天，这些感觉通通都不好。还有人特意过来看望我，有人特意来找我聊天，有人来安慰我，老师说你跟他比较聊得来，跟你换个座位。我就感觉不正常了，所有的人都把我看得不一样了，我的正常生活被破坏了。还有人会盯着我，打个电话都会有人陪着我，说我现在就像三四岁的小孩。

我就感觉我的生活好混乱，有人说你躺下来休息一下吧，你今天不要去上课了，你现在很难受吧，你睡一觉吧。我躺在那儿根本睡不着，我就觉得我的正常生活被破坏了，我怎么成这样了？包括生活老师也说："你到我家去休息吧，你睡到我家吧！"还给我50块钱让我买东西，这些人对我虽然都是好意，但是我的感觉就是我不正常了，我很慌乱。

所有人做的，包括妈妈说，我是因为我们家太穷了，没有钱买很多好吃的东西，吃得没有营养才会这样的。这些安慰我通通不要，我不想要这样的不正常，我想要生活恢复平静，可是我做不到。别人为我所做的一切事情，我都感觉干扰了我的正常生活，所有的举动都让我觉得惊慌，包括爸爸的眼神，护送我回学校上课的那种不安。他用那种不安的眼神看着我的时候，我就感觉他好像在说："你不太正常。"

老师还会找我说："这个老师学过心理学，找你来聊一聊。"可是我坐在老师对面的时候就感觉，天哪，这不是我要的生活，我怎么会变成这样？为什么要这样？感觉好混乱，我不应该坐在这儿的，我应该坐在教室里认认真真学习。为什么我的人生突然就发生了转变，变成跟别人不一样的了？然后我就从学校离开，因为老师让我回去休息一下。

这根本就不是我想要的，这些事情都让我觉得离正常的生活远了。这让我很惊慌，我不想要这种感觉。还有平时对我很好的同学的爸爸妈妈来看望我，我都感觉很难堪，很不好意思，抬不起头，我妈妈又说要感谢别人，因为"看他们对你多好啊"！这些我通通不想要，我不需要这些东西。

我哥哥找了一张报纸，上面说哪个地方可以治疗抑郁症，让爸爸带我去看。我在学校的时候，我爸爸就骑车过来带我去市里找那个医生。我心里很慌乱，我觉得这些都不是我应该做的事情，我不想要做这些事情，为什么要去找那些医生看？聊完以后，所有的事情都在验证，我跟别人不一样了。所有的举动反馈给我的，都是我跟别人不一样了。但是那个不一样，让我感觉很难受。这种跟别人不一样的感觉，让我很惊慌，让我觉得生活越来越不一样了，越来越失控了，越来越不像一般的同学了。我发现我一走进教室都很难堪，抬不起头，就怕别人用异样的眼光看我。

【有答】看你会怎样？

【有问】看着我，很奇怪地盯着我，好像在说你不一样了，我就抑制不住地想要从教室里冲出去。我想要逃离这个地方，跑回家，我不想被人盯着。面对爸爸妈妈，我又很愧疚，我怎么又跑回来了？我很自责，我为什么要跑回来？我为什么又在做这种荒唐的事情？我不想要这样，可是我遏制不住自己。

在操场上我就遏制不住自己，想要翻墙出去。但是我又在想，好荒唐呀，我为什么要做这些事情？为什么想要做这些事情？天哪，我是来学习的。大晚上的我也想要翻围墙出去，但我又怕别人觉得我不正常。那时候没有一个人说，其实你没事。我一边在做着这些行为，一边又觉得自己很奇怪。我为什么要这样子？为什么每天晚上都要冲出去？

人家说难受时大吼一声就会好，我跑到大操场，看看周围有没有人，有人的话我可能喊不出来。我不想被人觉得自己很奇怪。我看到围墙那边有堆东西，我就想要翻出去，但是每次翻完，又觉得我把事情搞得乱七八糟的，我为什么要搞这些乱七八糟的事情？我自己都不相信自己在做这些事情，人家都回宿舍，洗脸刷牙睡觉了，我却翻围墙出去。

我不想跟别人不一样，我也不想别人觉得我很奇怪。我在路上晃晃悠悠，我也不知道我在做什么。我就觉得自己离正常生活越来越远，不知道怎么才能回去，不知道怎么使我的生活回到正轨上。这种感觉让我很恐慌，我感觉怎么努力都爬不起来，所有的事情都在验证我不一样了。

我爸又听了别人的话，把我带到精神病医院。这些举动都让我觉得不一样了，都增加了我对自己的认知。为什么要做这些荒唐的事情？为什么要这样做？我不想跟别人不一样，但每做一件事情，就更加验证了我的不一样。我远离了正常的生活。这是让我最恐惧的。

从那天开始我就觉得我不一样，明显不一样了，每一个安慰，每做一件事情，每一个举动，我都抑制不住想要去做，做了之后反过来都验证了我不正常、跟别人不一样。这种感觉不断地给我施加压力，让我觉得恐慌，让我遏制不住这样做。但是每一个行为又不断地验证，我跟别人不一样。这让我觉得越来越远离正常的生活了。

【有答】明白！

（下文继续）

你若安好，他便晴天

我们对孩子的态度应该是怎样？温和当中有坚定，坚定就是人情世故、世俗规矩中该有的东西他必须有，允许他有一段时间去调整，但是他必须做到。

【有问1】老师，我明白女儿为什么越来越恐慌了！

【有问2】我也完全看懂我儿子了！

【有答】对呀。所以你现在知道我给你儿子咨询后，他不会有障碍了。因为我给孩子的咨询，都是把他们当成有困难的正常人！他再奇怪的行为，我也是若无其事地对待！

【有问】我需要的是，有一个人正面跟我说，没关系的，我以前也这样。

【有答】其实这句话我经常用，每个孩子过来，我经常会告诉他们"我以前也这样啊"。

【有问】就觉得你跟别人一样，不需要被区别对待，就是你发生的这件事算什么，这些都是小事，没有你想象的那么严重。那样心就定下来了，原来不是我想象的那么严重，所以我就放松下来了。但那个时候没人这样说啊，周围的人，包括爸爸妈妈对你的态度都不一样了，眼神也不一样了，甚至说话都不一样了，还有人特别关心你。人家都注意你了，大家都盯着你了，这种感觉很奇怪、很不好。

【有答】这是一个面向。你们在对待孩子的时候，她的心声就是这样的。从众使大家有安全感。我们现在都在追求特异、个性、差异化，但是对于孩子来说，过早的差异化只有坏处，没有好处。他跟别人都不一样，他会非常恐慌。比如说我们过分追求孩子的优秀，他用什么来支撑自己跟别人是不一样的呢？如果他过于优秀，那你就必须早早把他的心理建设好。如果他心理没有建设好，那他这个优秀就会给他带来极大的压力。所以有时候从众并不就是坏事。

【有问2】我儿子跟他同学住一个宿舍，他一进宿舍就会不舒服，觉得那个地方容不下他。因为他跟别人不一样，人家都在正常上课，他没有正常上课。我跟他说："你怎么不回宿舍，你怎么不跟同学交往啊？你要接触人啊！"我每次让他回宿舍，他都不肯回，看起来很不高兴……

【有答】有些压力我们要让孩子去面对。

【有问2】我该怎么做？

【有答】你不用去替他做，也不用去替他创造一个虚假的世界，有些东西点破就好。这里就得分两个部分来说。刚才说的是，我不想跟别人不一样，但如果他真的已经不一样了，这个时候要适当地点破他。他想要跟别人一样，不一样让他很恐慌，所以他会有想跟别人一样的动力，但事实上他现在又不一样。

所以这个时候不要讳疾忌医，不要什么都不敢说，你越保护他就越不对，保护（或谎言）对他伤害更大。你可以很轻松地跟他说："最近是不是压力太大呀？"或者说："这些对你来说是不是很困扰呀？"

【有问2】如果回到当时，我能问一下"你发生什么事了？你为什么那么难受啊"就好了。

【有答】对，点破，这个可以直接点破。点破了，大家都不逃避。这个时候孩子也会去思考，我为什么会这样？我最怕的是什么？大家都不敢讲，这是最恐怖的。

【有问2】什么都不讲，就把你当成不一样的，比如，亲戚买点水果来看望你，那种感觉特别不好！

【有答】事实上这是有问题的。这时，我们可以点破，就像那天我跟某家长的儿子做咨询，我说如果你认为自己这样很好、很舒服，那没有关系，但如果你认为不舒服，那就有需要改进的地方。我甚至直接讲，人如果长期不跟别人交往，肯定会出问题，但是我这样的方式是引发他对自己现状的思考，不要回避，同时又要理解孩子，他现在面对的压力可能是他处理不了的。

【有问2】那我要怎么做？

【有答】就是试着去关心，如果他愿意说，你就问。如果他不愿意说，那就再等等，不要着急，等着孩子求助。或者问："你不做，一直拖着肯定是有原因的，你能告诉我原因是什么吗？"

实际上你们的孩子是非常无助且无望的，因为你们都不知道怎么倾听。你们的恐慌和焦虑让你们根本没有办法静下心来倾听孩子的心声。这样吧，我给你们讲讲发生在我身上的一个小故事。

在我高考前，我知道那几天是要住在宾馆的，因为我们要去比较远的考场，需要跟同学一起住宾馆。我怕被别人吵，也怕自己失眠，当时我没有觉得自己有轻微的焦虑症，实际上应该是有的。因为我从来不认为我会焦虑，但我又经常会失眠，所以我特意跟我爸爸讲，我怕我考试那几天会失眠，你能不能给我准备一些安眠药。爸爸很轻松地说"好啊，我明天就给你"。第二天爸爸就给我一小瓶"安眠药"，有三颗，还郑重其事地跟我交代一天只能服用一颗，不能服用两颗，这样明天会起不来，会睡过了。

直到高考结束很久，我爸爸才跟我讲，其实三颗药都是维生素C。我父亲他非常细腻，既不点破也不讲道理。他先不动声色地满足你，等事情过了才告诉你，那三颗是维生素C。我那么认真地对待可能失眠的事情（实际上应该是焦虑），他却不担心，也不露出半点焦虑，用一种巧妙的方式迁就着我，处理得非常细腻。后来我父亲还跟我讲，其实高考那几天，他悄悄来到我考场外面，看着我进去，看着我考完出来。他悄悄地观察我的状态，但从头到尾都没有让我发现。

　　我一直以为自己是一个人参加高考的，直到多年之后，父亲重提往事时才一带而过说起这些事情。这就是父亲真正应该做到的——无事如有事时提防，有事如无事般镇定！

　　借由这个点跟你们讲，我们对孩子的态度应该是温和当中有坚定。坚定就是人情世故、世俗规矩中该有的东西他必须有，温和就是允许他有一段时间去调整，但是他必须做到。

　　重要的是，你要若无其事！你的反应决定了孩子对自我的认知。你如果若无其事，那孩子就会觉得啥事也没有。

　　【有问2】明白了，谢谢老师。

内化于心，外化于行

> 只有家长在这些精微层面上的感受都复苏了，只有家长从无意识中挣脱出来，他才会如我一样真的相信孩子是没有问题的。如此，才有机会看见孩子的努力与动力。

【有问】老师，我现在开始有些理解您所说的，把孩子当作一个遇到困难的正常人，而且依然是未来有无限可能的青少年。以前我一直用大脑去理解这些字面上的意义，并没有内化于心、外化于行。

【有答】是的，我也一直很难跟家长讲明白这个观念有多么重要。每个来到我面前的孩子，我都真诚地相信他是没有问题的，只不过是在成长的路上遇到了一些困难而不知道该怎么办，但他的未来依然有无限可能。所以，我怎么和他谈笑风生或者认真倾听，都不会给他"我是病人""我是问题孩子"的体验。

几乎每个孩子（不管他事实上是否有问题），在我面前都是自在的、轻松的。而且大部分孩子见了我之后，就立刻被确认没有问题，只是遇到困难了，只是需要被引导协助一下，他们就能回到正轨上。

我不是用说的方式，我是用做的方式。比如他不理我，我也不讨好他。有个孩子找我咨询的时候，在我面前胡说八道好多次。一开始他胡说八道，我就做自己的事。我画了一会儿画，困了就闭眼打瞌睡。但他只要好好跟我说话，我也好好跟他说话。他以多么真诚的态度对我，我就以多么真诚的态度对他。他认错的时候，我也会原谅他。就是这样，他渐渐地能好好和我说话了。

而我们的家长呢，常常是想尽办法地温柔对待孩子，无限地接纳、包容、支持，恨不得把自己的心肝都掏出来给孩子。但越是这样，子女越是冷冷地转过头去。

我们的家长为了孩子愿意做一切，但就是做不到理解孩子。要深深地理解，并相信他未来有无限可能。

我一直不知道怎么将我的这种坚定不移的心态传递给家长。我只能告诉家长，因为我很了解自己的困难，因为我经历过很多痛苦，因为这些孩子现有的痛苦、困难、迷茫，在我成长的岁月中都经历过。我也不过是遇到过这些问题的成年人，所以我知道孩子是没有问题的。这些都是再正常不过的成长烦恼，他们不需要被特别对待，他们只是需要被懂得，然后在他需要的时候给予必要的协助就可以了。他会自己找到他要去的方向。

这也是我为何要如此坚持，一定要让家长来到我面前，让家长用尽气力来检视自己，检视自己曾经的蹒跚，让家长复苏起过去所有的无望、无助、困惑、难过与不知所措的时光。让家长也成为一个求助者，把所有的注意力都转移到自己身上。让家长回顾自己的生命历程、自己的成长岁月，看看自己是怎么成为今天的自己，即盲目、偏差错乱、无人理解、不善沟通、急功近利、受害、甩锅、焦虑不安、恐慌、忙乱、胆小怕事的家长的。最终发现需要治疗的是家长，家长就是孩子的原生家庭，所以需要成长的是家长。

还有非常重要的目的，家长们需要打开心扉穿梭于自己所有的生命体验，让自己在意识里重回年少时，重回父母对待自己的岁月，重回自己幼小无知的时光，看看自己是如何被忽略、被压抑，甚至被伤害的；或者被控制、被纵容，甚至被溺爱的。

当然还有更多的是属于一代又一代人的无奈与下意识反应，刻在了我们每一代人的潜意识深处，形成了这个家族的创伤记忆，形成了这个家族的气质，形成了这个家族的胎记。只有家长在这些精微层面的感受都复苏了，也只有家长从无意识中挣脱出来，才会如我一样，真的相信孩子是没有问题的，孩子不过是如我一样，有着和我相同或者相反的境遇，这样才有机会看见孩子的努力与动力。

这些都是心理学意义上的规律，是发生在潜意识层面的心理体验。这个规律有它的特殊性，因为在精微层面上的社会规则是失效的，丛林法则也不适用，而潜意识心灵是不能被粗糙、粗暴对待的。这就是为什么需要一个半封闭式的督导小组，因为在这里，潜意识的记忆会被打开，过去沉静下来的体验会被复苏，最终被有序、中正地对待与重建。

很多人分不清楚的就是这里（包括专业人士），正如牛顿的力学定律，在量子层面就失效了，同样的道理，量子力学也不适用于宏观力学层面。

头脑层面相信而潜意识却不相信，或者头脑层面绝望而潜意识存有希望。这些矛盾的现象是经常发生的。

很多家长因为自己改变命运的不易，所以他会极其顽固地"相信"自己的成功经验是唯一的成功之道，下意识地如此去教育自己的孩子，想着未来可以在孩子身上复制自己的成功或者命运。

但大家都忽视了一个简单的事实，那就是孩子所处的生活环境，与父母当年完全不同。

特别是"00后"，他们出生在一个物质丰盈、教育资源极其丰富、爹妈重视教育的时代。这样的环境与"60后""70后""80后"的童年、青少年体验完全不同。

两个完全不同的时代，造就的是完全不同的生存动力、世界观、人生观与价值观。家长们却非要固执地用自己的人生体验来教育子女，那不是削足适履就是缘木求鱼。最终的结果肯定就是"汝之蜜糖，彼之砒霜"。

于是有些家长会认为孩子不知好歹、不上进，甚至得出这样的结论："我这么成功，他那么差，那肯定就是他有病了""我这孩子脑子有问题""他有病，得吃药""他能力不行""他就是没用""他好吃懒做""他害惨我了""别人家的孩子是来报恩的，我的孩子是来报仇的"。然后，心有不舍的家长就只能拼命赚钱，试图给孩子攒够余生的生活费用。

而这些无一例外就是忽略或者不懂得潜意识心灵层面到底发生了什么，家庭教育到底该从哪里入手。只是在意识层面、行为层面进行干预往往都是无效的，能否成功只能看运气。

成功的家庭教育是在两个领域同步深耕。"两手都要抓，两手都要硬"才是正确的做法！

我也一直在用如此的方式协助各个家庭。只要家长能沉下心来检视自己，深刻反思自己，回溯起过去的种种，唤醒自己潜意识心灵层面的体验，那他基本上就能明白在自己孩子身上到底发生了什么，孩子需要什么。而后再配合正确的教育观念和方法，就能很快地改善这个家庭、这个孩子，而不是一再地用盲目的方式去"拯救"孩子。

【有问】明白了，谢谢老师！原来老师讲的很多话，其实是针对潜意识层面进行的描述，而我们确实都是用头脑在听，然后以为自己懂了，却经常发现自己根本做不到！而我之前也一直是如此反复，并在无效之中渐渐绝望。

自我赎罪，还是自私

让孩子去过自己想过的生活，让孩子为自己的生活去负责。好也罢，坏也罢，那都是他自己想要的生活，你无权干预，即使你生了他！

【有问】老师，今天和我们谈什么话题呢？

【有答】今天我再谈谈，你的恐慌和你的"孩子等不起"吧！虽然已经费了这么多笔墨，但很显然，你并没有死心塌地地面对你的恐慌，也没有真正地把力用在自己身上。那我今天再和你说一次，你这个恐慌和"等不起"会带来什么样的后果——从你的角度。

前面我讲过：孩子到底是重病不起了，奄奄一息了，还是命悬一线了？他为何需要你用拯救的心态去对待他？要知道"拯救"在人类的语境中，必须是对方处于危难之中，同时也意味着对方没有能力改变现状，才需要外界的强力干预助他摆脱危局。

所以，当你的心态是拯救的时候，你实际上默认了你孩子的问题很危急，不然你救他也不会那么急切！

说了这么多，是想告诉你，你的这些信念会对孩子产生很大的干扰与妨碍。就算我这么说，并且有那么多的案例都活生生地告诉你——"你的恐惧、担心、内疚、自责其实就是对孩子最大的诅咒"，但你依然愿意这么做，因为"拯救"行动会让你在道德上感觉很好——是个伟大而且有爱心的妈妈。

这是因为你内心深处的那个思维回路，或者说潜意识深处的那个生存路径，让你始终坚定不移地相信："你心疼孩子，那就是为孩子好。"你绝对不愿意相信，孩子本来就在自救，他在用自己的方式爬出心理坑洞。他也一再告诉你，他过得很好；同时也告诉你，不要去管他。但你却不相信这些，因为他并没有按照你所期待的过上你所认为"好的生活"。所以，只要不是按照你的"好的生活"的标准，那么他如何努力，在你这里都是无效的。这就是你的生活现状，也就是你活到现在始终坚持和维护的幻觉。

说到底，是因为你觉得孩子怎么可以没有我呢？没有我，他过得好，那怎么可以呢？"我"实际上比什么都重要，或者说，就是你道德上的良好感觉远远高于孩子是否在追求自己的人生、过上自己想要的生活。

事实上一个人要活出自己，就必须有迎接苦难的意识。一个无法从苦难中穿越的人，没有资格谈"活出自己"。

一味追求"心想事成"，一味追求"好的生活""轻而易举的富足"，若是少了生活的磨难，人生一定是刻板和单调的，那最多是嘴巴上的"活出自己"，绝不是"自我内在价值的实现"。因为"内在价值的实现"是需要资格的，不是谁都可以轻易地活出自我。大多数人可以很富裕、很优渥，但依然没有价值。而现在的休学孩子，80%都是这个问题！

根本的原因是，你从来不知道自己生命的意义是什么。"孩子好了，我就好了""孩子好了，我就能退休去玩了"，听起来好有道理。 但实际上，你是把自己的生存价值顽固地吸附在孩子身上，誓死不肯撒手，乃至一个又一个家庭都变好了，一个又一个孩子都变好了，但你不认为力用在自己身上是对的，检视自己是对的，破自己的"老鼠圈"是对的，改变自己、活出自己才是对孩子最大的帮助。你永远是——我们家和他们家不一样！是啊，不一样，只要不一样，你就可以继续啃噬你孩子的精气神，你就可以继续不放手，你就可以继续矮化、弱化、蠢化你的孩子，然后再大声地告诉世人：那就是我的孩子，他就是那样，所以我不得不救他！是啊，孩子有问题，你没有问题！孩子需要被救，你在努力！多么高尚的理由啊！

而我看见的，却是令人齿冷的自私，一个绝不肯撒手的自私母亲。就算孩子已经是成人了，你还在为他考虑一切，你还困在曾经对他不够好、曾经抛弃过他的内疚自责里面，死都不肯放手。

这才是真相，一个无法被你审视的真相。

曾经在你的心里，到底什么是重要的？别现在才开始装作多爱孩子，那不是事实！你现在因为不敢直面那个真正自私的自己，所以就不停赎罪，你认为赎罪是好的，可以宽恕你的灵魂。你拼命做，拼命赎罪，但凡能让孩子感觉到你是爱他的行为，你都愿意做。而不是选择真正为孩子好、对孩子未来成长有益的事，更不是为孩子能选择自己的人生路而高兴。

让孩子去过自己想过的生活，让孩子为自己的生活去负责，好也罢，坏也罢，那都是他自己想要的生活，你无权干预，即使你生了他！

什么是"好的生活"？因为"好的生活"你已经竭尽全力给了太多，他都不要，那剩下的还有什么呢？你的孩子剩下的还有什么呢？我以前告诉过你，唯有"不要"，唯有"拒绝"，才是他自己，因为那就是他的选择，而你却想拿走他的苦、他的难！

从这个角度来说，你是何其自私啊！因为你剥夺的是他的自主意识，是他主动觅食的本能，是他活出自己的可能（参见《给少才得，一多就惑》等）！

人哪，面对自己的自私总是不容易的，而选择救赎却总是容易的！这就是人性的弱点！ 所以，你并没有你所认为的那么爱孩子！

【有问】……

执念不去，作用不止

出问题的是你潜意识心灵中不受控的、非理性的执念，并不是你整个人都错了，或者你故意要这么做。这就是你知道却做不到的原因。

【有问】老师，其实我也挺心疼前面您提到的那个妈妈，她其实也知道要放手，可问题是，她根本没有学会如何放手。虽然"放手"两个字好像大家都懂，在生活中也会有一些放手，但显然这些所作所为是无效的放手。

【有答】是的，问题就在这里，就好像某位大师告诉你，"施主，你的问题就是太执着了，你要放下"，但实际上放得下吗？放不下！

为何放不下？这里隐藏着一个思维逻辑陷阱，大部分人都无法分辨清楚。为了把这个问题说明白，我在这里打一个比方。

我们潜意识心灵中的各种执念，就好比一块巨大的磁铁，而我们每天带着这块磁铁生活，那么会出现一个什么现象呢？你会发现，总是会有各种铁钉、铁线、铁丝飞过来扎你，一会儿扎到你的头，一会儿扎到你的脚，弄得你浑身是伤。那你怎么办？每天小心翼翼地走路、生活，避开生活中所有的铁制品，还是每天忙着去除各种铁钉、铁线、铁丝？

显然，我这么一比喻，你们就很清楚，真正的问题出在那块大磁铁上。如果这块大磁铁不消磁，或者不去除，你怎么做都是徒劳无功的。潜意识心灵中各种执念的作用就近乎于此。当然实际的运作机理比这复杂很多，而这次为了让大家更容易理解，就这么比喻了，大家姑且这么理解吧。

当你潜意识心灵中充满内疚自责的时候，你的孩子一天可能23.5小时都没有什么事，快乐谈不上，但不快乐也谈不上，就是平平淡淡的一天，但其中可能0.5小时是情绪低落的，是有点抑郁、不开心的。

而你呢，因为这块"大磁铁"的作用，你会完全忽略他在23.5小时里面的生活状态，只会注意到孩子情绪低落，他不开心了，他失落了，那肯定是我哪里没做好。而事实上，那0.5小时，也可能跟你没有关系。就算有关系，那又如何？不是也过去了吗？

但在一个陷入内疚自责的父母看来，事情就不是这样的了。他会牢牢地把孩子这0.5小时的不快乐吸附在自己的脑海里，然后用一整天的时间（甚至更久）来重播！

事实上，不少父母用一生的时间重播着孩子小时候的某个画面或某个片段，深陷其中无法自拔。

"拯救型"父母，内心永远都在重播着孩子孤苦伶仃、需要父母而父母却不在身边的画面。

这块"大磁铁"吸引着无数孩子不好的画面，甚至孩子的任何一句话，都会引发家长心中的磁力反应，导致他根本无法注意到孩子事实上并不是他以为的那样！

事实上，孩子有健康、快乐、积极向上、进取的一面，甚至孩子根本没有问题，没有心理疾病，没有心灵创伤，性格也不错。但因为这些"正向"的现象都不具备"铁"的属性，所以不会被父母内心那块巨大的磁铁所吸引，会被自动无视，就好像塑料遇到磁铁一样，永远都是无感的。

只有孩子是受伤的，是孤独的，是弱小的，这些带"铁"的元素才会引起父母这块大磁铁的注意。所以，父母心中的"大磁铁"不消磁，孩子身上的"铁钉""铁丝""铁线"就会一直被父母吸引出来。孩子一靠近父母，他身上的"铁质"就会活跃起来。因此，就算孩子身上还有其他的特质，比如自律、向好、听话、爱好、努力、梦想等，都是没有机会展露出来的，因为"铁质"过于活跃，其他特质就被掩盖下去了。

说到这里我们就清楚了，出问题的那块磁铁，即你潜意识心灵中不受控的执念。问题是你不受控的、非理性的执念。并不是你整个人都错了，或者你故意要这么做，这不是事实！这就是你知道却做不到的原因，因为这块磁铁藏得很深，藏在你的潜意识里，在你无意识之中它就会起作用。

而心理学的作用，是让这块磁铁被你看见，然后你一次又一次地去捕捉它、活化它，使它消磁，这个过程就叫内省！

好了，那今天的话题就先讲到这里，最后分享一个小故事给大家吧！

《疑邻盗斧》："人有亡斧者，意其邻之子，视其行步，窃斧也；颜色，窃斧也；言语，窃斧也；动作态度，无为而不窃斧也。俄而扣其谷而得其斧，他日复见其邻人之子，动作态度，无似窃斧者。"

【有问】好的，谢谢老师，这个通俗易懂的比喻，让我豁然开朗！

唯心所造，心即是理

如果我们不去对峙自己那颗变幻无常的心，任由内心幻化出种种"境界"，我们就只能在这个由心构建的迷梦中不能自拔，并一直迷失下去。

【有问】老师，您今天和大家讲什么主题呢？

【有答】前面我和大家探讨了，人之所以知道却做不到，问题在于人心中的那块"大磁铁"，也即潜意识里面的不受控的、非理性的信念。

这块磁铁，会让我们不受控地吸引各种"铁质"扎到我们的身上。

重点是不受控、非理性（也即是无法被理性驾驭）的信念（我所以为的都属于信念），它会牢牢地抓取我们的注意力，使我们无法分辨何为真相。事实上，人只相信自己所愿意相信的，极难打破自己信念的壁垒。

佛家有一句话叫"唯心所造"，说的是人只活在自己意识的世界里，大多数人终其一生都无法逃脱自己意识的牢笼。佛家的修行，就是努力破除自己意识里的各种执念，所以叫破执。能从种种执念的牢笼里挣脱出来，就叫解脱。能明白、了悟这个意识牢笼真相的人，叫开悟者。后世六祖禅师的"菩提本无树，明镜亦非台，本来无一物，何处惹尘埃"，说的就是这个实相。执念本身亦是空无之物，既然如此，那还执什么，念什么？

就像不久前我带儿子去看《流浪地球》，对于我而言是"二刷"了。这次就没有了第一次观影时的那种震撼。第一次观看《流浪地球》的时候，我真的是心潮澎湃，不停地在朋友圈里面转发关于《流浪地球》的推荐文章。

但第二次去看的时候，我开始平静地审视整个剧本了。剧中各种不合理的情绪变化，乃至逻辑上混乱的部分，在我的眼前开始清晰地呈现。电影是同一部电影，而我的感受却已经完全不一样了！这个现象，其实在我们的身上无时无刻不在上演。至今我们依然坐在"电影院"里面观影，并且一直无法出来，只是这个"电影院"叫作人生！

当年股灾的时候，千股跌停，一开盘就跌停，上午10点不到就熔断休市了。那个时候看着自己的满仓这样跌下来，真是死的心都有了！等我关上软件，走出家门，外面的世界依然阳光明媚、车水马龙，我的心境却冰冷绝望。到底是"风动"还是"幡动"，禅师说"是心动"。这根本不是风与幡这个物质世界的事，而是你们为了这个事情思来想去，是你们的心动了。

心生种种法生，心灭种种法灭。一切有为法，皆如梦幻泡影，如露亦如电，应作如是观。这个世界的现象，不过都是物质世界在我们心中的投影罢了。就如群山环绕之下的湖面倒映着群山，湖面就是人心。心若不宁静，就如湖面起了波澜，而山还是那些山，你的心却不一样了。所以，"心如工画师，能画诸世间，五蕴悉从生、无法而不造"。所以，"若人欲了知，三世一切佛，应观法界性，一切唯心造"。

如果我们不去对峙这颗变幻无常的心，任由自己的心幻化出种种的"境界"，我们也只能在这个由心构建的迷梦中无法自拔，并一直迷失下去。

神秀法师的"身是菩提树，心如明镜台，时时勤拂拭，勿使染尘埃"之所以无法获得五祖弘忍禅师的衣钵，根源不是神秀这个偈子。对于我们每个人来说，在日常的生活之中需要"时时勤拂拭"式的修行。但对于一个祖师来说，神秀显然就略逊一筹，因为祖师必须是那个了悟实相的人。

所以，虽然老师一直教大家各种应对生活困境、心理困境，处理家庭、婚姻、亲子问题的具体方法，但那毕竟属于"时时勤拂拭"的范畴。

如同我一再教大家如何去除"铁钉""铁丝""铁线"，但要想去根，唯一之道就是拔出自己内心的"大磁铁"。虽然最后会发现它是假的，但这需要过程，而且这个过程是省不了的。

大家首先要做的是，明白并且警觉自己的心是如何创造这世间的一切。只有先进入这个心灵的世界，或者说先从心灵世界的迷梦中醒来，我们才有机会进行心的修行！

而内省，就是让大家先进入这道门！

【有问】谢谢老师，虽然知道今天说的很重要，但我目前还是没太听懂。

内省之道，觉察为先

> 人只有把自己的心思放慢、放静，才有机会觉察到细微的心灵世界到底是如何起作用的，才有机会从粗糙、一抹而过、不易觉察的生活中进入微观、细腻的潜意识世界。

【有问】老师，请继续上一个话题吧！

【有答】好的，上文我借助佛家的一些经典和大家说明心灵世界的实质是什么，我借用了佛家"一切唯心所造"的观点，也即是常说的心念的作用。

之前的文章里，我已经从很多角度揭示了潜意识心灵里各种偏差错乱的信念是如何影响我们生活的。最近这几篇文章是带领大家破解这个"老鼠圈"，去除我们身上的"磁铁效应"。

破解的前提是，你必须时时警觉，你的心（你的心念）是如何影响你的生活的。

当然这里的"心念"大部分情况下不是指你可控的、可驾驭的那个部分，我们要破除的都是无意识的（平常觉察不到的）、不受控的、非理性的那部分。

必须时时警觉你的潜意识心灵与这个世界的关系，即你的内心到底是如何与这个世界交互影响的，你的心是如何创造这个世界的，微观世界的心念、心之力与宏观世界、人际有何关系、关联。这显然并不容易。

人只有真正把自己的心思放慢、放静，才有机会觉察到细微的心灵世界到底是如何起作用的，才有机会从粗糙的、一抹而过的、不易觉察的生活中进入微观、细腻的潜意识心灵世界。

很多当事人初次咨询的时候，我会问他："那你当时的感觉是什么？或者你心里的想法是什么？你刚刚这么说的时候，你内心的感觉是什么？你刚刚讲到这个事情的时候，你心里的想法是什么？再多一些呢？还有呢？"或者我再问："你为何会这样？为什么会这么想？你这个想法怎么来的？他这么对你，你的感受是什么？他这么说你的想法是什么？你现在的感觉是什么？情绪呢？"甚至我会直接问："刚刚为何有情绪？你刚刚哭什么？你为何激动？"

当我这样不停地挖掘对方内心感受时，很多人的回答往往是没有啊，没有感觉，没有感受，没有想法，我不知道我为何这样！正如我会问，你这么做的时候，你内心的动力是什么？你这么做是为了什么？你愤怒，那愤怒的是什么？仅仅是这个，那你为何会有这么多的情绪？等等。我会一直用发问的方式来深入对方的内心。

但初次来到我面前的人经常会茫然，不知该如何回应。有些当事人会很沮丧，乃至很恼火，不想继续这样挖掘自己。因为对于他们来说，何必这样做呢，为什么要整得那么复杂呢？特别是我这么去挖掘对方的各种思绪时，几乎都会伴随着不舒服的感觉，而人会习惯性地逃离不舒服的区域。

当然从一开始都是轻微的线索，甚至没有线索，而我需要给对方归纳出其行为的不合理之处，或者自我矛盾之处。

只有用这样的线索才能探知当事人更深的潜意识心灵当中到底隐藏着什么，它如何左右我们的生活而我们并不自知。

或者这么说吧，我给你做咨询，其实只是用我的经历和经验以及我的整个价值系统，来引导你去面对自己，去往内心深处探索自己，去检索自己信念的不合理之处，或是行为的不受控之处。事实上，只是用我的技术引导你去往内走而已（即引导你去内省）。

引导你用可意识到的思绪、情绪，去对峙你不合理、非理性、习以为常，乃至根本没有警觉的"病毒性"信念系统。在前期，有些人可能会得益于我的这种引导，发现自己的很多盲区，甚至穿越自己的某些障碍。很多疗愈也会因此而发生。但能去的深度和广度终究有限，并且始终对咨询师有依赖，终非长远之计。人终究要依靠自己的思维能力来穿透自己的问题，解决自己人生中的种种困惑与局限。

当你能依靠自己心灵的力量去穿透生活的种种幻象时，你就初步具备了解决问题的能力。当然，这里指的是动用心灵的力量去解决我们生活中的问题。这就是阳明心学的入门功夫，我称之为"内省——致良知"的前提条件！

循此线索慢慢找到良知，并遵循良知的指引。人若能深刻体验到这些，那么从此复杂的外部世界就会变得格外清晰和简单，而制胜决断也会了然于心。这就是多少人孜孜以求的内在力量，这也就是心学的魅力。这个内在的力量一旦被唤醒，将会释放出无可匹敌的威力！

所以，我一直说，问题不在于你做错或做对了什么，而在于你完全不知道你在做什么！即你以为你在做，但你根本不知道内心深处（潜意识底下）到底是什么在左右着你！

而我呢，也只能一次又一次地用你正在经历的事情，促使你回看自己，促使你把注意力放在自己身上，放在自己的内心（"事上练"）。

从此时此刻开始，力用在自己身上，从自己的感受和情绪入手，从你想改变的现象入手，从你做不到的地方入手。内省一直都是从对自我的觉察开始的，或者再简单一点说，觉察首先得从感知复苏开始。

觉察什么？简单地说就是觉察你情绪的起伏波动，以及你内心闪过的想法、念头。然后在这个基础上，训练自己的觉察能力，使自己再敏感一些、再精细一些。

唯有如此，我们才有可能发现那些被我们一抹而过的事情和一闪而过的心思。

所以，要学会往内用力，用在心上（"知行合一"）。

【有问】好的，谢谢老师！

莫向外求，要往内走

> 父母性格上的缺陷，很容易在孩子身上加倍呈现出来。这也是我们一直以来坚持先调好父母，不单独接待孩子的真正原因。

【有问】老师，请您继续上一节的话题吧！

【有答】好的，虽然，我已经用了很多的文字告诉大家要内省。你只要向内走，找到心灵的力量，找到潜意识的力量，唤醒内心的良知，就一定知道怎么解决你眼前的问题。

这并不是唯心论，因为大家来找我，不管是孩子的问题，还是夫妻的问题，或是个人成长等问题，本质上都是关系的问题，即人与人之间的问题。你们不会因为各自工作上、专业上的问题来找我，更不会因为食物过敏来找我。

而人与人之间的问题，归根结底是心的问题。

若论对于内心力量的研究与应用，中国传统文化太擅长了，阳明心学又可谓皇冠上的明珠。只是中国文化习惯大而化之，在细节上经常不具备可操作性。所以在操作上我们需要借鉴现代心理学的研究成果。

心学实际上是圣人之道！我用圣人之道来协助大家解决问题。未来你也可以如我这般协助你的孩子专注于内心力量的磨砺，并且应用心灵的力量处理复杂的外部世界。

但就算我把如此好的东西放在你的面前，不厌其烦地教给你，还是有一部分人怎么也学不会。这就涉及一个很常见的习气：有些人从始至终没有真正想过，孩子的问题真的是自己的问题；自己的问题要自己去检视、去解决，自己的孩子要自己去把他教好。

这些人可能学了一堆课程，拜了一打老师，但在骨子里并不认为自己需要改变。

之前有位女士很天真地认为，她只要交了学费，然后待在我这里，那么两年之后她的孩子就会变好。我说你死了这条心吧！如果你都不去思考，不去发掘你家的问题，不去改变，不去直面你的痛点、你的困难，就算你待在我这里100年都不会改变，你的孩子也不会变好。如果你是一个无法下定决心改变自己、修正自己、突破盲区的妈妈（或爸爸），你还希望你的孩子会有意愿改变自己，会有意愿突破自己？怎么可能的事！我都已经清晰地点出你的问题了，你却始终不愿意承认，不去改变，不去琢磨，非要认为自己没有问题，孩子才有问题。

"是孩子没有动力，我很有动力；是孩子趴窝，我没有趴窝；是孩子休学，我没有休学；是孩子需要学习，我不需要学习；是孩子厌世，我没有厌世。"一旦你的话语里面是这样的语言结构，谁也帮不了你了。如果我把它换成潜意识的语言，那就是："你们不要老盯着我，我很好，你们不要看我。""你们看我小孩就好了。""我都为了我的孩子来学习了，我是一个多有爱的妈妈（爸爸）啊，我是多么好的人啊！我都来学习了，我还不够好吗？""不要批评我，不要看我，我很好。"

说到底，你在怕什么、在躲什么？一个人一旦下意识地非要表现得很好，正是恐慌自己不够好。当你所有的注意力都用在"要让自己很好"上了，如何有勇气去检视自己，检视自己的种种不自在、恐惧、内疚、自责、羞愧、畏惧的细微感受？去检视不正好证明了自己不好吗？所以人有多畏惧自己不够好，就有多难进入自己的内心世界！更别谈什么改变，应用心灵的力量也是空谈。所以，最好把孩子交给哪个老师，由老师把孩子教好——这几乎是大部分家长来到我这里的期待。但凡我愿意接收孩子，他们就会立刻连哄带骗地把孩子带到我这里。有多少人一听说我不接待孩子，就立刻不予考虑，连了解的意愿也都没有了！

自己有没有直面自己问题的坦诚，有没有直面自己问题的勇气，似乎都不重要。只要孩子愿意学，只要孩子能好就可以了。只要孩子能好，自己做牛做马都愿意，也都是值得的！但你不知道的是，那些你性格上的缺陷，多半会在孩子身上加倍呈现。你回避、逃避、不敢的态度，才是你孩子的问题所在！

你把自己降到仆从的位置，却希望自己的孩子是个国王？

这世界上其他的事情可以"术业有专攻"，专业的事情可以交给专业的人去做，花钱就可以解决。但爸爸妈妈这个角色，可以请别人来做吗？你能花钱给你的孩子请个爸爸妈妈吗？

【有问】明白了，我会好好去直面我自己。谢谢老师！

生命本来，其实柔弱

一个人一旦不允许自己脆弱，不允许自己哭，那在他的世界里就没有了脆弱，又如何体会别人的苦？如何感受别人的痛？如何读懂别人的眼泪？

【有问】老师，请您再谈一谈"人有多畏惧自己不够好，就有多难进入自己的内心世界！更别谈什么改变，应用心灵的力量就更是空话了"。

【有答】其实很多人是因为这个障碍，无法做到真正的自省，因为他总是盯着别人，完全不知道自己的情绪感受，时时刻刻都被他人的评价所左右。

所以，我再怎么引导他去感受自己的情绪，去体会自己的体验，感觉再细微一些、再多一些，也是无用的。一旦我这么引导，对他来说就意味着"自己很差，很不好""自己很软弱""自己很不堪"。

而这些感觉让他无法接受，因为他终其一生都要证明自己是好的，终其一生都要证明自己是没有问题的，甚至来上课、来学习，也是要证明自己是很好的，是很努力的。

这种极其害怕被他人否定的心态，会导致他们非常难以吸收我所讲的东西，更不用说唤醒良知和遵循良知的指引了。

他时刻刻想的都是，你讲得好有道理啊，你讲得好好啊……然后呢，然后就没有然后了。

我经常问："我讲得那么多跟你有什么关系？"他们只是摇摇头。

可见，我永远只是一个讲得很有道理的老师！一旦要求与他沟通，一旦要求他内省，他都是不知道要说什么！只学会了一个东西，就是说一些对自己有触动的事情，或者说一些有情绪的事情。一旦说完了，就没下一步思考与行动了。

事情为什么会是这样？为什么会一再发生在你的身上？你为什么老吸引这类事情？你为什么总是有同质性的感受、反应、情绪？

我这么问，是试图引导他去思考更多。但对于他来说就是逼问。任何形式的逼问都会令他不舒服，都会令他下意识地紧张。虽然经过一段时间的学习，在头脑层面上他也知道，老师不是在批评他，但是骨子里面那种对于被批评、被指责的恐惧，会让他们不受控，把焦点都放在"老师到底要问什么""老师到底在想什么""怎么回答才是合适的""怎么做才是对的"上。

再然后，虽然他也知道，既然来学习了，如果不问点问题，自己就很吃亏，而且他看见别的同学只要有机会就拼命地提问。所以，自己也赶紧问。

问题问了，我也回答了。但是，我任何的情绪、表情变化，都会引起他们的注意，却始终没有把注意力放在自己身上！任何我态度上的变化，例如对他是亲近了，疏远了，是否有不接纳的成分，一旦被他们发现我态度不好，那就是我的学说有破绽，那就是我的人品问题！所以，在课堂上我教的是同样的内容，但对于他而言，我讲的永远都是道理。我教了什么，对他有没有用？道理是有的，实际上一点用都没有。

所以，这类学生，过一段时间之后，通常会不敢来见我，因为感觉自己没有进步，不好意思见老师。或者觉得老师没有水平，帮不上他。再或者，觉得老师很厉害，但是老师也有这个问题那个问题，所以不想跟老师学了。

我常说，你是来学习的，你不是来对得起老师的，你对得起你的学费就好了。老师到底有没有水平，老师到底有没有这个问题那个问题，都不重要。重要的是，你有没有时时刻刻关注你的问题？你有没有受到启发？你来了之后进步了吗？从另外一方面来说，这也即这些人的"老鼠圈"了。

他们永远很勤奋，甚至很听话，永远是个"好学生""乖学生"。但是永远学不到内省，更不用说阳明心学了。

最简单的指标就是，他和老师之间极难建立起理性的师生关系，总是把注意力放在老师到底好不好、讲得对不对上面。要么对老师吹毛求疵，要么对老师盲目崇拜，总是没有办法把注意力放在解决问题上，放在内省上、良知上！

我之前跟一个学员说过，虽然你交了学费，但我在课堂上教你的东西，也对得起你的学费了吧！从交易层面来说，你不欠我，我也不欠你，咱们是两清的。但如果从师生的关系上，你有没有发现，实际上，我和你从来没有办法真正建立起信任。我无论对你多用心，都打动不了你，除了在你需要的时候，你会感动那么一下。而一旦我有任何瑕疵或者错误，你会立刻将我弃如敝屣，毫不犹豫、绝不回头，立刻从我的世界中消失得干干净净。

因为我不仅帮不到你，而且居然敢伤害你！人性的无情，在这个小小的工作室里一再上演。

我也知道，有些人是因为害怕，害怕自己不够好，害怕自己让老师失望，害怕自己没有做到。有些人则是因为怨恨，怨恨老师居然没理他，怨恨老师居然没有在他需要的时候帮到他，怨恨老师居然让他受伤了。

更多的则是，觉得老师是没有用的，没有价值的，没有什么值得留恋的。

可是，人与人之间，除了这些，能不能还有点别的什么？

人与人之间，可以害怕但也要接触，因为毕竟我们对彼此曾经用心过。人与人之间，可以怨恨但也要给机会让彼此解开这个怨恨。人与人之间，除了交易，除了有用没用，还有一个东西叫情分，没有价值但可以有情分啊！

其实他们，无一例外都缺了一个东西，那就是有"情"，也就是感受，更缺少对苦的感受。也就是我一直说的，或许因为他们过去的生命经历太苦了，或者太被宠爱了，或者太没有价值了。所以，要么卑微，要么骄纵，要么压抑，要么就是一直失败到没有价值。所以，他对人性永远少了一些温度，因为温度对他们是危险的。

因为被感动，是脆弱的；因为被温暖，是会哭的，而哭是很丢人的。而他无论如何都不可以脆弱。

可是，一个人一旦不允许自己脆弱，不允许自己哭，又如何体会别人的苦？如何感受孩子的痛？如何读懂别人的眼泪？

是啊，头脑层面都知道，但实际上你永远会是那个最绝情的人，你永远会是那个感情最闭锁的人！

而这个绝情，这个闭锁，又会带给你优越感，因为你是那个不会哭的人，因为你是那个不会留恋的人，所以你赢了。反正谁哭、谁留恋、谁在意，谁就是输的那个人。

而你是绝对不可以输的……

【有问】老师，我有点明白了！谢谢老师！

敢于脆弱，更是勇士

自卑从来无法通过肯定来超越！

【有问】老师，您今天在课堂上说"泪水是打开心灵的钥匙"，请您多讲讲这个话题吧！

【有答】好的。这么说吧，人类其实都在竭尽所能回避自己的脆弱。这是本能，无可厚非。但问题在于人会下意识地把脆弱默认为无助，默认为身处困境之中。可以说在人类的记忆里，脆弱往往意味着危险，所以人会用尽一切办法来避免自己脆弱。

同样的道理，人为了获得幸福，为了追求快乐，会竭尽所能让自己变强大，因为强大会让自己有安全感！而问题往往也出现在这里，我们完全回避脆弱，完全追求强大，会因此失去生而为人最珍贵的品质——同理心，即对他人的苦难、困境能感同身受的能力。孟子称之为"恻隐之心"（恻隐之心，仁之端也）。

一旦失去"恻隐之心"，人与人之间就只剩下丛林法则了。所以，很多心脑严重分离的人反而能在社会上过得不错。特别是一些智商比较高又有一定才华的人，他们确实容易占据社会的优势。因为他们对于别人的痛苦是没有感觉的，只会残忍地执行社会法则，宣称这就是社会现实。但问题会出在家庭内部。如果一方没有情感（情绪、感受）参与，特别是回避了自己的脆弱，就是说有一方是不会痛苦的，是不会有情绪的，是不会落泪的，那就太不公平了，也太残忍了。

那个没有情绪、不会交出自己脆弱的人，会以为自己占据了优势，因为不会落泪、不会痛苦的那个人是被默认为不会输的。而谁痛苦，就是谁输了。长此以往，要么一方也只能跟着没有情绪，没有感受（常见的生理问题会是性冷淡）；或者另外一方饱受各种情绪、痛苦的煎熬（常见的会是各种抑郁、焦虑、强迫等心理症状）。而在外界看来，往往那个没有脾气的人是比较受欢迎的，那个对人对事总是云淡风轻、温文尔雅的人，总是容易占据道德的高位。但实际上，是何其残忍！

因为事情的真相，往往是那个有情绪、会痛苦的人，提前感知到了问题。所以问题会死死地缠住他。他也说不清到底是为什么，只是很难受、很痛苦。而这个时候，往往也是他落下把柄的时候，因为人在有情绪的时候、痛苦的时候，很容易做错事，说错话。而那个没有情绪的人总能快速地抓住对方的漏洞，然后证明"你看就是你的问题吧"。没有情绪的人，总是热衷于证明自己是多么正确、多么厉害。

人在社会，成年人确实需要理性表达，不要带情绪做事。但那是在社会，不是在家庭。很多人喜欢把社会法则带入家庭关系，因为理性在社会上能占据优势，在家里也"不妨"复制。

所以，我那天说了一个男士，如果你的女人总是要和你竞争，总是否定你，你要想想到底是什么问题。难道男人一定要压制女性，才能获取自尊吗？或者说，难道男士的自尊必须通过女性的肯定才能获得吗？如果是这样，那也太肤浅了吧！

现在有各种女性课程或者心灵课程，总是要求女性"温良恭俭让"，总是不断强调男性的尊严需要女性去托举。说实话，这是封建男权的残余而已，根本不是什么新思想。

当然，我并不是否定社会规则和社会秩序。只是，在家庭之内，在夫妻关系上，在两性关系的深处，这些法则都会随着关系的深入而逐渐消融。在此特别提醒那些结婚七年以上的夫妻，如果你们还是这样的关系，那一定是有问题的。

现代中国女性早已经不是生活在夫权、父权、神权之下的女性。她们的声音必须被表达，也必须被听见，特别是在家庭里。

所以，我会告诉男人，如果你的妻子一定要和你竞争，那只能说明你没有给她足够的安全感，说明你总是试图压制她，从来没有真正让她做过自己。如果你的妻子总是否定你，那很可能是你太自卑了。你永远只听到她的否定，她的肯定以及她对你的爱，你却总是看不见。

自卑从来无法通过肯定来超越！

如果你问什么叫安全感，女人也说不出来到底是什么，她说有就是有，说没有就是没有。因为女人多半是感性的，她不知道自己怎么了（少数女性知道），只会被情感驱使着不断地去做一些事情。而男性更习惯用理性思维，或者说用自己隔绝了情绪反应的模式来看待女性。当然，在男性的世界里，这样是有优势的。但这不是真理，至少它不是两性关系的真理，它只是男性世界的视角而已。我甚至可以说，这恰恰是男性的劣势，因为女性先天就能快速地感知到什么，而男性却很难。大部分男性会在自己的理性里年复一年没有感觉地生活，然后还自以为活得很好。

而实际上在我咨询的案例中，不少丈夫完全不知道妻子到底怎么了，根本不知道妻子的心理活动，更不知道妻子到底发生了什么。有时候咨询到这里，我经常在想，但凡男士们多理解你的妻子，你的家庭绝不至于如此。

如果男性的尊严是需要女性肯定的，特别是家庭之内，你的尊严还需要你妻子时时肯定（当然维护是必需的），我想你们的关系一定还没有处到更深处，或者说，你一定是没有能力面对自己的软弱、脆弱，所以只能靠这些表浅的东西来为你遮羞。

我想说的是，家庭之内不要害怕情绪，男性也要学着让自己的感受复苏。在家庭之内输给自己的妻子不是丢人的事，在妻子面前承认自己的脆弱、无力，也不是丢脸的事。真正丢脸的是不停地掩饰，真正丢脸的是犯了错却绝不悔改，真正丢脸的是不敢面对问题，真正丢脸的是不能坐下来平心静气地倾听妻子的话。

鲁迅先生说过："真正的勇士，敢于直面惨淡的人生，敢于正视淋漓的鲜血。"

【有问】明白了，如果女性情感闭锁也会出现同样的问题！这也是为何老师总是要求大家感受复苏。

展示脆弱，哭不是错

> 所有的成年人都是从哭声消失开始变得僵化的。哭声消失意味着情绪感受变得麻木，此时人如何与人共鸣？人如何能同理其他人？

【有问】老师，请您继续谈谈"泪水是打开心灵的钥匙"这个话题吧！

【有答】好的。我上文说到"敢于脆弱，更是勇士"，我相信大多数人只是听听而已，并不会有太多感觉。

可是当我真的要求你学会脆弱的时候，甚至只是在咨询室里、在课堂上，要求你学会脆弱，在一个相对安全且私密的环境里展示脆弱的时候，你会发现何其困难。

且不说展示你自己的脆弱，大部分人只是听到哭声——家人的哭声，都会受不了。人都会竭尽所能让家里没有哭声。这听起来没有毛病，因为谁都不希望自己的家里充满哭声，毕竟在我们的文化里，在大家的集体潜意识里，哭总是不好的。特别是家庭里，哭意味着悲伤，意味着这个家里有悲伤的事情。甚至，很多老人还会下意识地认为，哭是一件很晦气的事。就算你不那么认为，但还是会心烦意乱，无法在他人的哭声中立定脚跟，更不用说透过哭声、透过对方的情绪去了解对方、理解对方！

所以，人会下意识地赶紧想办法让哭声消失，把哭声转化为笑声。极少有人能说："想哭，你就好好地哭吧！"

哭，在生活中从来都是一个禁忌，乃至在丧礼上，哭也是被控制住节奏的，哪个场合可以哭，哪个场合不能哭，都有严格规定。所以，绝大多数人的情绪是不流动的，从"哭"这一个本能行为就可见一斑了。

当大众一起，一心一意地把哭声消灭在萌芽状态的时候，人其实就失去了和自己本能连接的可能。所有的成年人都是从这里开始变得僵化的，从哭声的消失开始的。哭声的消失意味着情绪感受变得麻木，此时人如何与人共鸣？人如何能同理其他人？

我们得先问问自己，我是否很害怕哭——他人哭，也包括自己哭。一个害怕自己哭的人，必然也害怕别人哭。而一个害怕别人哭的人，不忍他人哭，竭尽所能让自己的家人不遭遇哭泣的事情，他情不自禁地会包办一切，会为孩子做太多。另一种就是对他人的哭无动于衷，对家人的情感反应无动于衷，而孩子也在这个过程中学会了这种无动于衷，最终变得残忍。

就算我这么说了，还是有非常多的人会下意识地反应：

"人怎么可以脆弱呢，我怎么可以脆弱呢？"

"哭有什么用，哭能解决什么问题？"

"为什么要哭哭啼啼的，去想办法啊！"

"为什么要把人生搞得那么痛苦？"

就算我告诉你"泪水是打开心灵的钥匙"，就算我告诉你，在我这里，在工作室、在督导小组这里，你可以哭泣，可以展示你的脆弱，而且，你只有展示你的脆弱，展示你的恐惧——就算它只有一点点，你也要展示出来——我们才有机会直面它，才有机会穿透它，可是，有好多人，还是宁死都不允许自己脆弱。

"哭出来，就说明我输了，我怎么可以输呢？"

"哭的人是没有用的，我怎么可以没有用呢？"

"哭的人是可怜的，我可怜了，那我的家人怎么办呢？"

"我哭了，我软弱了，我的家就垮了呀！"

"我妈妈（爸爸）已经那么可怜了，我怎么还可以可怜呢？"

或者，有些人会说："我以前天天哭啊，都没有什么用，我现在都不哭了。"以前的你，不论是哪一种哭，基本上都属于无意识地哭，或者无意识地不哭，或者无意识地害怕哭。而你现在需要的是有意识地哭、主动地哭。当你的身体需要的时候，当你的疗愈需要的时候，你需要主动调动你的情绪、调动你的悲伤、调动你的脆弱、调动你的哭。

这种哭是具有疗愈力量的，具有释放潜意识里的伤痛、修复受伤心灵的作用。特别是在老师这里，在我把你按在你的非理性行为下面的时候，按在你不受控的行为下面的时候。任何不受控的行为、非理性的行为背后，基本上都蕴藏着我们对痛苦的回避，即我们对痛苦情绪的逃离。要去除不受控的行为，必须唤醒那些痛苦的记忆，那些痛苦的情绪也必须同时被唤醒、被复苏、被饱满。

只有一次又一次在曾经逃离的、回避的痛苦中穿梭，将那些灰暗的记忆，用情绪、情感使它慢慢地复苏，慢慢地染上颜色，让记忆越来越立体、鲜活，让痛苦的记忆还原它本来的生命色彩，你闭锁的心才会慢慢复活。

何谓心？心的很大一部分，是由过往的生命经历构成的，如果这个部分枯萎了，人的心其实也就会出现各种梗塞。

当然，我说的哭，不是祥林嫂式的卖惨，也不是怨妇式的哀怨，更不是泼妇式的骂街，它是自我检视时的真情流露，是自我回溯时的懊恼，是自我看见后的悔恨，当然也会为自己的遭遇掬一把心疼的泪水，更有对自己曾经的伤痛的尽情释放。

这种哭有疗愈力量，能唤醒心灵。要做到并不容易，因为这个行为本身就是在挑战自我潜意识里种种坚固的信念与各种禁忌。

当然，也正是如此，才更彰显出人性的柔韧！如春草一般，无论如何它都要发芽，都要向这个春天展露它的新绿。

而这份新绿，就是人性的可贵。

人要重塑自我，要让潜意识心灵重生，就要从这份新绿开始。

【有问】明白了，谢谢老师，看起来，入门都要从"展示脆弱"开始呢！

万勿逃离，更需面对

人总是下意识地对负面情绪有着负面看法，而随着社会的发展，我们有太多的方法和途径，让自己能快速从负面情绪中逃离出来。

【有问】老师，您前面讲了，很多人因为害怕他人哭，所以会情不自禁包办太多，为孩子做太多，或者对他人的哭无动于衷，孩子也因此学会了对他人的感受无动于衷，最终表现为残忍，请老师多谈谈这些。

【有答】好的。总的来说，哭与负面情绪相关。那今天就谈谈负面情绪吧，因为人总是下意识地对负面情绪有着负面看法。

随着社会的发展，我们已经有太多的方法和途径快速从负面情绪中逃离出来。但也正因如此，我们失去了一个很重要的能力——对负面情绪的体验能力。也可以说失去了对负面情绪的正面感受意义。

这是个很荒谬的现象。人竭尽所能追求快乐，并尽可能避免、逃离负面情绪（含负面的体验），本以为这样可以让自己保持快乐，最终却因为逃离负面情绪而让保持正面情绪与快乐的能力枯竭了。

不管是负面情绪还是正面情绪，它们统称为情绪。把负面情绪掐死了，其实掐死的是情绪的流动。而情绪不流动，那正面的情绪自然也是无源之水。

不管是正面体验，还是负面体验，它们统称为体验。没有了负面体验，那正面体验是什么？这就是我常说的，如果你的世界里面只有白色，那你如何知道什么是白色呢？正如一个人在白雪皑皑的荒原中行进，目光所及都是白色，若长期处在白色的雪原之中，这个人就会得雪盲症。

人的情绪体验也是如此！当人竭尽所能地避免负面情绪与负面体验时，最终会因为这样做而让自己的情绪"盲"了，也就是麻木了，体验感受的能力也随之麻木。

所以，内家心理学与别的心理学不一样的地方是在这里。我们提倡拥抱负面情绪，拥抱负面体验。只有把我们竭尽所能避免的情绪、体验拿回来，我们的感受才能复苏，我们的情绪才能饱满，我们的体验才能丰富。

当你对你的负面情绪不再持负面看法、负面反应时，对于发生在你身上、孩子身上的"问题"，你的观点和态度就会不一样。你不会急于把孩子，把你爱的人，从他的"苦的经历"当中剥离出来。这个名为爱、实为害的行为，在今天的社会上到处上演，却不知道这个爱的行为，让他人的体验如此单薄。一旦体验单薄了，你和他说什么——爱、感恩、感动、喜悦、自在、责任、担当、做自己，等等，他们都是不可能理解的。

正如很多家长总是很着急地告诉孩子："这是你应该做的（这是应该学习的，应该努力的，应该参与的，应该……）""这是你的妈妈（爸爸、爷爷、奶奶），你要心疼，要孝顺""人应该要善良、要忠诚"……

父母的希望是好的，对于父母想起来都能激情澎湃的美好事物，孩子却是无感的。道理之所以无效，是因为孩子严重缺乏体验，严重缺乏对负面情感、负面体验的感受。如果他没有经历过你的经历，他如何感受你的感受？更何况，可能连大部分正常孩子该体验的、该经历的，因为你的爱、你的剥离，导致他实际上都没有机会去经历。这才是问题所在。

所以，不要怪你的孩子无情无义，对你情感淡漠！也不要奇怪你的孩子了无生趣、从小就长着一张厌世的脸。因为在他成长过程中该经历的那些小小的困难、惩罚、挫折、沮丧、郁闷、懊恼、痛苦、伤心，都被你迅速排除了。他从来都没有完整经历过这些负面情绪，也没有经由自己努力克服这些"负面情绪"的体验。

实际上他会因此失去更重要的东西，就是自我努力后的成就感——这个成就感其实是很高的奖赏，更不要说未来，通过自己的努力而实现自我价值的快乐，以及通过服务他人、利于他人而获得生命的升华与价值。

这些生命当中更值得我们追求，更值得我们体验的生命经历，会因为你从小对他的负面情绪、负面体验的剥离，而让孩子彻底失去了能力。你本来希望你的孩子能成为一只雄鹰翱翔于天际，但如果他的翅膀从来没有经历过风雨，那还谈什么翱翔？

【有问】看来，我们对负面情绪的应对还真的错了呢！

若要珍惜，受苦为先

【有问】老师，请您再谈谈负面情绪、负面体验的重要性吧！

【有答】好的，其实我们每个人都希望自己成为一个卓越的人，或者希望孩子成为一个卓越的人。但人要如何才能卓越，我们却甚少有自己的体验和话语权，只能不停地相信外面说的，然后就想着那样做，孩子就能成才了。

今天就讲我一直带着的休学少女小W的一些故事，和大家谈谈何谓成才，何谓智慧。小W在我的工作室实习一段时间了，是个干净漂亮的小姑娘，有才华，写得一手好文章。因为跟着我久了，也能给来的学员做一场不错的潜意识沟通，偶尔也能在大群里做一场分享，工作室的后勤也愿意做，甚至还能做得一手好饭菜，工作室的午餐经常由她做。如果我只是这样说，你是否对小W满意？是否觉得你家的孩子如果能这样就很满意了？还会觉得她是曾经的那个休学少女吗？

是，作为休学少女，她已经成长得非常令人满意了。但如果作为一个职场中人呢？作为一个自食其力的工作人员呢？那我现在从用人单位，从老板的角度，跟大家讲讲我看到的吧！

首先，我本来是想把她当工作人员培养的，一开始就把她拉进我的内部工作群。但一段时间之后，我发现这个孩子从来不参与工作群里面的互动（总共只有5个人的小群），我很多时候发一些信息在工作群里面，其他几个人都或多或少会有一些回应，而小W从来都没有动静。而我数次告诉过她得有回应。

其次，在大群里有时候发生一些学员之间的误解、违规情况，或者学员在大群里面有问题，以及各督导小组群里面的一些互动，小W也从来不参与，也从来不去回复或者处理问题。

最后，在工作室，我们每一次课程，小W都只做我交代给她的那几件事情（卫生与午餐），没有交代的就和她无关。而且她在工作室这么久了，从来没有主动去了解学员的进度如何，有什么困难和需要，以及有什么问题需要解决。

她永远只是干好我交代的几件事。而且这几件事，只要我不追问结果，她肯定会拖延。更过分的是，其他人都已经忙得快疯掉了，她还坐着优哉游哉地嗑瓜子、听歌。

各位如果是她的父母，可能会觉得这能有多大问题啊！可是，你从用人单位的角度看看，从老板的角度想想：哪个公司会要这样的员工？就算老板有心，这样的员工怎么培养？

我想，小W的这些问题，在很多的孩子身上都存在吧！特别是亲子关系出了问题的家庭，几乎无一例外都有这些问题。但这些真的是小问题吗？人是否真的只要有才华、长得漂亮就可以了？只要每天做人畜无害的"白莲花"就可以了？我可以直接告诉你的是，虽然我是小W的老师，有着自然而然的同情和不忍，但我已经无数次想把她赶回家了。如果我只是公司的老板，她绝对不可能通过试用期，我一定不会用她！

其实小W这些行为背后的原因很简单，就是她父母从小到大为她做得太多了，包办得太多了。她从小享受父母的这些包办，干嘛还要主动去为别人做点什么？她干嘛还要没事给自己找活干、找罪受？

反正公司的事情总有人去做的，那她干嘛要多承担？万一没有处理好呢？学员的冲突就更不用说了，她自己都怕呢，干嘛要卷入这些是非之中？避开、不处理总是容易的！反正家里总是会给她钱，她干嘛要努力工作？她头脑里有一万个不做的理由，就是没有一个必须做的理由！最多就是老师会批评她，那大不了不干了呗！

果然，小W在过年期间，因为偷懒没有完成我指定的任务，就自行决定不再回来了。对于她来说，这些是可以如此轻易放弃的。

而丽丽和王琳这两位名校的高才生（丽丽是武汉大学双学位的本科生，王琳是兰州大学的硕士研究生），她们是不远千里（一个从武汉，一个从内蒙古）举家搬迁到佛山顺德，只为了留在老师身边学习工作。其中的区别是什么，大家自行去体会吧！

小W不知道待在老师身边工作学习，是莫大的机遇吗？她不知道，老师愿意手把手一直教她吗？她都知道，嘴巴上也说会珍惜。

但实际上并没有珍惜。原因很简单，她没有切身地吃过苦头，没有真正尝试过自己摸索的无助，没有自己尝试过苦苦追寻却追寻不到的沮丧，没有体验过无人真心带着成长的苦楚。所以就算我有心教她，她依然不会真正珍惜！但这又不是她的错。她什么都太容易得到了，怎么会懂得珍惜呢？而不珍惜才是问题所在！不是才华，不是学历，不是智商的问题！更不是复学不复学的问题（休学父母最关心这个）！所以，小W必须去外面自食其力、自力更生几年，而后才能再回到我身边来学习工作。

她在我这里已经学习期满，现在必须去经历一些她本该经历的风雨，如果她再待在我身边，那她就永远长不大了，那才是真正害了她！

来到我这里求助的父母，她们的孩子近乎都是高智商的孩子，才华几乎是他们的标配，"985""211"的学生几乎是常客。

"孩子本来可以很优秀的""他那么有才华""他本来有大好的前途的"几乎是所有父母的共同心声。

我现在可以告诉大家："可惜什么？有什么好可惜的？"

没有受过苦难的优秀，没有品格支撑的才华，最终只是为自己构建一个华丽的牢笼罢了！

难道不正是因为他们的高智商、高才华，他们才更容易把自己的问题归咎于父母吗？因为问题都是父母造成的，因为这都是原生家庭惹的祸，所以他们才有机会轻易给自己下定义：是因为缺爱，是因为抑郁，是因为各种心理问题，才让自己这样！

也正是因为他们太聪明了，父母才过度欣赏他们的才华。又因为他们所得太容易，根本不懂得什么叫汗水，什么叫珍惜，自然就很容易放弃。所以，他们才有"资格"看不起身边那些努力打拼的"傻瓜"嘛！

身为父母的你，真正要可惜的是什么？可惜的是让他们丢失了脚踏实地、水滴石穿的精神。

【有问】明白了，谢谢老师！我想多年之后，小W回看这段，是能理解老师的苦心的。

不畏冲突，相向而行

> 智慧在哪里？在你不回避的冲突当中。什么叫不回避冲突？你得先不害怕、不回避负面情绪与负面体验。

【有问】老师，请您再谈谈一个人要卓越和负面情绪、负面体验之间的关系。

【有答】好的，昨天我以小W为例，限于篇幅，只是点出了小W不懂得珍惜的这个问题，以及这个问题是如何在原生家庭里面形成的。

今天再谈谈为何小W这样的行为模式会阻碍她的成长。小W毕竟才23岁，未来还是有无限可能的。但如果我把小W的状态，换到已经将近40岁的Z女士身上，你去看看会是怎么样的一个结果。

Z也是在这里实习的。我本来也是把她当作工作人员来培养的，甚至把她带入我最核心的圈子里。

请问，如果我已经把你当成最信任的核心工作人员时，会怎么和你说话？需要每件事情都说得很完整吗？需要像在课堂上、对外的时候，把每一句话都说得很完整，没有缺漏吗？

就像我对助理丽丽、王琳说话，我需要每件事都完整交代吗？或者说，我需要在每件事情上都对她们完整表达我的意图，以及我真正的用心吗？

既然是核心工作人员，我们早就应该跨越信任与否这个话题。我把你当成可以交托的助理，就不需要再证明我是不是个合格的老师、合格的老板。

所以，我说话就会非常直接，大部分情况下都是省略掉各种语境、背景资料，只是一句简单而且直接表达我想法和要求的话语，非常简略。

丽丽和王琳不需要我做过多的解释，就能立刻明白我想要她们做的事情，不会产生误解。这其实反映的是一个人能否与人真正建立亲密关系，建立完整的信任关系。

这同样适用于夫妻关系。夫妻之间，如果已经是多年的夫妻（7年以上），那彼此还在执着伴侣是否支持你，是否信任你，是否在肯定你或否定你——如果你们的夫妻关系还处在这个层次，那你们有必要检视一下，因为你们夫妻关系的深度远远不够。多年的夫妻，早就应该过了证明彼此是怎样一个人的时候了。我们彼此早不需要证明我是不是爱你、支持你、信任你了。夫妻间早就过了彼此追逐、试探、考验的阶段。这个时候的夫妻本来应该是一致为家人创造更好的生活品质，为自己实现更大的价值，为社会做出更大的贡献。哪里还有时间一直纠结在信任与不信任或爱与不爱的这个话题上。

实际上，非常多的夫妻并没有能力进入这个阶段。那同样的道理，作为Z，她跟我学习超过3年了。我这个老师是怎么样的，不需要再证明了吧？我也是因为认识她超过了3年，主动地把她拉进我最核心的圈子里。

但显然Z还在她的"老鼠圈"里面，无法随着我释放的善意相向而行。而这实际上是Z一直无法获得真正的信任、稳定的亲密关系的一个重要原因。

所以，在工作群里面，老师说什么，Z从来都不回应，也不表明态度。

我知道，我那些话说得不如在课程当中那样完整、圆融、不落入偏执……

但请问，如果你作为老板，你的员工这样在一旁悄悄观察你，不置可否，你感觉如何？一定是不被信任的感觉。

几次之后，有Z在的场合，我说话自然会注意形象与分寸，既不会得意忘形，也不会过于真情流露。

最后我为了工作方便，就只好把Z清出内部核心群了。随后，我又建了一个实习工作群，我在其中说的话自然分寸就不一样了。

所以，从这个细节就可以知道，有些人是无法跨进深度的信任关系的。那么在企业里，他就没有担当重任、独当一面的机会；在家庭中，他就没有办法建立一段稳定和亲密的夫妻关系。

每次我问Z："你为什么不回应？"她的回答永远是："我不知道该回应什么，我不知道怎么回应才是对的，所以，我就不回应了。"

我确实也能理解，毕竟是我教的学生，怎么会不理解呢？但如果我抛开潜意识，抛开原生家庭，只是从老板和员工的角度来谈这个问题，我会告诉她："是你太聪明了，你每时每刻都在维护自己的羽毛，都想做好人。你永远不用参与需要你立场鲜明但有可能犯错的场合。所以，当有学员对我们有误解，当学员之间有冲突的时候，你永远都是你好我好大家好，然后一团和气，看起来你的处事方式非常柔软，实际上你回避了冲突的实质，导致问题并没有真正解决。"

甚至，当学员对老师有误解的时候，她也不会站出来为老师解释，为老师辩护。她的解释是："我又不是老师，我怎么可能知道老师是怎么想的，而且当时我又不在现场，我怎么知道到底事情的真相是怎么样的？"听起来很客观，但其潜台词是："老师也有可能犯错啊，那我要是维护老师，万一维护的都是错的，那怎么办？"所以，她的面子是比较重要的！于是，她永远都是微笑，永远都是人畜无害。如果你每个坑都不愿意冒险去跳，都得确定安全了才做，或者说，身为工作人员，你永远都在扮演好人，那你置公司于何处？难道每个冲突、每个误解，都需要我亲自处理吗？如果这样，那我要你干吗？或者说，如果这样，你就永远不会是我最可靠的伙伴了。

看起来，这类人很聪明，因为他们永远不会让自己置身于冲突之中，他们永远是安全的。

但他们让那个愿意信任他们的人直接暴露在冲突与风险当中，而自己却岁月静好！所以他们永远没有机会获得真正的信任。他们一辈子渴求安全感、信任感，乃至爱，但他们会永远得不到。更不用说，他们孜孜以求的智慧，也是没有的。因为前进路上，他们永远会选择那条最容易走的路，最没有荆棘的路。试问，这样的路，看起来鲜花满地，看起来掌声伴随，但你真的会因此收获能力吗？

所以，有很多人，实际上拥有了很多金钱，有足够的聪明才智获得更多财富，但他们会没有价值感。而我现在觉得，老天最厚待我的，就是没有给我什么天赋才华，所以我很笨，该吃的亏一个都不知道避开，该跳的坑一个都没有少跳。所以，吃亏吃多了，情商自然就上来了，甚至我们夫妻之间，该吵的架，该有的冲突，一个都没有少，但也正因为这样，一起直面一个又一个冲突之后，彼此之间就能360度无死角地互相满足了。所以，智慧在哪里？在你不回避的冲突当中！什么叫不回避冲突？你得先不害怕、不回避负面情绪与负面体验！

【有问】明白了，原来还是对负面情绪与负面体验的畏惧啊！能因此演化成这样的结果，还真是没有想过呢！谢谢老师！

自然规律，违逆则囵

人本来就具有社会属性，离开了社会，人如何知道自己是人呢？

【有问】老师，请您继续这个系列的话题吧！

【有答】好的，这几个小节都是和负面情绪、负面体验有关的，刚刚也从一个人成才的角度，以及是否有能力进入关系的角度阐述了：因为下意识地畏惧冲突，导致一个人很难和他人建立长久、信任、稳定、深入的关系。

当然，相向而行的前提是经过考验、考察之后没有问题，这个前提也是很重要的，因为有很多人会盲目相信，冲动地跟随，结果都是轻易放弃。所以，我这两篇文字谈的，都是相处几年之后的关系，不是陌生的、表浅的关系，更不是考察阶段的关系。

有些人可能会这么说："我宁可不要亲密关系，宁可不要深入的关系，也不想要冲突，也不想要这么辛苦。"虽然大部分人不会将这句话说出来，行为上却是如此。看起来确实是，好像我只要彼此淡淡的关系，或者我只要把所有人都拒绝在外面就可以了，我的世界又不需要别人，别人对我来说都是麻烦，我自己一个人也可以生活得很好！

这样的想法确实不少见，而且这个时代又提供了这样的条件，只要肯努力，任何人靠自己都可以活得不错，那又何必让自己吊死在一棵树上？但人与人之间的关系，不会是你真的想控制在哪一步就控制在哪一步，它一定会按照你的心智模式持续地影响着你。

事实上，退缩的关系、回避的关系，会让自己的生存空间越来越小，让自己的生命力越来越萎靡，让自己从各种关系中抽离出来。逐渐离开关系，结果就是不在关系中。人真的可以不在关系中吗？事实上是不可能的。

我一直说"人之所以为人，就是因为人在关系当中，关系定义了人本身"，用大白话来说就是，人本来就具有社会属性，离开了社会，人如何知道自己是人呢？离开了关系，看起来他还是处于社会中，也在做着社会上的职业，但他却回避了各种关系。而后，一个人躲在人群之外，用自我的意识不停地构建一个空间，说好听点是属于自己的空间，说不好听点就是自我催眠、自我安慰。

要知道，人首先是动物。动物性本能（大自然规律），是我们身上的不可抗力。人必然有温暖的诉求，必然有安全感的诉求，也必然有两性相吸的诉求。甚至可以这么说，人类文明首先是建立在这个本能之上的，脱离了这个本能谈文明，是空中楼阁与无源之水了。

而现在有些人要硬生生地切断这个规律，看起来他们做到了，因为人有自主选择要怎么生活的权利。但人的动物性本能不会因为你的选择就改变，它永远在那里，不会因为你不需要就不存在了。当然，也不会因为你特别需要，就没有上限！正如，人可以选择一天两天不吃饭，最多数天不吃饭，但不可能一直不吃饭，因为肚子会饿，这是生存本能；也同样无法无止境地吃，因为肚子会饱。

同样的道理，人可以一时不需要朋友、伙伴、伴侣，但不可能永远不需要。所以，回避冲突，畏惧冲突，乃至为了避免冲突，让自己一直岁月静好，结果就是让自己越来越脱离关系。这是心理层面的无意识，会和生理上的本能相冲突。心理上，我们可能一直让自己走入人越来越少的地方，但本能上我们是渴求人群的，是渴求社会关系的。所以，很多人的痛苦来源于此。

而后，有一部分人会求助于各种宗教的救赎。因为他痛苦，因为他对本能的拒绝，因为他要终其一生对抗自己的本能。久而久之，人就会"相信"欲望是邪恶的，"相信"自己是不需要的。于是就有各种团体在某种程度上，为远离关系、远离人群的人提供一个庇护所。事实上，中国传统文化里面的儒释道，都不否定这些本能诉求，这个话题就不展开了。解决问题的方式，就是直面问题之所在。

什么叫直面？退缩、逃离、合理化、装死都不是。直面就是面对问题本来的样子，一直看着它、分析它、研究它，想尽各种办法与途径去穿越它、解决它。

因为这个话题太大，背后涉及人类学、社会学、哲学、宗教学，以及各种心理学的甄别与庞大的去芜存菁过程。限于"札记"的形式，以及"父母篇"的主题，这里只能蜻蜓点水般一带而过。其实这部分内容很重要，因为这是三观底层的东西，这部分内容只能在课程当中慢慢跟大家讲解了。

【有问】好的，请老师有机会再细细地跟我们讲解。

头等大事，心上用力

所有的文字其实都是指向月亮的那根手指。指月的目的，是让大家顺着手指的方向自己去看，自己去探索。而那个月亮，是你的心！

【有问】老师今天和我们讲什么话题呢？

【有答】今天我对这段时间的话题做一个总结吧！

这一系列文字，大家如果只是看某一篇，可能会不明所以。这一系列文字是一个整体，是为了带领大家进入心灵领域，体验心学的奥秘而写的。为了引领大家入门，我得从"唯心所造，心即是理"讲起，为后续文章铺垫简单的理论背景。

要体验心的力量，得先回归生命的本来面目。生命本来很柔弱，柔弱才是真相，我们要回归如婴儿般的本来面目。因此我絮絮叨叨地讲了人要学会脆弱，要敢于脆弱，要展示脆弱，讲了唯有泪水是打开心灵的钥匙，泪水能让我们与更深的自己连接，即潜意识深处的各种不曾被看见的信念。

唯有如此，解脱才是可能的！所以，佛家本来就有"在一滴泪中闭关"的说法，闭关闭的是什么？不就是摒弃外缘吗？关的是什么？关的是向外的习性！如此方有在心上觉悟的可能。

而要返回先天，我们又有诸多后天的习气，无数的畏惧，所以我们得谈谈人是如何畏惧脆弱的，人是如何竭尽所能地逃离负面情绪与负面体验的。因为这份畏惧，我们生而为人的体验是不完整的，是有太多缺憾的，只是我们不知道罢了。

要不然，佛家也不会说"天上诸佛，皆在人间成佛"。人间是什么？人间是有情的，人间是有缺憾的，人世间的事"不如意者十之八九"。

那么不如意又在哪里？在心上！唯有回到心上，让时光回溯，重新打开过去泪光中的记忆，唤醒沉睡的心灵，体验曾经没有完整的体验，丰富曾经没有丰富的感受。如此，缺憾的、遗漏的方能圆满。

所以，我再次强调，唤醒负面情绪、唤醒负面体验，对于一个人心灵的圆满是多么的重要。

因为怕你不懂、不重视，所以我就再告诉你，想要幸福，就得走入关系。远离关系，其实就是走向孤寂、走向死亡。而人对冲突的畏惧，实质上是对负面情绪、负面感受的畏惧，这才是导致逃离关系，不能建立关系与深入关系的主因。

虽然每一篇都是小文，讲得并不完整，但我一直强调，要谈的话题其实都很大，而这些又是大家需要有所体悟的内容。若无这些体验与感觉，怎么构建起内省的自觉呢？我亲眼看着一个又一个同学，开始往内走了，开始内省、觉悟，并学会自行纠错、改变，而有的人只是茫然地看着。

他们焦虑地问我："老师，我的孩子又不听话了！""老师，我的孩子又不上学了！""老师，我的孩子又……""老师，我的伴侣又……""老师，我又不知道该怎么办了！"

往往在我解决了这一个又一个的"怎么办"之后，刚要和他们讲"这是你的心出问题了，你的心的问题在哪里"时，他们已经心满意足地拿着答案走了。

当然，懂内省的学生，已经掌握了自我解决问题的钥匙，他们问得最多的是："老师，对这个事情我是这么内省的，你帮我看看（也即让我给他把把方向就好了）！"

而未往内走的学生，始终不知道，他焦虑的对象和我讲的心上的问题有什么关系！对峙完自己的心，自己的问题真的就会解决了吗？心又在哪里？

好吧，为了让大家明白"心在哪里"，我不得不引用心理学的诸多概念和大家讲述，心啊，就是你的那些不受控的情绪所锁住的念头，所以叫不受控的念头。不受控的念头，会构成你的信念，而你的信念就会影响你的行为，你的行为一旦不可控，你的人生也就不可控了。

要探讨这些不可控的信念，我又必须进一步把信念的几个层面做一些简单区分。我所有的文字其实都是指向月亮的那根手指而已。指月的目的，是让大家顺着手指的方向自己去看，自己去探索。而那个月亮，是你的心！而不是去研究这根手指好不好看，或者这只手的动作是不是优美。

我的文字一会儿从这个角度，一会儿从那个角度……如果你致力于研究我的角度，其实就是研究手指了。

再说回来，研究心的问题，其中的翘楚必然是心学。何谓"心学"，简单说就是阳明先生的"成圣"之道。阳明先生从小就在问自己，人生第一等大事是什么。老师的回答是读书做大官！当然这已然落入下乘了，对于阳明先生而言，人生第一等大事是做圣人。

这是中国人最高的成才之道。

王阳明从小就立志做圣贤，也寻觅到了圣贤之路到底要怎么走，俗称"龙场悟道"，其实悟的就是这么个事，也即"圣人之道，吾性自足，向之求理于事物者误也"。翻译成大白话就是成为圣人，没有那么难，我的本性之中本来就具备了成为圣人的品质。以前一直去外面寻找成为圣人的途径，那已然错得离谱。圣人的路，不在外面，在你的内在，在你的心上，要往内看。

用更直白的八个字就是——"独立自主、自力更生"。人只有立足了这个，作为一个人，乃至一个国家的精神面貌就会发生翻天覆地的变化。不靠天不靠地，不靠鬼神，更不靠外援的飞机大炮，就靠自己这双手，就靠小米加步枪，就算是手推车也能推出淮海战役的胜利！

至于其他的成才路径，都是枝枝节节而已！

好了，当有了这样的觉悟之后，还得有可以实操的方法和步骤。

对于王阳明先生而言，他是"事上练"了数十年之后悟出了这个道理。

但对于他的学生，对于要学习心学的门徒而言，可不是这样。学生没有自己的求索，没有自己的经历，道理就只是道理。所以，在后面的心学布道中，王阳明先生也顺便建了功、立了业。在巡抚南、赣、汀、漳等地时，灭了当地的一众匪徒。而后举兵造反的宁王朱宸濠也与王阳明撞见，当然也被阳明先生随手就给灭了。这个过程中，阳明先生无一不是在这些事上磨炼自己的心志，拷问自己知行合一的功夫到哪里了。因此，阳明心学也进入了第二个思想节点——事上练的知行合一！

简单说就是不怕事、不躲事，而且能主动承担事，并且借每一个遇到的事来磨炼自己的良知。从事情的表层，一层一层地穿透自己，锤炼自己心灵的力量，洞穿且熟悉潜意识心灵的力量与行为，实际上完全是一而不是二！一个人的良知如果没有经由世事的锻炼，或者说没有经历过基层的锻炼，没有经过群众的考验，谈良知、知行合一，其实都变味了。

王阳明之后的心学没落，在很大程度上源自后世书生不去做事，不去承担事，坐而论道，空谈"心即理"，玩弄"圣人之道"。对于阳明先生而言，当他的心已经进入"此心光明，亦复何言"时，其实"心学"就真的很简单了，只需"致良知"即可。"此心光明"翻译成今天的话也不难理解，就是"大公无私"或"天下为公"，而"致良知"其实就是"为人民服务"。这于今天的我们，反而不容易了！

这可以说是一个人成为圣贤所必经的三个阶段。阳明心学，其实也一直在薪火相传，从未断过！

【有问】到今天才有点明白，老师为什么一直说，咱们在传承阳明心学。谢谢老师！

生理心理，要分清楚

内家心理学有一个很重要的观点就是，直面不受控、非理性的信念。

【有问】老师，今天是和我们谈信念的几个层次吗？

【有答】是的。虽然我们要往内走，要往心灵深处走，但如果不对人自身的信念加以区分，那显然是盲目的，很多人会因为这个而陷入各种新型的心理陷阱，也就不奇怪了。

在内家心理学上，一个很重要的观点就是，直面不受控、非理性的信念。有些人可能以为，我们处理的是情绪。是，但也不完全是，我们处理的仅仅是不受控的那部分情绪。

为了说明白这部分，我们很有必要对人的信念（含情绪的底层动力）做一些简单的区分，以便我们知道，在什么时候做功，要做功的是哪个部分。

因为最近的文章会越来越多地涉及心理学各个方面的话题，而现代心理学已经是一门极其庞大的综合学科，任何一个分支深入下去，都是穷尽数年也未必能有所得的。

显然，内家心理学是一门立足于实用性的心理学，在这里为了方便大家应用，我简单对人的行为、动力、潜意识、集体潜意识等做一些哲学、伦理学意义上的划分。

第一，形成人的意识的最底层的动力，即生存动力。

人类的各种本能，饿了吃、渴了喝、困了睡，以及各种性冲动与性需求，包括传宗接代、繁衍子孙的需求，由此而产生了人类的所有活动，贯穿始终的就是生存这个主题，所有的物种都在追求生存，而且都在竭尽所能地生存得更好些。

人所有的意识活动其实都根植于此——为了生存并生存得更好。这个部分只能被不断地发掘、理解，并且遵循，同时加以合理的开发、引导、善用。

问题往往会出现在，从动物性的角度来说，是没有错的行为，是有利于当时个体生存的行为，用人类社会道德去衡量却是非道德的行为，也即会损害群体或他人的生存质量行为。比如，对自己生存有利但所得非法的行为；为满足对亲密关系的渴求，而建立的违背良知的关系。

另外，问题往往还会出现在"生存受到威胁"的时候，或者在意识里以为"生存受到威胁"，特别是在人类的童年期以及人脆弱无助的时候。

若无人类的意识，或者说若无人类的道德良知，所有行为的底层动力，其实都是可以被理解的。

第二，每个个体都根据自己的社会化经历而形成独特的生命体验、感受以及反应和思考模式。

这一层的经历大部分属于无意识的、被社会化的一个过程！从普遍性的角度来说，人所处的时代、地域、文化，以及气候等都会对我们的生命体验和个人气质产生影响。

比如，由此形成中国人独特的集体潜意识——家文化与家国情怀，以及中国人特有的精神内核——齐家治国平天下与内圣外王之道；更由此形成我们中国文化思维下的思考方式与心理逻辑，比如恻隐之心、羞恶之心、恭敬之心、是非之心，并由此形成的仁、义、礼、智、信的儒家德行。良知，其实就是在这里形成的，人一旦能知善恶，良知就产生了（"知善知恶是良知"）。

当然，烦恼也是在这个过程中产生的，因为每个个体都有自己的特殊性与局限性，其中特别重要的就是原生家庭的经历。人往往是因为原生家庭的局限，而导致其无法真正遵从良知去生活，并让自己生得更好。

简单说就是"想过好却没有过好的生活"，是我们最大的烦恼。而显然，研究每个个体具体而微的原生家庭就是心理学最擅长的。

第三，知识架构与三观（世界观、人生观、价值观），也即人后天可以有意识地学习、吸收并建构起来的认知系统。它需要仰赖于知识，是属于可以有意识地交流、交换、比较、学习、吸收的部分，它属于意识的最表层。

就算如此，也很少有人能主动地、有选择地去建构自己的知识架构与三观，更不用说主动去怀疑、检视、修正它了。因为事实上，如果你生活不如意，如果你不幸福，甚至生活出了问题，那这个系统也一定可以找到对应的问题。

但人往往用自己出了问题的知识架构与三观，拼命地为自己的行为进行辩护，而不是用它来检视自己！所以，要对人的意识系统进行深层次的干预，基本上都得先从有问题的知识架构与三观开始重构（专业术语叫认知疗法）。

任何心理学的学习，都要经历这样的一个过程。比如内家心理学一直提倡的内省，虽然内省好像人人都会，但要形成习惯，乃至产生下意识的行为，就需要经历一个三观重构的过程了。因为要把"发生了问题归咎于他人"转变为"发生了问题探寻自己"，这实际上是一个极其重大的意识转换。而同时又要求能用内省来修正自己的盲区，并能辨识自己底层的需要，这又必须由一整套完整的理论体系，也即知识架构来支撑。

所以，当我把意识的三层结构这样简单区分完之后，大家的内省就能有的放矢了。

比如，我们都爱孩子，都想孩子生存得更好，这没有问题，不需要怀疑，为人父母，一定是爱孩子的。但我们爱孩子，却会出现各种偏差，比如，情不自禁为孩子做太多本该他自己做的事，为孩子抵挡本该他自己经历的风雨。因为不忍心孩子受伤，在潜意识里想让孩子生存得更好，却用错的方式，导致孩子因为没有机会经历风雨而限制了各项能力的发展，最终父母的爱妨碍了孩子的生存，并让孩子生存得更差。

所以，问题出在你自己的生命经历上，特别是原生家庭的经历，让你形成非理性的生存逻辑——"老鼠圈"，你陷入这个非理性的生存逻辑，直到自己妨碍了孩子的生存，却依然不自知！

最麻烦的是，因为自己的这个非理性的生存逻辑，人会下意识地接受符合这个生存逻辑的知识架构与三观，并用这个知识架构与三观来合理化这个世界，道德化自己的行为，把失控的、非理性的、事实上妨碍孩子生存的行为合理化为某种情怀，乃至某种真理、信仰。用自己可以主动建构的知识系统与三观来武装自己的行为，武装自己的"老鼠圈"，并以此来区分敌我关系！

常见的就是，试图用爱、用接纳来解决一切问题，而这真的就是三观有问题了。

好了，这三者的关系，未来在课程中会经常用到，大家在实践的过程中再慢慢体会吧！

【有问】明白了，谢谢老师！

成就他人，重塑自己

我们每时每刻都决定着"我是谁"，也就是说，一直在定义自己是谁！

【有问】老师，为什么有些同学的学习好像都在原地打转，一直没有太大的进展？对于这样的同学，我们要怎么帮助他？

【有答】其实，这也是我一直交代给大家的功课，我经常和大家说："当你成长卡住的时候，你就去帮助别人。""你希望自己的孩子成为怎样的人，你就去帮助别人家的孩子成为那样的人。""你想让自己达到什么样的状态，你就去成就他人达到什么样的状态。"

其实这是我课程上一直强调的一个观点，但大家可能认为这个原理和自己的问题不是直接相关的，所以很多同学一直不愿意这么去做。

或者大家的心理就是："我都这样了，我还去帮助别人？""我自己的孩子都有那么多问题了，我还有什么资格去帮助别人？""我自己的问题还没有解决，我怎么去帮助别人？"当然，按照常规的思路，这样理解也是没有问题的。在现实的世界中，我们看到的好像都是有能力的人在帮助别人，没能力的人在接受帮助；都是有钱的人在布施，而乞丐总是在索要。

简而言之就是"有的"在付出，"没有的"在索要！我没有，我怎么付出，我怎么去帮助别人？而问题却是，大家都想成为那个"有"的人——有能力，有钱，有爱心，有幸福的人。而潜意识的心灵法则，实际上却并不是以我们认为的方式在运作着。

所以，我们必须了解这个心灵规律，然后才能运用这个心灵规律，使自己的成长进入快车道，而不是一直在自己的"老鼠圈"里转！

我当然知道很多同学来我这里是为了解决自己的问题，而我也一直在协助大家去解决自己的问题，包括婚姻的问题、孩子的问题，等等。

但正如我之前一直强调的，心理学的学习，有一个非常特殊的地方就在于，它时时刻刻都在跟自己的意识打交道，不管是表层浅意识，还是深层潜意识。当然，我们的目的是重新建构自己的潜意识，重塑自己的原生家庭，让自己成为一个更加圆满的成人。

所以，我们要明白一个很重要的原理，那就是我们每时每刻都决定着"我是谁"，也就是说，一直在定义自己是谁！

　　过去的生命经历是我们无法把握的，但过去的生命经历及自己参与的意识过程，构成了今天的自己。

　　但从大家走进内家心理学，走进深层的潜意识开始，就在重新塑造自己了。

　　什么叫重塑自己？从今天开始的每一段经历，从今天开始留下的每一个印象，在未来会叫作过去，也会叫作"原生家庭"的经历，这就是重塑自我！如果你到未来的某一天，又要为你今天的行为再做咨询，再做内省，这就不叫成长了，应该叫轮回。

　　所以，你想要未来的自己是怎样的？圆满的自己是怎样的？必须从今天开始设定，也必须从今天开始有意识地一直往那个方向去努力，去靠拢。如此，未来才是可期的，圆满的自己才是可期的。

　　如若只是寄希望于"不改变"，却想要有一个不一样的未来，那是不可能的！

　　甚至，只是寄希望于清理过去，或者疗愈过去，治疗自己，治疗孩子，试图通过治疗让自己变成圆满的自己，让自己的家庭更加幸福美满，那显然也是远远不够的，因为那只是做了一半的功夫。

　　当然，这一半已经非常重要了，这也是你们来到这里，老师一直在协助你们实现的部分，这也是我一直试图教导大家去内省，去沟通，去疗愈，去学习，去成长的原因。

　　但是，另外一半——你要怎么定义自己，你要的人生要怎么去实现，却不是老师所能协助的。

　　有一部分人，其实一直卡在这里。当然，我也能理解，确实是因为过去的问题太多了，或者说烦恼太重了，所以他们根本没有多余的心思去考虑未来，能让自己的烦恼少一点就已经谢天谢地了。

　　谈未来，太遥远了；谈希望，太空泛了；谈付出，太"鸡汤"了。"你不如把我的孩子治好吧！""你不如把我的老公搞定吧！""你不如把我的焦虑去除吧！"但问题的诡异之处也恰恰在这里。对自己有希望的人，往往不会掉入绝望之中；对自己的未来有想象的人，恰恰不会被眼前的困难阻碍住。而一直盯着眼前问题的人，却很难从问题里拔出来。

　　先不说那么复杂的潜意识规律。以休学家庭为例，孩子为什么没有一点动力，为什么一点一点地变成受害者，为什么成为一个有各种问题和心理疾病的孩子？一个很简单的原因就是，父母为孩子做得太多了。多到他什么都不需要主动去做，多到他有脑子也不必去思考，有眼睛也不必去看，有耳朵也不必去听，有身体也不必去用的地步。

　　正如我在《给少才得，一多就惑》一文里所说的，《道德经》有云："五色令人目盲；五音令人耳聋；五味令人口爽；驰骋畋猎，令人心发狂；难得之货，令人行妨。是以圣人为腹不为目，故去彼取此。"

　　所以，最无知的父母就是不停地给予！所以，你的孩子自然就是有眼睛却不会自主看，有耳朵却不会自主听，有嘴巴却不会自主体会（品味）；天天痴迷于游戏厮杀的虚拟世界之中，心灵不发狂发乱才怪呢！父母整天将一堆贵重的物品给自己的孩子，最终的结果就是他永远失去了创造的能力，失去了行动的动力。所以，想毁掉你的孩子，最好的办法就是拼命地给！

　　我在"成人篇"也说过，一个人要由心理上的未成人走向成年人，必须经历由"我要"转向"我给"的过程。只有如此，我们才能成为一个真正的成年人，而寄希望于"我不停地要""我不停地满足"，却想成人化，那是痴心妄想。这一系列的成长规律，都一再地告诉我们，给予孩子太多，终究只会让孩子成为"巨婴"，没有成长可言，这就是人的心灵机制的奇妙之处。

父母就是因为给予孩子太多了，所以让孩子成为"巨婴"，然后父母出来学习，一心一意想解决孩子的问题。结果就算是学习也只会不停地要，只会不停地索取，最终让自己也成为了"巨婴"。而一个巨婴怎么可能影响另外一个巨婴呢？

【有问】老师，听您这么说，真的很惭愧，好像我们一直也是如此呢！

主动付出，成就他人

> 所有的理论、工具和方法都只是手段和途径，没有你的主动参与，它永远不会自动变为目的和结果。

【有问】老师，请您再谈谈"付出"和"成就他人"为何能改变自己。

【有答】好的。上文说，你一直在定义着你是谁！从现在开始，你的行为本身已经在重新塑造你自己。当然我们最终会发现，之所以被这么多问题困住，是因为我们在潜意识心灵里，也被自己的某些感觉或执着的信念困住了。

比如，被自己对生活无望的感觉困住了，对丈夫失望的感觉挥之不去，对孩子的无力感怎么都无法转移。特别是从小对冲突的恐惧与逃离，对周边人否定、斥责的畏缩，对他人贬低自己的害怕，对做正确事情的无限追求，对原生家庭中被父母认可的渴求，对独善其身的执着，对道德上优越的幻觉，对恐慌状态的逃离，对非良知行为的誓死隐瞒，等等。这一切，都足以把人牢牢地锁住，而且经年累月、毫无觉察，大部分人终其一生都无法从中解脱出来。

而这些都是"我的感觉"，也即佛家所言的"我执"。所以我们会成为一个抱怨者、愤怒者、索取者、受害者，同时也是加害者。

以前，我们不知道为何会有这么多情绪，这么多卡住的能量，所以让大家改变自己确实很难，也不大可能。而潜意识沟通的目的，就是让我们深层次地洞见自己的非理性信念和行为。原因找到了，在"因"上努力去改变"果"，相对来说就容易多了。即使如此，仅靠被沟通、被疗愈、被老师给予，依然无法从根本上转变心灵状态。因为所有的理论、工具和方法都只是手段和途径，没有你的主动参与，它永远不会自动变为目的和结果。

所以，要主动参与！

事实上，任何一个旧有信念的瓦解，必须有各种维度的饱满体验，深度内省更是必不可少的。同样的道理，任何一个新的信念、新的行为模式的诞生，也必须是自己有意识进行的一次又一次的重新体验。

点石成金的关键是"付出"、"给予"与"成就他人"。因为在人的负面体验里，有一个共同的状态就是，它是被动的、退缩的、回避的、远离的，或者麻木的。

　　唯有主动，才是解决问题的关键。一主动，问题就会开始松动，但主动的方向必须是建设性的，不能是破坏性的。很多人也很主动，但他的主动是没有觉察、没有意识的，只是将自己的价值投射在别人身上而已。

　　比如，很多父母也很主动，但他们的主动都是为了孩子，都是希望孩子变好。而孩子实际上依然是自己的一部分，依然是"我的"，所以这个主动，这个付出在某种层面上依然是为自己的，是自私的。这个时候越主动，越会陷入泥潭中。所以，这个主动是无效的，是纵容，是溺爱，是否定他人能力的主动，这个主动是有破坏性能量的。而我这里说的"主动"，就得再加一个"付出"，当然，还需要一个客体，就是"他人"。

　　"主动付出，成就他人"这八个字，就是让人跳脱出自己"老鼠圈"的秘诀。因为付出的时候，你看到的只是他人，所以人在付出的过程中，就容易消融掉自我。而深陷"我的"执着之中，才是人跳不出问题的心灵成因。唯有消融掉这个"我执"，相对而言，自己的问题也就容易变小，至少不容易把自己困住。

　　这也是几乎所有的大师、圣人，都强调这个的原因。　就是因为给予的人、布施的人，不会受害，不会陷入"我执"无法自拔。

　　而"我执"事实上就是苦的根源，所以要消融它！

　　【有问】明白了，老师。从心理学上看"给予"和"布施"，其实就是一直在重塑"你是谁"，也就是老师前面讲的"成人化"。

跳出自我，方是出路

> 因为你是自私的，所以别人的付出永远感动不了你，别人的付出你永远不会感同身受！

【有问】老师，为什么我总是觉得，我没有什么可以帮到他人呢？你说的道理我都懂，可是，我还是没有动力去帮助别人。我是因为孩子而来的呀，你却要我去帮助别人，我还是转不过来。

【有答】我一直在告诉大家，影响、改变从来都是在大家看不到的地方。我知道你的思维一贯如此顽固，如果你还是试图在自己的思维里寻求改变，即使我教得再多，你所能接收到的也寥寥无几。唯有你自己决定听话照做了，改变才会发生。

我知道你确实会认为你没有也不需要给予。特别是你认为自己就是个病人，你家就是有问题的家庭，那你要如何协助别人，这对于你来说确实是难以接受。

但我还是坚持要你现在就去给予，就去助人！如果你什么都没有学到，你可以说你不会；如果你从来没有来过这里，你可以说你不懂。但事实是，你已经来了，你已经学了这么多的心理规律，你已经意识到问题所在了，那么就从你开始吧，去布施，去创造，去让自己的心灵丰富起来。

从现在开始不要再乞讨了，不要再索要了，不要再可怜兮兮地盯着自己的问题了。放大你的格局，去帮助别人，最起码你懂得比他们多，最起码你有比别人厉害的地方，最起码你有自己的价值，那么就去付出，就去成就别人。

不要告诉我，你很有成就感，不需要通过帮助别人来获得成就感，这只能证明你以前是自私的，都只是为了证明你自己。在自私的领域里，你确实证明了自己的能力；但在无私的领域里，在成就他人的领域里，你从来没有过真正的价值体验。

通过无私地协助他人，通过让他人有所成，有所得，而让自己有价值，有成就感，这是一种更大的格局，是更有建设性的体验。

你太缺乏这个体验了，这其实也是老师协助了你那么多，你却一直认为无效的原因。当然，我这么逼问你的时候，你会说"有一点点效果啦，但整体是没有改变的"。如果我继续逼问："这是真的吗？"你当然又会想到更多老师协助你的地方。甚至如果我一路逼问，你或许会想起更多老师为你做的事情。到最后，你可能不得不承认，是自己的顽固（或者是自己的某个原因）导致自己没有真正改变。

但只要我一停止反问，你就又会陷入"老师没有帮到你"的思维逻辑，陷入"你没有改变"的认知。这不就是你的一贯模式吗？不客气地说，这个思维逻辑其实非常的自私和冷漠！因为别人的付出永远感动不了你，别人的付出你永远不会感同身受！一颗无法被感动的心，怎么能被感化呢？自私的心看见的永远是自私！然后你就在这个体验里一直轮回，永无解脱之日，宗教上称这是"无间地狱"。

摆脱轮回的方法，逃出"无间地狱"的路径，就是去付出，去帮助别人摆脱轮回，去协助别人逃脱"无间地狱"。

所以，我一直坚持要你去付出，去协助他人。我坚持要你用老师所教的内容去实践，去助人！因为那是为你好，为你家好！

我给你举一个例子：你对你的孩子不是一直束手无措吗？不是一直不知道该怎么办吗？不是道理都懂，却始终帮不到你的孩子吗？那你就去成就比你晚一辈的年轻人吧，去教他们，去管他们，去协助他们成长，让他们更有能力。在他们身上试试老师所教的方法到底能不能用得上。如此你不就有了第一手的经验和资料了吗？

再说了，就算没有帮到也没有关系啊！你用你的实践经验反驳了老师的教学，再不济，你也积攒了用心理规则与人打交道的经验教训。而且你实践过，下次再来学习，你才能有实际体验，老师才能协助你走得更深一些，更广一些啊！然后，你的经验，你的心灵不就更加宽广了吗？而不是每一次学习都问同一个问题或者问同质性的问题。由此，你再去面对你的孩子、你的婚姻，不就有机会打开另外一扇心灵的大门了吗？用心理规律，带着觉察，带着对自己盲区的警觉，与人与事与世界进行沟通交流，而内省的大门，你不就进来了吗？

如果你什么都不做，只盯着自己眼前的一亩三分地，只想着自己的孩子要怎么好，却从来不愿意找个地方实践。一碰到自己的孩子、老公、父母，你又总是彻底"死机"，会一直卡在这里，一点改变的契机都没有。然后，你又告诉我说："老师，太难了，我做不到。"然后，就不动了。你总是在同一个地方失败，却只想通过学习具体方法就一举改变现状，这怎么可能？

况且任何技能的习得，不都得通过大量练习吗？如果你都没有地方练习，怎么可能学得会？

你只要不断地应用我教的理论和技术，不停地去助人，你就会不停地成长。而改变也会以你意想不到的方式来临。至少可见的部分包括以下三个方面。

第一，你对沟通的体验，对人类心灵的体验会更加深刻。特别是通过你的协助，让他人更了解自己，甚至协助他人看见自己的盲区，解开自己心理的症结。由此你能更加了解自己，也能在这个过程中获得和他人的潜意识打交道的能力。

第二，你一直在努力帮助别人，甚至当你能为他人（而不是只关注你的孩子）而感到着急，为他人的成长喝彩时，你就已经品尝到"无私"的味道了。因为在助人时，你忘记了自己，你就自然地由自私进化到了无私。此时，你由"我要"进化到了"我给"。

这正是我一直想要大家获得的"心理成人"的经验。这些实际上是你们家、你的孩子最缺失的品质！而这些只有在你助人的过程中才可能获得。

第三，你在一线帮过越多的人，越会发现：相比于他人的苦难，自己的那点烦恼真的不算什么。如此，你的心胸就会开阔起来。

这根本就是在度你自己啊！用佛家的话就是"透过观别人的因缘，可以破自己的尘沙惑"。

当然，还有其他的好处，后面再视情况和你讲解。

【有问】明白了，确实我也看到好多同学都很乐意分享和帮助别人，以前我一直以为是因为他们学得好，有进步，才乐意分享，现在看来可能不是这样。恰恰是因为他们很愿意分享，很愿意助人，所以同样是因为家庭问题、孩子问题求助而来，但他们总能很快走出来，应该就是这个缘故了。

而我总以为，我改变了，孩子好了，才能去帮助别人。确实是我太自私了，我自己把自己困在这里了。

同是付出，但需清明

> 如果你只是盲目地去做一个行为，而从来不去思考前因后果，只是盲目地相信，盲目地做，却寄希望于你的行为能为你带来好的结果，那就是痴人说梦。

【有问】老师，您最近强调"付出"与"成就他人"让我感觉挺有压力的。说实话，以前在其他机构，他们也是这样对待我，这让我很不舒服。感觉好像一群人一窝蜂地拥上来，都要关心我，都要帮助我，每个人都争着来指出我的问题。其实当时感觉大家根本就是生搬硬套地来指出别人的问题，但他们又是好心的。而我自己当时也有种被逼迫着去"付出"，去"关心"的感觉，感觉自己被道德绑架了。所以，我现在很抗拒这种"付出"。

【有答】明白，我也能理解你的这种感受，也正因如此，我这两年都不和大家谈论这个话题，因为我知道，大家都是从各个心理机构过来的，很多时候，也会受一些心理观念的误导。

比如说你，你和老师学习一年有余了，应该知道我几乎不谈论这些话题。为什么不谈论？不是我不赞同"付出"和"关心"。作为心理学十年的从业者，我当然知道"付出"与"成就他人"的重要性。正如我上文所说的，这个行为甚至可以称为"点石成金"的关键点。

但正因为这是"点石成金"的关键点，所以，在你们脑袋里已经充斥着一堆同质性观念（但实际上又误解了）的时候，我就选择先不谈论这个话题了。因为你们必然会用已有的经验和观念来理解我所说的。

这从你今天的反应就可以看出来。那我为何选择今天讲这个话题呢？这个时间点，其实也已经说明了其中的奥秘。那就是，我想要大家先学会内家心理学的基本观念，至少你得在"心上用力"，你得把"内省"把握住，你得把"心生种种法生，心灭种种法灭"搞明白，你得知道你的每一个行为背后的动力与动机到底是什么。

你的行为是由你的想法决定的，你的想法是由你的思维决定的，而你的思维又是容易被过去的生命经历给局限住的。所以，人的思维是有陷阱的，也即我常说的"老鼠圈"。如果这些你都不明白，不会在"心上用力"，甚至连最基本的自我觉察都不会，连自己在每个行为背后的想法、深层次的动力都无从觉察，那你的付出与助人就失去意义了，至少是失去了内家心理学的意义。而这在某种程度上，也是你受困于"付出"和"助人"的原因所在。

正如有些宗教徒相信"放生"的功德。所以不问青红皂白地到处放生，甚至惹来一堆非议而不管不顾，心中只记挂着自己想要的功德。完全不管他们放生的行为带动了一整个产业链。有专门捕鸟、抓鱼、养龟，卖给信徒的，有上游放生，下游等着捕捉的。还有的宗教徒将各种毒蛇到处乱放。他们根本没有搞清楚何谓放生功德，甚至可能不知道达摩祖师说梁武帝造寺、写经、度僧不可胜记，却并无功德（见《敦煌坛经》），更不用说学佛实际上学的是什么！

限于篇幅和主题的关系，我不做太多佛学意义上的探讨，我只想说，如果你只是盲目地去做一个行为，从来不去思考前因后果，只是盲目相信、盲目去做，却寄希望于你的行为能为你带来好的结果，那就是痴人说梦。

如果你都不懂得在自己的心上用力，却总是想着去付出，去助人，或者去成就他人，那样做的结果不见得比什么都不做好多少。大多数来到我这里的家长，恰恰是因为做太多而导致了各种问题。所以，盲目从来不是内家心理学提倡的。

像你的那些经验，恰恰也是我所反对的。如果我们都不懂得尊重他人的意愿，都不懂得什么叫作"未经邀请的劝诫是一种冒犯"，不懂得"自助者天助之"，总以为自己学会了多少道理，然后就拿着这些道理出去大杀四方，一副"真理在手天下我有"的姿势，实际上却是连基本的礼貌都没有。所以，网络上有一句话："你满口慈悲，却面目狰狞。"

【有问】老师，我之前也是这么发出疑问的，可是他们会这么说我，说付出总是好的啊，付出总是对的啊，如果你不付出、我不付出，那这个社会谁来付出？然后就给我扣上一个自私、冷漠的帽子，而我却无力辩驳！

【有答】呵呵，其实这里面混淆了好多观念。

说这话的人，用自己认定的"付出"来给别人扣帽子，这本身就有要挟他人之嫌。话听起来没错，但说话的动机有嫌疑。

第一，把"付出"上升到至高的道德意义上，甚至以社会责任感来合理化自己的行为。用"付出"名义，来掩盖自己实际上的盲目与强迫性行为。正如"奉献"是好事，也值得提倡，但你不能因为"奉献"就逼他人做你认为"对"的事。

第二，付出是一种心态，它不是非得具体到某个行为。每个人都可以根据自己的实际情况来做自己认为是付出的事情，不能定统一标准，做统一行动。比如，富人捐1亿元值得赞许，但不能因此贬低那个只能捐10元的穷人。

第三，付出并不总是好的，如果你不是医生却盲目地给人医疗的建议，带来的可能是伤害！

所以，大家一定要先消化好那个心法，而不是掉入某个教条里。

【有问】好的，有点明白了，谢谢老师。

助人必要，但需有道

你的助人行为，最终是唤醒了对方的能力与良知，还是贬低了对方的能力与良知？是协助了对方独立自主、自力更生，还是让他更加依赖于你、有求于你？

【有问】老师，我知道您不是在说我，但我觉得我就是那个"道理在手天下我有"的人。还有，我发现自己这么做其实是在寻求关注，因为我们很多人都是这样，学了以后，就有一种"道理压死人"的感觉。

【有答】其实你乐意分享，喜欢助人的心态是值得被鼓励和赞许的。同时你能觉察到自己有这个倾向，这已经很不错了。

我们都提倡要去助人，但更提倡的是"助人的同时，要看住那颗想助人的心"。

这句话可以分两个部分来说，一个就是"要看住自己的心，让自己的心不要被助人的欲望所蒙蔽"，你要清楚，在你的助人里面，你的需要有几分，是什么；对方的需要有几分，又是什么。我们在助人的过程中，自己的感觉会很好，觉得很有价值，因此对对方很有期待。比如，期待对方改变，期待对方回应等。这些都是助人者在助人的过程中难免会有的，是人性的必然，也是助人的价值所在。但若不警觉，助人者就很容易掉入"渴求自我重要性"的陷阱。

若你太渴求自我重要性，导致你的感觉、你的想法、你的期待远远大于对方的实际需求，阻碍了你去了解对方的生命经历，阻碍了你去倾听对方的心声，这就有问题了。

说得严重一点，不要把"助人"的行为变成填补你心灵黑洞的借口！若是这样助人，实际上是于人无益，于己也是有害。专业的助人者一定是尊重对方的意愿，敬畏对方的生命经历以及生存逻辑的。

另外，你的助人行为，最终是唤醒了对方的能力与良知，还是贬低了对方的能力与良知？是协助了对方独立自主、自力更生，还是让他更加依赖于你、有求于你？而这实际上是判断助人是否有效的唯一标准。

正因很多人在助人的时候，过多地"渴求自我重要性"，所以他无法看到对方的真实需求，更不用说具体问题具体分析了。他不会去了解对方是否真的如自己所想的那样处于困境，也不知道如何真正有效地助人，只是一味地觉得"对方处于困境之中，我一定要帮他"。而帮助的方法是"有求必应"，是一味地给予，从来不仔细想给予的后果是如何。

所以说，专业助人必不可少。

若大家都秉承这样的原则和心态去助人，是有益于他人的，是无私的，是值得赞许与大力推广的。虽然在这个过程中，我们必然会犯一些错误，比如说过于保守或者过于激进，付出得过多或者过少，这都是成长过程中的必然，也可以说是成长的代价。

我们不能要求自己完全遵从原则，不能犯错，不能有一丝一毫贬低他人的想法、否定他人能力的做法。这其实又让自己走极端了。若是抱持这样的心态，那就什么都不要做了。只有什么都不做的人，才什么错都不会犯。

这其实是虚无主义。

所以，我一直说，一定要参与，要主动，要付出，要成就他人。这其实都是与这个原则相一致的。

不要孤立地去看某一个概念，当然也不要孤立地去读我的某一篇文章。这都不对！

【有问】明白了，谢谢老师帮我厘清这些观念。

转念之间，天壤之别

人就是这样在等待条件的过程中蹉跎了岁月，因为我们的潜意识恰恰是被反向暗示了。

【有问】老师，我很同意您关于"助人"、"付出"与"成就他人"的观点。我愿意去助人。但在教育这块，特别是在辍学家庭这块，我实在是没有什么可以帮到其他人的。因为我家的情况都没理清楚，我如何能去帮助别人呢？

【有答】明白，但我要强调，越是你缺的部分，越是你想要改善的板块，就越应该在这一块去助人，去付出，去成就他人。这也是我在《成就他人，重塑自己》这篇文章里面没有讲完的话题。

"当你成长中被卡住的时候，你就去帮助别人。"

"你想要自己的孩子成为怎样的人，你就去帮助别人家的孩子成为那样的人。"

"你想让自己达到什么样的状态，你就去成就他人达到什么样的状态。"

你想成为那个"有的"状态，你必须先去成就他人成为那个"有的"状态。这里的原理，其实也隐藏在潜意识的逻辑里面。因为我们大部分人都有一些非常顽固的心理认知，我称为条件思维，即"我要先做到……我才能……"。

当然，很多时候它也是对的，但若不小心，它也会限制我们的思路，使我们一直困在原地。因为"我要先做到……我才能……"的潜意识逻辑其实是"我还没有做到……所以我就不能……"。

比如，"我的孩子要考上大学，我才能满意"，潜意识的逻辑其实就是"我孩子还没考上大学，所以我不能满意"。

"我的孩子复学了，我才是一个好妈妈（我的学习才是有效的）"，潜意识的逻辑是"我的孩子还没复学，所以我不是一个好妈妈（所以我的学习是无效的）"。

"我的孩子要恢复到以前那么好，那么乐观、积极向上，他才是好孩子（才是我要的孩子）"，潜意识的逻辑是"我的孩子还没有恢复到以前那么好，那么乐观、积极向上，所以他不是好孩子（不是我要的孩子）"。

以上是关于孩子的，那么关于自己的就更多了。

"我要是（先）不自卑了，我自然就能和人自如交往了"——"因为我还是自卑，所以我不能和人自如交往"。

"我要是（先）成功了，我自然就会宽容大量"——"因为我现在不成功，所以我就不能宽宏大量了"。

"我要是有钱了，我肯定会去布施，会去付出"——"因为我现在没有钱，所以我不布施，也不付出"。

而人生有太多的"我要是（先）……然后才能……"，人就是这样在等待条件的过程中蹉跎了岁月，因为我们的潜意识恰恰是被反向暗示了。而这个认知，其实在不自觉的情况下，把人的能力或人的状态扭曲为条件的产物。

最要命的是那些条件，很多都只是人主观的感受而已，而这些感受恰恰是最虚幻和最不稳定的，比如，脾气好一些、不自卑、长得漂亮一些、性格好一些、有时间、有能力，等等。

而把人的未来铆定在这些感受上，那近乎自寻死路。而出路，其实就是要跳出这个潜意识的逻辑陷阱。

这也是领袖思维和大众思维的区别。

比如领袖或企业家，他们永远不会等到条件都具备了才去做，而是在明确了方向后，创造条件也要上。

任何一个领袖或真正的企业家，都不是在有了收入的保证，规避了风险之后才去奋斗的。他们就算在一片黑暗与绝望之中，也能寻找出光明，也能看得到希望。

而越是趋于底层的思维，越是需要收入的保证，越是害怕风险，所以他们更加重视固定的底薪、五险一金、双休日、带薪假等一系列福利与保障。

当然这也可以理解，带有这种思维的人通常是因为恐惧和缺乏安全感，所以他们需要各种形式的保证和保障。

而领袖思维有没有恐惧和不安？其实也是有的，只是他们不会被这个恐惧和不安给控制住，更重要的是，他们不会去喂食这个恐惧和不安。

他们坚定地相信，"只要我不停地……结果自然会……"

"只要我不停地去帮助别人，我的能力自然会越来越好。"

"只要我不停地付出，我的经验自然会越来越多。"

"我只要不停地去做我想做的事，时间自然会越来越多。"

"我只要不停地让自己幸福，其他条件自然都会有的。"

"我只要不停地在婚姻中琢磨，我自然会越来越幸福。"

"我只要不停地布施，我自然会创造越来越多的金钱。"

"只要不停地让自己和人交往，自然会慢慢地克服自卑。"

这里就不一一列举所有的思维了。只是当你下一次脱口而出"我要先做到……我才能……"的时候，请你一定要警觉这里面的条件陷阱，并把它变成行动上的"只要我不停地……结果自然就会……"。而这也是"当你成长中被卡住的时候，你就去帮助别人"这句话的内在逻辑。只要你不断地去警觉，并且在行动上去扭转，在实际生活中去体验，终有一天，你会跳出这些思维陷阱，挣脱恐惧和不安的控制。

　　【有问】明白了，老师这样说我就清晰了，确实我们以前都卡在这种思维陷阱里而不自知，这真的是很可怕呢！

推进关系，心要过门

> 人不是在这个关系之中，就是在那个关系之中，而越是深入的关系，其实越是排他的。你不主动排他，你就会被关系给排除在外。

【有问】老师，我有个问题，每次来您这里学习，我都很容易进入状态；可是回到生活中，回到家里，好像就又回去了。对于我来说，生活是生活，学习是学习，我好像没有办法把它统一融合在一起。

【有答】没有办法统一融合在一起，换句话说，就是你的学习（知道）和生活（做到）是割裂的，也就是在你那里，知行是分裂的。当然，你这里的知，是知道，是知识，并不是心学意义上的良知。你的学习目前还没有开启你的良知，或者说你还不会听从良知的声音。所以，看起来在你身上是知行不合一，实际上它们在潜意识深处是合一的，只是在行为层面看起来好像是不统一融合的。

为何会看起来知行不合一呢？有两个原因。

一个原因是重大（或很多）非良知行为的障碍。因为非良知行为的特征是不能对人言，会下意识地隐瞒。当一个人有太多的隐瞒，太多无法对他人言说的事情（这些事情并不一定是现在发生的，几乎都是过去、年轻的时候，甚至小时发生的），最容易下意识地回避想起、提起、看见与之相关的人、事、物。而时日渐久，当回避成为习惯的时候，它就会严重地影响我们生活的方方面面。而这就是身心分裂的开始。

另外一个原因就是人对原生家庭的逃离。不管我们在原生家庭里面发生了什么，经历了什么（有可能你是真的被伤害了），如果想起父母，你的情绪中占据上风的是愤怒、沮丧、无力、烦躁、厌倦等负面情绪。想起父母，你下意识地想要逃离、回避、躲开，或者急于摆脱、攻击等，那么可以说，你必然会身心分裂（当然不是病理学上的分裂，而是一种不合一的状态）。

对原生家庭的逃离（或攻击），是让你很难与他人建立稳定、亲密、深入关系的罪魁祸首，其实也是人对自己的生命逐渐失去驾驭感的根本原因（也是人没有安全感的根源）。来我这里学习，是一种体验式的学习，是一个用后天的关系来修复并重新定义先天关系的学习过程，是一个用有意识的深刻体验来改变曾经无意识的原生家庭经验的一个过程，也即用"后天之爱"来疗愈和修复"先天之不足"的一个过程。

何谓"后天之爱"？在这里指的就是你和老师的关系。我们所有的疗愈和成长都是在深入而理性的师生关系中展开的，这就是传统文化里的师徒关系，这其实也是根植于中国文化里面的伦理秩序。中国文化中有一句话是"天地君亲师"，它可以很好地诠释这种师徒关系。什么是天地君亲师？为何是天地君亲师？在这里面师是起什么作用的？为何中国古人上自帝王下至黎民百姓，都要祭祀这个序位？

在儒家道德意义上的那些文化内涵，我就不多转述了。但从心理学意义上，其实很好理解。中国文化中的那个"师者"，负责把学生良知深处的秩序予以恢复、修正、引导，并最终使之接续上各自的双亲（父母），再之上的"君"，再之上的"天地"。

当然，这里的亲，今天的我们可以理解成双亲、亲人，以及由之而延伸的各种亲缘关系。再之上的"君"，显然在现代文明社会已经不存在那个封建君主式的"君"了。但上位者依然是存在的，权威依然是存在的，乃至各种上级、领导、领袖，以及所有权威化的象征，比如军队、政府、司法机关等，我们都可以统称为"君"。再之上的"天地"，就是中国人最大的胸怀之所在，可以胸藏万物、锦绣昆仑，也可以是芸芸众生、黎民百姓。

"师"就是把你从未成人的这边，或分裂的这边，带向深度合一那边的那个人——这才是中国文化意义上的"师"。

现代文明下的"老师"，其实源自工业化文明后的大分工，是工匠的一种。而我们这里的"师"，内家心理学意义上的"师"，所承担的就是这样一份重任。

当你走进内家心理学的督导小组的时候，我说过，如果到了第二年（即经过你一年的考察与检验之后，你还是决定继续跟随老师学习改变），你还不能和老师结成如此紧密的师生关系，那老师如何协助你恢复你与家庭的关系呢？

因为任何疗愈关系的深入，或者说师生关系的深入，学生必然会在老师身上投射出原生家庭中"父母"的样子，而老师本身也即意象化后的父母角色。与这个意象化的"父母"的关系推动到了哪里，实际上也是你与原生家庭中的父母（依然是心灵深处的父母，实际上指的是原生家庭中的体验）关系能改善到哪里的指标。

也是基于这个原理老师会有意识地和你建立关系，甚至一次又一次地用你不习惯的方式（不是你理解的爱或包容的方式）和你建立关系。

偏离终究需要在关系中修复。在哪个关系中修复？不就是在师生关系中修复吗？所以，你在意识深处是逃离父母的，那你必然也很难和老师建立关系，建立深入的、理性的、足以反哺你原生家庭的师生关系。

这对于你来说真的不容易，这确实也是在这里学习的困难之处，因为我的教学一定不会让你很舒服。

而你和我一直都很难建立起稳定而深入的关系，当然作为老师，我会一次又一次地教你应该如何跟我建立关系，以及怎样的师生关系才是最有利于学习的。

我一次又一次地主动和你互动。在当期课程中，你会因为我的主动，与我稍微拉近一些距离，同时也因为课堂上有其他同学的示范，他们因为关系的加深、信任的加深，所以改变都是迅速而且有效的，你也不得不一次又一次地勉强跟上。

一旦你回到生活中，我只要不督促你，你就会迅速地跟我结束关系。我所教的，课程上所讲的，你在沟通中所呈现的，我给你所咨询的，一回家就被你迅速地抛之脑后。就好像你从来没有认识过这样一个老师似的，就好像你的生活中从来没有参与过这样一场学习似的。

所以，你自然就是"学习是学习，生活是生活"了。这个问题怎么破？具体怎么做？答案就是，要有关系地学习，要彼此相向而行地学习。老师已经去到老师的位置上了，而你有没有去到"学生"的位置上呢？

因为咱们是在谈关系，那么我举另外一种关系的例子，你就一目了然了。假设，你年轻时和某人谈恋爱，谈的时间已经超过一年了，可是周围的人从来都不知道你在谈恋爱，甚至你的朋友圈里面从来都没有发布过和对方有关的信息。

生活当中，如果有其他男孩想追你，你也不拒绝，该出去跳舞还出去跳舞，该出去喝酒还出去喝酒，乃至该搂搂抱抱还搂搂抱抱。你觉得这有什么关系呢？反正这些感觉都是我喜欢的啊！如果你从来不拒绝其他的关系，那么请问，你是和他谈恋爱吗？你和这个人的关系真的是在深入吗？你会把自己交托给对方吗？

所以，这样的感情关系就永远不可能真正地深入，更不要提你想在情感关系中获得的爱、包容、接纳与安全感了。

人实际上永远是被关系给定义着的。人不是在这个关系之中，就是在那个关系之中，而越是深入的关系，其实越是排他的。你不主动排他，你就会被关系给排除在外。

当我们是这个人的妻子（或丈夫）时，就不会是那个人的妻子（或丈夫）；当我们是这对父母的孩子时，就不会是那对父母的孩子，这都叫归属！而任何归属都是排他的！

现代文明的包容性，有时候会让我们误以为，我们可以同时属于各个关系。其实很多时候这是错觉。而更大的错觉就是，以为只有自己拥有了很多关系，才是有安全感的，这个关系走不通就走那个关系呗！但实际上这注定了，你在哪个关系中也无法真正地深入、稳定，更不可能在关系中被疗愈。诸如夫妻关系、恋爱关系，当然也包括师生关系。

所以，每一段关系，我们都要问一下，你的心过门了没有？当然这个"门"，今天可以是"师门"。

【有问】好的，谢谢老师，我得好好去体悟一下老师今天讲的内容。

后记

当初我写《心理咨询师札记》的时候，最大的动机源自我在教学中没有教材，当然，没有教材本身就是我教学的最大特色，只是这会造成很多学生的困惑，甚至无所依凭。为了满足学生的需求，我就开始着手把教学过程中的心得，以师生对话的形式记录下来。

本书的内容中都是以已经进入学习的学生为谈话对象，因此大部分情况下，过去已经提过的话题，在新的文章里面就不会再提及了，默认为他们都已经知道了，就算不知道，也应该去翻阅旧文。所以，《心理咨询师札记》单篇的可读性实在有限，很多时候也容易被误解。

当然，如果你有耐心，从第一篇札记开始阅读，你会发现整本书是一个完整的体系，每一篇其实都是对上一个话题的深入，环环相扣，都是在教学。当然，你若是还没有和我建立起咨访关系或教学关系，只是看文字，还是会有些疑惑。因为我谈来谈去，实际上都是在谈关系。

——"这实际上都是没有关系的学习，而我们试图在没有关系的师生关系中学会关系，疗愈关系，这怎么可能？"

不过，作为教材的《心理咨询师札记》写到今天，也可以告一段落了，因为文章已经写得够多了，也够深了。就算是我的学生，也够用了。再深，就不是文字所能传达的。所以，《心理咨询师札记》系列到今天就算正式封笔了。

后面我会写一些普及性的文字，也就是说，写作对象就不再是我的学生了，可能会写一些成长案例，一些我身边发生过的故事。

姚一敏

2022年11月